RFID 응용 시스템

남상엽 · 윤영식 · 정용수 · 김능식 공저

도서출판 상학당

Preface

유비쿼터스 컴퓨팅이 가능하기 위해서는 가장 기본적으로 사람 혹은 사물을 유일하게 식별하고, 이를 바탕으로 서비스되어야 한다는 점이다. RFID는 자동인식 및 데이터 획득 기술의 하나로, 사람의 작업이나 판단을 궁극적으로 배제하고 객체의 ID를 자동적으로 취득, 온라인으로 관련 정보를 자동 처리하는 기술이다. 즉, 차세대 유비쿼터스 기술의 핵심기반 기술이며, 가장 가시적인 성과를 낼 수 있는 기술인 셈이다. RFID는 단순한 상거래뿐만 아니라 일반적인 기업경영, SCM(Supply Chain Management), CRM(Customer Relationship Management), 자산관리, 현장인력관리, 지식관리, 유통관리, 안전관리 등 거의 모든 비즈니스 활동에 혁신적으로 적용되어 미래 IT시장을 주도해 나갈 것으로 예상된다.

우리나라에서도 RFID 기반의 통합 인프라 구축에 대한 요구가 증가하고 있으며, 제품의 제조에서 소비자에 이르는 상품 라이프 사이클에서 발생하는 물류정보의 통합관리 솔루션의 개발이 필요한 시점이다. RFID 기반의 상품 라이프 사이클 물류정보 통합관리 솔루션의 개발은 국내 제조, 유통, 물류뿐 아니라 우리나라 경제의 큰 부분을 차지하고 있는 수출입 물류까지 고려되어 Global Visibility 확보와 함께 국가 산업구조를 개선하여 전 산업에 걸쳐 비즈니스 효율을 향상시키는 데 기여할 것이다.

RFID 기술에 대한 관심이 최근 몇 년 동안에 크게 늘어났으며 많은 기업과 정부기관들이 RFID 기술을 차세대 핵심 기술 분야로 선정하여 집중 투자하고 있는데 그 이유는 유비쿼터스 컴퓨팅을 위한 핵심 기술 확보 및 제조, 물류, 유통 등의 산업 분야의 업무 효율 향상을 위한 핵심 기술 확보와 새로운 국제 표준에 대한 대비 등이다.

RFID는 리더를 통하여 접촉하지 않고 태그의 정보를 판독하거나 기록하는 시스템으로서, 주로 ISM 주파수 대역을 통하여 태그의 IC 칩에 있는 데이터를 인식하여 관리 및 제어를 할 수 있는 기술이다. 이러한 유비쿼터스 시대에 기초적인 RFID 시스템 기술력이 필요해짐에 따라 《13.56MHz와 900MHz용의 RFID 응용 시스템》을 이론과 사례 중심으로 구성하여 발간하게 되었다.

이 교재에서는 13.56MHz 및 900MHz의 응용 프로그램은 제공된 CD의 RFID 응용 프로그램(Application Program\13.56MHz와 900MHz Application 디렉토리)에 프로그램을 제공하고 있다. 13.56MHz와 900MHz RFID Reader는 RS-232 통신 포트를 통하여 RS-232의 Host PC 시리얼 포트인 COM 포트에 연결하고 애플리케이션 프로그램을 통해 RFID Tag ID 값을 읽어들이는 구조로 되어 있다.

특히 이 교재는 각 과정의 핵심적인 기본이론을 숙지하고 기초적인 RFID 시스템 설계 방안 및 환경설정을 이해를 통하여 이론을 검증하는 데 주안점을 두었다. 또한 컴퓨터, 전자, 제어, 통신 분야 관련 학생 및 초보 개발자를 대상으로 한 RFID 시스템에 대한 기본학습을 위한 교재로서 처음 RFID 시스템을 접하는 학생에게 쉽고 빠르게 접근할 수 있도록 하는 데 초점을 맞추어 편찬되었다.

따라서 RFID 시스템 개발 및 환경구축에 대한 이론을 통해 RFID 시스템의 작동원리에 대한 이해와 감각을 키우는 데 부족함이 없을 것이라 생각된다. 단지 전반적인 이해를 통하여 해당 RFID 실습 타깃 시스템인 ED-3710을 통해 구현과 응용을 접목해 보면 보다 많은 이해 및 능력향상에 도움이 될 것으로 판단된다.

이 교재의 주요 구성은 다음과 같다.

I부는 RFID 개념로서 1장 RFID 개요, II부는 RFID 시스템의 구성 및 응용으로서 2장 RFID 시스템의 개요, 3장 RFID 시스템 응용 프로그램, III부에는 13.56MHz RFID F/W으로써 4장 마이크로프로세서의 구조와 기능, 5장 8051의 구조와 기능, 6장 8051 개발 툴 사용법, 7장 uVision2를 이용하여 LED 제어, 8장 uVision2를 이용하여 LCD 제어, 9장 uVision2를 이용하여 장비 제어, 10장 UART 프로그램, 11장 uVision2를 이용하여 RFID 프로그램, IV부는 RFID 시스템 응용 프로그램으로서 12장 RFID 시스템 구동, 13장 네트워크를 이용한 13.56MHz RFID 응용, 14장 RFID 시스템 Master 프로그램, V부에는 RFIDMaster 프로그램으로서 15장 RFIDMaster의 개요, 16장 RFIDMaster Step01 활용, 17장 RFID Master Step02 활용, 18장 RFIDMaster Step03 활용, VI부는 900MHz RFID 시스템의 구성 및 응용으로서 19장 900MHz RFID 리더기, 20장 900MHz RFIDMaster 응용으로 구성되어 있다.

끝으로 이 책을 집필하는 데 많은 도움을 주신 (주)ED의 박용후 사장님, 김석중 이사님, 홍준석이사님, 이관희 부장님 등 관계자 여러분과 도서출판 상학당의 관계자 여러분에게 감사의 마음을 전한다. 이 교재를 집필하면서 RFID 관련 기존 도서를 출판하신 교수님들, 기존 RFID업체 관계자 여러분 및 RFID 관련 분야의 전문가의 조언과 자료제공에 대하여 깊이 감사드린다. 이 교재는 많은 RFID 인력 양성에 힘이 되어주기 바란다.

저 자 씀

Contents

IV부 RFID 시스템 응용 프로그램

V부 RFIDMaster 프로그램

3.56MHz와 900MHz용의 RFID 응용 시스템

I부

RFID 개념

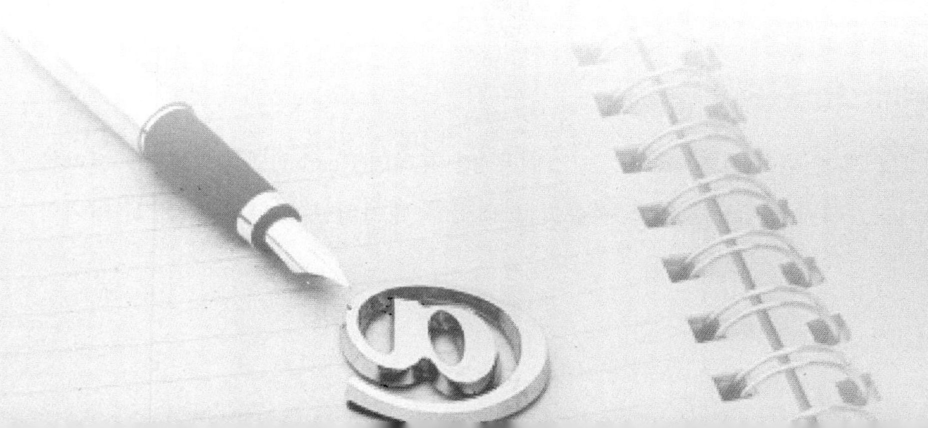

01장 RFID 개요

01 RFID 개론

1) RFID 역사

RFID(Radio Frequency Identification)는 초기의 군사용 신분확인체계와 1940년대 초 기술혁신의 토대에서 그 역사를 찾을 수 있다. RFID는 우리가 일반적으로 생각하는 것 이상으로 오래된 기술이다. RFID는 제2차 세계대전 중에 영국이 자국 전투기 식별을 위해 사용한 것이 최초의 도입 사례로 알려져있으나, 태그 비용이 너무 고가였기 때문에 수십년간 시장에서 실용화되기 어려웠다.

상업적 목적으로 사용한 것은 1960년대 도난방지 목적으로 개발된 전자상품 감시 시스템(Electronic Item Surveillance)을 시작으로 1970년대에는 로스 알라모스 과학 연구소(Los Alamos Scientific Laboratory : LASL)가 현대적인 RFID 시스템 개발의 시초가 되었으며 1980년대를 거치면서 RFID에 대한 연구가 꾸준히 이루어져 통행료 자동인수, 출입통제 등으로 그 활용 범위가 확대되었다.

1990년대에 접어들면서 RFID 시스템은 더욱 정교해져 가축 개체관리, 부품관리 등으로까지 그 영역이 확대되었으며 상품의 추적관리 분야에 RFID를 이용하는 연구가 본격화되면서 RFID의 발전 가능성이 더 많은 주목을 받게 되었다.

현재 RFID는 미국, 일본 등 선진국을 중심으로 관련 기술이 활발하게 개발되고 있으며 보다 효과적인 보급을 위하여 하드웨어 및 시스템 관련 표준 제정을 위해 많은 연구개발이 진행중이다.

2) RFID 개요

[그림 1-1]에서 보는 바와 같이 RFID 시스템은 리더(리더(Reader)와 연결되어 전파를 태그에 발송하는 안테나 포함), 정보를 저장하고 리더와 데이터를 교환하는 태그, 리더와

기업용 응용 프로그램(예 : Enterprise Resource Planning : ERP) 사이에서 중계하는 미들웨어로 구성되어 있다. RFID는 용도 및 형태에 따라 RFID, 무선 주파수 인식 시스템, 전자태그 등 다양한 명칭으로 불린다. 다른 인식 시스템과 RFID 시스템과의 관계를 [표 1-1]에 나타내었다.

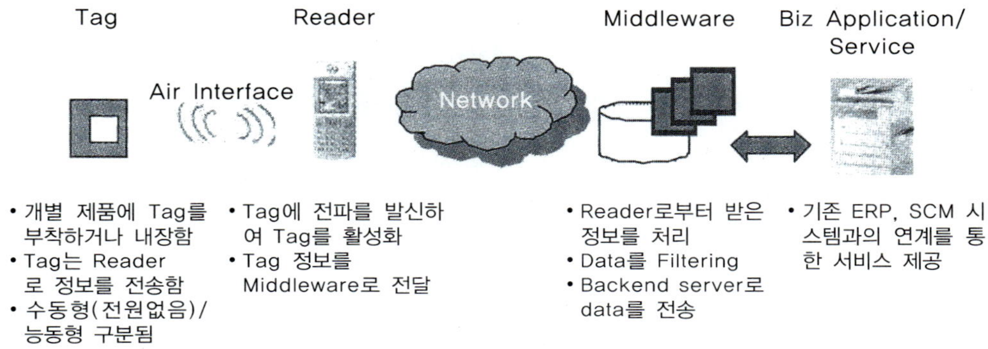

[그림 1-1] RFID 시스템

[표 1-1] 다른 인식 시스템과 RFID 시스템과의 비교

시스템 항목	바코드	OCR	음성인식	생체인식	스마트 카드	RFID 시스템
전형적인 데이터 크기(byte)	1~100	1~100	—	—	16~64k	16~64k
데이터 밀도	낮음	낮음	높음	높음	매우 높음	매우 높음
기계적인 인식률	좋음	좋음	낮음	낮음	좋음	좋음
사람에 의한 인식	제한적	간단함	간단함	어려움	접촉식의 경우 가능함	불가능
오염물질에 의한 영향	매우 높음	매우 높음	—	—	—	영향이 없음
시야 가림에 대한 영향	완전 차단	완전 차단	—	가능		영향이 없음
방향과 위치에 의한 영향	낮음	낮음	—	—	단방향성	영향이 없음
마모성	제한적	제한적	—	—	접촉에 의함	중간
가격	매우 낮음	중간	매우 높음	매우 높음	낮음	없음
운영비용(예 : 프린터)	낮음	낮음	없음	없음	중간(접촉식)	
비인가 복사/수정 가능성	약간	약간	가능 (오디오 테이프)	불가능	불가능	불가능

시스템 항목	바코드	OCR	음성인식	생체인식	스마트 카드	RFID 시스템
인식속도 (데이터 운반 포함)	낮음 ~4초	낮음~3초	매우 낮음 〉5초	매우 낮음 〉5~10초	낮음 ~4초	매우 빠름 ~0.5초
최대 인식거리	0~50cm	〈1cm 스캐너	0~50cm	직접 접촉	직접 접촉	0~5m, 마이크로파

RFID 시스템은 ISM(Industrial Scientific and Medical) 주파수 대역에서 135kHz 이하, 13.56MHz, 433MHz, UHF(860~960MHz), 2.45GHz 대역의 주파수를 사용한다.

RFID는 [표 1-2]처럼 태그가 송신하는 전파의 에너지원(전원)을 얻는 동작방법에 따라 수동형(Passive)과 능동형(Active)으로 구분할 수 있으며, 수동형은 리더기로부터 수신되는 전파에서 송신 전원을 얻고, 능동형은 별도의 배터리에서 송신 전원을 얻는다. 리더기는 수집된 정보를 네트워크를 통해 센터에 전달하게 된다.

[표 1-2] RFID 시스템의 주파수별 구분

주파수	저주파	고주파	극초단파		마이크로파
	125kHz,135kHz	13.56MHz	433MHz	860~930MHz	2.45GHz
인식거리	60cm 미만	60cm까지	50~100m	3.5~10m	~1m이내
일반 특성	• 비교적 고가 • 환경에 의한 성능저하 없음	• 저주파보다 저가 • 짧은 인식 거리와 다중 태그 인식이 필요한 응용 분야에 적합	• 긴 인식거리 • 실시간 추적 및 컨테이너 내부 습도, 충격 등 환경 센싱	• IC기술발달로 가장 저가로 생산 가능 • 다중 태그 인식 거리와 성능이 가장 뛰어남	• 900대 태그와 유사한 특성 • 환경에 대한 영향을 가장 많이 받음
동작방법	수동형	수동형	능동형	능동형/수동형	능동형/수동형
적용 분야	• 공정자동화 • 출입통제/보안	• 수화물관리 • 대여물품 관리 • 교통카드 • 출입통제/보안	• 컨테이너 관리 • 실시간 위치 추적	• 공급망 관리 • 자동통행료 징수	위조방지

태그는 사용목적과 크기에 따라 Chip형, Chip-less형, 센싱 및 초소형 태그, 태그 안테나 등이 있다. Chip형 태그는 현재 500원 이하의 가격을 목표로 하고 있으며, Chip-less형은 100원 이하를 목표로 기술을 개발하고 있다. 또 RFID는 부착물의 특성 및 주변 환경에 매우 민감하게 반응하므로 각각의 특성에 적합한 패키징 기술도 연구하고 있다. 태그에 저장 가능한 데이터 용량은 ISO(International Organization for Standardization)

18000-6 시리즈와 EPCglobal에서 최소 64비트에서 최대 256비트로 정의하고 있다. 현재 구입 가능한 태그는 태그 제조업체에 따라 다르지만 사용자 영역이 최소 32비트에서 최대 1024비트까지 제공하고 있다.

3) RFID의 중요성

RFID 기술에 대한 관심이 최근 몇 년 동안에 크게 늘어났으며 많은 기업과 정부 기관들이 RFID 기술을 차세대 핵심 기술 분야로 선정하여 집중 투자하고 있다. 그 이유는 유비쿼터스 컴퓨팅을 위한 핵심 기술을 확보하고 제조, 물류, 유통 등의 산업 분야의 업무 효율 향상을 위해서 꼭 필요한 요소가 되었기 때문이다.

(1) 유비쿼터스 컴퓨팅을 위한 핵심 기술 확보

RFID 기술은 인간의 중요한 가치 향상을 위해서 컴퓨터 능력을 활용하는 유비쿼터스 컴퓨팅의 실현을 위한 핵심 기술로서 제품의 자동 인식, 현황파악, 상품 정보관리 등에 쓰인다. RFID 기술을 확보하는 것은 곧 유비쿼터스 컴퓨팅 실현을 위한 핵심 기술을 확보하는 것으로 이를 통해 우리나라가 IT 선도 국가로서의 위치를 더욱 확고하게 할 수 있다.

(2) 제조, 물류, 유통 등의 산업 분야의 업무 효율 향상을 위한 핵심 기술 확보

RFID는 비접촉형 인식, 긴 도달거리, 다른 통신망과의 연계 및 통신 가능성 등에 의한 확장성으로 인해 물류, 유통, 제조 등 다양한 비즈니스 영역에서 킬러 애플리케이션으로서 파급효과가 매우 클 것으로 예상된다.

제조, 물류, 유통 등의 산업 분야가 총 망라된 Visibility의 확보로 금융 분야 등과 의 긴밀한 협력체계가 확립이 될 것이며 이에 따라 전 산업에 걸친 비즈니스 시너지가 발생할 것으로 예상된다.

(3) 새로운 국제 물류시장에 대비한 표준화

RFID 기술은 작게는 바코드를 대체할 새로운 상품 인식기술로서 차세대 국제표준으로 자리 잡을 것이 확실시되며 넓게는 세계 물류의 핵심 표준이 될 것으로 예상된다. 따라서 RFID 기술 표준에 대한 대비는 향후 원활한 수출입 물류와 함께 국내 상품 라이프사이클 관리에도 매우 중요하다.

4) RFID 기술의 과제

RFID 기술은 이 같이 우리 생활에 없어서는 안되는 요소가 되어 활용도가 매우 높지만 상업화되기 위해서는 몇 가지의 중요한 과제를 간과하면 안 될 것이다. 이 기술은 제조, 공급자망, 물류, 유통 등의 운영, 추적, 보안과 ID 응용 등을 현실화하는 중요한 시장요소가 된다. 그러나 RFID 기술이 상용화되기 위해서는 기술의 신뢰성이나 정밀도의 문제, 기술의 표준화 문제, 바코드에 비교해 판독장비수의 부족, RFID 미들웨어 인프라의 부재 등의 과제를 해결해야 할 것이다. 특히 RFID 기술을 현재의 시스템에 도입하기 위해서 관련 하드웨어 및 소프트웨어를 구축하기 위한 높은 수준의 비용과 기술습득이 가장 큰 과제로 부각되고 있다.

(1) 표준화 문제

어느 기업이 자사의 제한된 환경 하에서 RFID를 이용한다면 어떠한 RFID 기술을 사용해도 문제는 없다. 그러나 복수의 기업 간에 정보를 공유하려고 하는 경우 호환성이 확보될 필요가 있다. 이러한 정보의 호환성을 유지하기 위한 표준화 작업이 복수의 단체에 의해 진행되고 있다. 기업의 입장에서는 표준화가 전망이 설 때까지는 대규모 투자는 피하고자 할 것이기 때문에 표준화의 지연은 RFID 보급을 지연시키고 있다.

(2) RF 태그의 가격의 문제

RF 태그는 차세대의 바코드라고도 일컬어지고 있지만 RF 태그의 도입에는 높은 비용이 요구된다. 바코드는 많은 경우 패키지의 인쇄와 동시에 부여되고 있으므로, 바코드를 부여하기 위한 비용은 사실상 제로에 가깝다. 그러나 RF 태그의 경우에는 나중에 부여해야 하는 것에 가세해 부대 비용이 인쇄에 비해 절대적으로 높기 때문에 가격하락이 어려워 도입시 장벽이 되고 있다. 현재의 RF 태그의 가격은 싼 것으로 500원 이하이고, 50원 이하가 되지 않으면 보급은 어렵다고 여겨지고 있다. 그러나 포스트바코드라고 하는 한정된 관점에서는 RFID가 가질 가능성을 과소 평가해버릴 가능성도 있다. RFID의 기술의 장점을 적극 활용할 수 있는 응용분야를 발굴해야만 한다.

(3) 통신거리

현재 국내에서 사용할 수 있는 RFID의 통신거리는 최장 2m 정도이다. 그러나 실제 운용 환경에 있어서 통신거리는 1m 이하나 수십 cm 정도가 된다. 이 통신거리에서는 적어도 트럭 전체를 단번에 읽어낸다든가, 선반 전체를 단번에 읽어내는 것은 불가능하다.

UHF 대역이 개방되면 3~5m정도의 통신거리를 확보할 수 있지만, 역작용으로 원하지 않는 것까지 판독할 수 있는 문제점이 발생할 수 있다. 가령, 근처의 선반에 있는 상품을 오독하거나 타인의 쇼핑카드내의 상품을 오독하는 것 같은 문제가 발생할 가능성이 나오는 것이다. 이러한 문제를 해결하기 위해서는 단순하게 통신거리를 조정하는 것은 의미가 없고, 이용 장면에 맞추어 출력을 조정하거나 판독 범위를 한정하는 것 같은 구조를 확립할 필요가 있다.

(4) 금속에의 대응

현재의 RFID 기술에서는 인식 대상물이 금속이거나 인식 대상물의 근처에 금속이 존재하고 있으면 인식 정밀도나 통신거리가 떨어진다. 금속 케이스에 들어간 내용물을 읽어내는 것은 거의 불가능에 가깝다. 그러나 실제의 이용환경을 상정했을 경우 금속으로 되어 있지 않은 창고나 선반은 없다. 금속 대응 태그라고 하는 제품도 일부 존재하고 있어 금속에 부착시켜도 정상적으로 기능을 하기는 하나, 어느 정도 통신거리가 제한되거나 태그에 있는 정도의 크기가 두께를 필요로 하기 때문에 모든 용도에 이용할 수 있다는 것은 아니다. 이 금속 대응 문제에 대해서는 현재 RFID 기술혁신이 일어나야 한다.

현재 RFID 업계에서는 메모리 용량증가, 소형화, 멀티주파수 대응 등의 기술혁신이 이루어지고 있으나 금속 대응에 대해서는 아직 명확한 해결안이 제시되고 있지 않다. 향후 RFID 기술의 문제점을 현실적으로 인식하고 RFID 기술을 적재적소에 이용할 수 있는 분야를 찾아내는 것이 바람직하다.

(5) 웹 서비스의 가능성

RFID 시스템 구현에는 웹(Web) 서비스가 큰 역할을 담당한다. 기업 내 그리고 기업 간의 데이터 제휴의 수요가 증가하므로 RFID 등의 Non-PC 디바이스의 제휴, 실시간 시스템의 요구가 증가되므로 웹 서비스 요구는 날마다 증가하고 있다.

02 RFID 특징 및 경쟁기술

1) RFID의 특징

RFID는 리더를 통하여 접촉하지 않고 태그의 정보를 판독하거나 기록하는 시스템으로써, 주로 ISM 주파수 대역을 통하여 태그의 IC 칩에 있는 데이터를 인식하여 관리 및 제어를 할 수 있는 기술이다.

RFID 시스템은 [그림 1-2]처럼 흔히 태그라 불리는 고유 정보를 저장하는 트랜스폰더, 판독 및 해독 기능을 하는 송수신기(리더기 또는 판독기), 호스트컴퓨터(서버), 네트워크, 응용 프로그램(ERP, SCM)으로 구성된다.

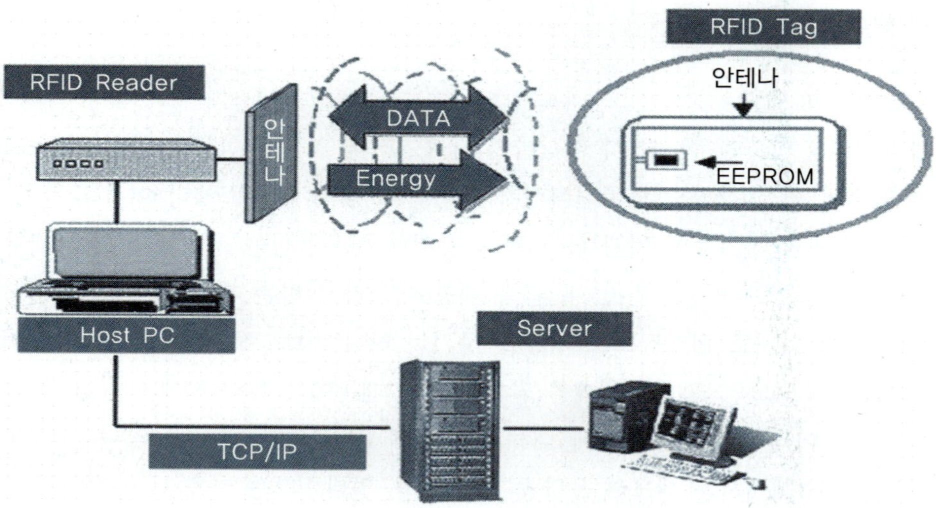

[그림 1-2] RFID 시스템 주요 구성도

RFID 기술은 데이터 정보인식을 할 때 가시성을 확보해야 하는 레이저와 같은 광학적 인식방식과는 달리, 무선전파영역에 위치하면 쉽게 비접촉으로 전계 혹은 자계의 세기변화에 의해 RF 태그의 정보판독이 가능하다. 종래의 접촉식 바코드나 광학적 판독방식과 달리 데이터의 판독 및 쓰기도 가능하다. 그러므로 읽기 / 쓰기가 가능한 RF 태그는 몇 번이고 저장된 데이터의 판독 및 수정이 가능한 이점을 갖는다. 또한 바코드에 비해 고속으로 정보처리가 가능하며 내구성이 뛰어나고 정보량이 바코드에 비하여 월등히 크다.

[표 1-3] RFID 시스템의 주파수별 특징 및 응용 비교

주파수	주요 특징	사용분야
저주파(LF) 135kHz 이하	• 1980년대부터 쓰이기 시작해 현재 널리 사용 • 금속과 액체 주위에서도 인식률이 매우 높다. • 데이터 전송속도가 느리다. • 10cm 정도의 인식거리	• 동물 식별 • 산업자동화 • 출입관리

주파수	주요 특징	사용분야
고주파(HF) 13.56MHz	• 1990년대부터 쓰이기 시작해 현재 널리 사용되었다 • 세계표준 • LF보다 긴 인식거리(1M이상) • LF 태그에 비해 태그 가격이 싸다. • 금속 주위에서 성능이 좋지 않다.	• 결제 카드와 포인트 카드 (스마트 카드) • 출입관리 • 위변조방지 • 책, 수화물, 보석과 같은 물품 단위를 추적하는 애플리케이션 제작이 가능하다. • 지능형 선반 • 사람 식별 및 모니터링
극초단파 (UHF) 433MHz, 860~930MHz	• 1990년대 후반부터 사용되었다. • HF보다 긴 인식거리(3M이상) • 능동형 433MHz 시스템의 데이터 전송거리는 수십 m가 넘는다. • 대형 소매업체에 납품하는 업체는 RFID의 부화에 따라 세계적으로 각광받고 있다. • 태그 가격이 가장 저렴할 것으로 예상된다. • 지역별 법규 차이에 따른 비호환성 문제가 있다. • 액체와 금속으로 인한 간섭 가능성이 높다.	• 다음의 공급망과 물류 분야 - 재고관리 - 창고관리 - 자산추적
마이크로파 2.45~5.8GHz	• 수십년 전부터 사용되었다. • 빠른 데이터 전송속도 • 일반적으로 능동형 또는 반능동형이다. • 인식거리는 UHF와 유사하다. • 액체와 금속 주위에서 성능이 좋지 않다.	• 출입관리 • 전자 통행료 징수 • 산업자동화

2) 경쟁기술

(1) 2차원 바코드 기술

RFID와 유사한 기능을 하는 기술로 현재는 2차원 바코드가 있다. 1차원 바코드는 바(Bar)와 스페이스(Space)를 조합하여 구성된 심벌로 제한된 텍스트 정보만 표현하지만, 2차원 바코드에 비해 100배 이상의 고밀도 정보를 2차원 형태의 심벌로 코드화가 가능하고 문자, 숫자, 사진, 지문, 서명, 심지어 간단한 소리까지 포함하는 대량의 정보를 표현할 수 있다. [표 1-4]는 이들을 비교하였다.

또한 정보가 훼손되더라도 상당부분 복구가 가능하며, 자체에 정보를 저장할 수 있기 때문에 데이터베이스와 연동하지 않고서도 해당 정보를 파악할 수 있는 포터블 데이터 파일(potable data file)의 기능과 전기적으로 연결되지 않은 두 컴퓨터 사이에서 데이터 교환의 가교역할을 할 수 있는 기능도 동시에 가지고 있다.

[표 1-4] IC 태그와 바코드의 주요 차이

비교항목	IC 태그	바코드
1한 개당 가격	고가	염가
장거리 인식	가능	곤란
더럽혀졌을 때의 인식	가능	곤란
인식 자동화	비교적 용이	비교적 곤란
정보의 재입력	가능	불가능
복수 일괄인식	가능	불가능
기록 가능한 최대 정보량	수십 킬로바이트	수십 바이트/수 킬로 바이트

[그림 1-3] 2차원 바코드

1차원 바코드는 인식매체 가운데 제조원가가 가장 싸고, 세계 표준이 제정되어 있어 가장 널리 사용되고 있는 기술이다. 그러나 2차원 바코드는 1차원 바코드에 비해 가격은 다소 비싸지만 많은 정보를 저장할 수 있기 때문에 1차원 바코드 시장을 대체하고 있으며, 1차원 바코드에 비해 정보 저장능력이 향상되었다. 그러나 아직 RFID에 비해 저장용량이 작고, 장애물 투과능력이 없는 등 자동인식 능력이 떨어지는 단점이 있다.

[표 1-5] 바코드와 RFID의 비교

구 분	바코드	RFID
인식방법	광학식 Read Only	무선 Read/Write
정보량	수십 단어	수천 단어
인식거리	최대 수십cm	최대 100m
인식속도	개별 스캐닝	최대 수백 개
관리 레벨	상품 그룹	개개상품(일련번호)
가격	라벨 인쇄 10원 미만	태그 수백원이하(2007년 50원 목표)

(2) 컬러코드와 아이콘

[표 1-6] 컬러코드(Colorcode)와 [그림 1-4] 아이콘(Icon)은 인터넷 환경을 기준으로 설계되어 콘텐츠, URL 등의 실제 정보는 인터넷상에 위치하고 컬러코드나 아이콘은 그 정보들을 불러주는 역할을 하도록 하는 새로운 개념의 인식기술이다. 국내에서 개발된 이 두 기술은 코드의 초기 생성, 정보의 업데이트, 정보의 이용권한 조정 등에 유연한 대응이 가능하도록 하는 장점이 있다.

컬러코드는 기존의 1차원 바코드보다 정보량을 10배 가까이 늘린 첨단 컴퓨터 인식기술로서 가로×세로 각 3mm인 사각형 안에 적・녹・흑・청 4가지 색깔을 조합하여 나오는 경우의 수를 이용하여 각종 정보를 인식한다.

[표 1-6] 컬러코드의 종류

코드 종류	5 x 5 ColorCode	5 x 8 ColorCode	5 x 5 GrayCode	5 x 8 GrayCode
Pattern수	약 170억 개	약 7.2경 개	약 8,600만 개	약 22.8조 개
	코드의 Cell 수를 늘리면 pattern수는 더욱 증가			
Code Size	최소 : 3mm x 3mm 최대 : 제한 없음			

컬러코드는 10만 화소 이상의 일반 PC 카메라가 장착된 PC, 노트북에서도 인식이 가능하며, 무선 인터넷 환경의 경우 10만 화소 이상의 카메라가 부착된 PDA, 카메라폰으로도 인식이 가능하다. 카메라가 없는 경우에는 컬러코드 하단의 숫자를 이용해 인식할 수 있다.

아이콘은 19개의 원이 육각형 모양으로 배열된 코드로, 각각의 원의 크기 차이로 정보를 저장한다. 컬러코드와 마찬가지로 2차원 코드 형태의 아이콘에 비추기만 하면 손쉽게 해당 인터넷 사이트 등에 자동 접속할 수 있는 On-Off Line 자동연결 서비스에 주로 사용되고 있다. 정보의 저장용량은 원의 개수와 원의 크기, 단계를 늘림으로써 정보의 양을 확장시킬 수 있다.

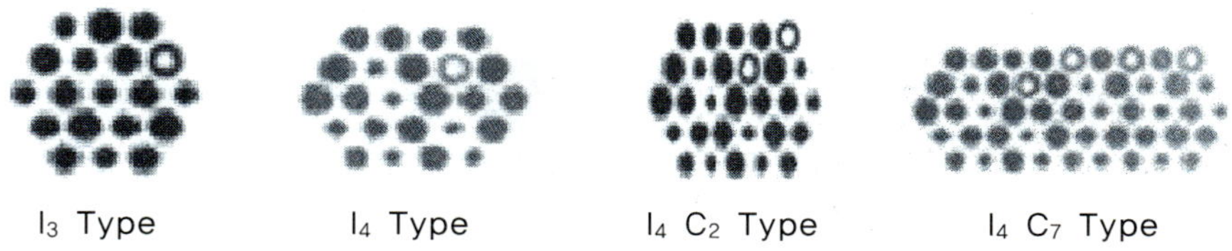

[그림 1-4] 아이콘

03 RFID의 하드웨어 구성요소 기술

1) 태그 기술

RFID 시스템은 제품이나 사물을 식별할 수 있는 식별자에 해당하는 태그와 식별자를 읽고 쓰는 역할과 상위 시스템으로 데이터를 전송하는 리더, 그리고 태그와 리더를 무선으로 통신할 수 있는 안테나로 구성된다.

(1) 태그의 요소기술

태그 요소기술에 대해 세부적으로 살펴보면 다양한 물품에 부착되는 RFID 태그는 칩과 안테나로 구성되고, 칩에는 사물의 유일 식별코드나 정보를 저장하며 리더의 조정에 의해 또는 상황에 따라 스스로 외부에 자신의 정보를 전송하거나 수신하며 적용 분야에 따라 다양한 형태 및 재료로 구현된다. RFID 태그는 작은 한 개의 IC 칩과 안테나로 구성되지만, 그 작은 칩을 구성하는 요소기술을 살펴보면 아래와 같이 다양한 기술들로 구성되어 있다.

① 정류기술(Rectifier)

수동식 태그에서 리더로부터의 전자파 에너지가 태그의 안테나를 통하여 임피던스 정합회로를 경우하여 칩으로 수신되면 이 전자파 에너지를 다이오드와 콘덴서 등으로 구성된 정류회로를 통하여 IC 칩의 동작용 전원으로 이용될 수 있도록 직류전원으로 만드는 기술이다. 전자파 에너지로부터 직류전원으로 변화하는 기술은 그 효율이 중요하며, 현재 기술로는 대략 10~15% 정도의 효율을 얻고 있다.

② 검출기술(Detection)

RFID 태그에서 리더로부터 Command나 Data를 인식하기 위한 명령어를 검출하는 페치 주로 리더로부터의 변조된 신호는 고주파전력을 On/Off하는 형태의 ASK(Amplitude Shift Keying) 변조를 하고 있어 태그의 안테나단에서 다이오드와 같은 비선형소자를 이용하여 리더로부터의 고주파 신호 레벨의 변화를 비교 검출하는 회로로 구성되며, 지능적인 태그를 구현하기 위해서는 중요한 요소기술이다.

③ 변조기술

태그의 메모리로부터 태그 고유의 ID 정보나 메모리에 있는 데이터를 리더에 보내기 위해서는 리더로부터의 고주파 반사파(후방 산란(Backscatter))의 정보와 일치하는 변화가 일어나도록 하는 부분으로 태그의 안테나와의 정합회로에 On/Off소자를 두어서 보내고자 하는 데이터에 따라서 On/Off에 의한 안테나 정합회로의 임피던스를 변화시킴으로써 반사파의 진폭이 변화하도록 구성되어 있다.

④ 부호화 기술(Coding)

태그의 메모리에 저장된 ID 정보 또는 데이터를 바로 변조(Modulation)할 경우 넓은 주파수 스펙트럼이 요구되어 리더에서 높은 인식률을 보장하기 어려우므로, 두 개의 주파수 스펙트럼이 발생될 수 있는 Bi-Phase 형태의 맨체스트(Manchester)코드 또는 FM0 코드로 만드는 부분으로 Exclusive OR gate 등의 Logic 회로로 구성되는 요소기술이다.

⑤ 충돌방지 기술(Anti Collision)

한 리더의 인식 영역에 존재하는 수많은 태그들의 일괄 인식을 위한 충돌방지 기술로 무선통신에서 사용되는 Aloha 기술을 응용하여 태그 IC회로에 Random Number Generator 회로를 구성하고, 태그가 리더로부터 전력을 받아 Wake up된 후 곧바로 데이터를 출력하지 않고 태그들이 각각 서로 다르게 생성된 수만큼 지연한 후 데이터를 송출하게 하여 태그끼리의 충돌을 방지하게 하거나 리더로부터 Silent 명령을 받아 다음 명령 때까지 Silent mode로 들어가 충돌을 방지하도록 하는 요소기술이다.

⑥ 초기화 기술(Power on Reset)

태그가 전력의 공급이 불규칙적인 고주파로부터 동작전원을 수급하게 됨으로써 불안전한 전원전압에서 로직 회로가 동작하여 Noise성의 데이터 송출을 방지하여 다른 태그의 통신을 방해하지 않도록 하기 위하여 일정전압 이상이 되면 태그 회로가 Reset이 되어 초기화가 되도록 하고, Threshold 이하가 되면 태그 회로의 동작을 정지시키는 요소기술이다.

⑦ 메모리 기술(Memory)

태그의 고유 ID 또는 사용자 정보 등을 기록 저장하는 부분으로 Factory에서 한번만 기록하고 읽기만 가능한 방식, 읽기와 쓰기가 가능한 방식 등이 있으며, 저전압, 저소비전력으로 설계하는 기술이 요구된다.

⑧ 오류감지 기술(Error Detection)

Read/Write 태그에서 리더로부터의 명령 또는 데이터를 수신하였을 때 완전한 데이터를 수신하였는지의 검증을 위하여 리더에서는 데이터 다음에 CRC 데이터를 첨부하여 보내게 되며, 이의 확인을 위한 CRC의 비교계산을 위한 Logic 회로설계의 요소기술이 필요하다.

(2) 태그의 상세 기술

태그는 RFID 시스템의 통제장치인 리더 또는 리더의 요청에 의하여 물체, 동물, 사람 등의 식별, 인식정보를 송신하는 소자로서 최근 응용범위가 확대되고 있다.

태그는 자체정보를 무선송신하기 위한 에너지로서 리더 또는 리더의 반송파 RF 에너지를 활용하는 특징을 갖는 것이 일반적인 양방향 무선 송수신방식과 다르다. 즉 물체 또는 사람에게 부착된 태그는 리더에서 송신하는 RF 반송파 신호를 태그 또는 태그 안테나에서 수신한다.

RFID 시스템의 감지거리는 태그가 소모하는 에너지가 적어야 제한된 리더의 RF 출력 범위에서 인식거리가 길어진다. 즉 태그는 소모전류를 어떻게 최소로 하느냐가 기술의 핵심이다. RF 전파의 정류는 쇼트키 다이오드가 사용되는데 지금까지는 정류효율이 우수한 GaAs 구조의 쇼트키 다이오드를 CMOS 실리콘 구조에 집적하는 것이 어려워 수동 태그 제조에 어려움이 있었으나, 최근 쇼트키 다이오드를 실리콘 IC내에 집적이 가능하여 초소형의 RF 태그 구현이 가능하게 되었다.

무선 마이크로파 태그는 리더의 명령 또는 자체 구동에너지 확보하는 순간에 리더의 RF를 ID 데이터에 의해 변조하여 반사하게 된다. 리더는 변조되고 반사되어 수신된 RF 태그 신호를 반송파를 제거하고 복조한 후에 디코딩(Decoding) 회로 또는 소프트웨어에 의해 해독하여 무선 태그 정보를 인식하게 된다.

무선 태그의 인식속도 및 인식거리는 태그의 구조 및 방식과 판독기의 무선출력, 안테나의 크기, 이득에 따라 달라진다. 또한 RFID 동작방식, 사용주파수에 따라 장단점을 갖는다. 태그 또는 태그안테나에서 수신된 교류전파 에너지는 다이오드에 의해 정류되어 수동(Passive)형 태그에서는 전자회로 구동용, 능동(Active)형 태그에서는 Wake-up용 전원으로 사용된다.

능동형 태그에서는 리더의 Wake-up 신호에 의에 전원 구동스위치 회로가 on상태가 된다. 태그의 기본 기능은 리더에 의한 질문신호에 의해 MCU 또는 EEPROM에 저장된 식별부호 또는 정보를 태그안테나를 통하여 리더의 반송파를 통하여 후방 산란하는 것이다.

후방 산란을 효율적으로 하기 위하여 태그 안테나의 부하 임피던스를 변화시켜서 임피던스 부정합에 의해 전파의 전반사를 유도한다. 즉 부하 임피던스가 변하게 되면 안테나가 단락상태로 되어 안테나 전류의 증가현상을 발생시켜 이로 인한 수신반송파 전파의 후방 산란(Backscatter)을 일으킨다.

안테나의 부하 임피던스를 변화시키기 위하여 트랜지스터 또는 다이오드 스위치가 사용되며 스위치의 On-Off 신호는 태그의 디지털 신호에 의해 스위칭된다. 즉 다이오드 스위치의 제어단자에 High 신호를 인가하여 안테나를 단락시키거나, 정합된 태그안테나의 부하 임피던스를 매우 크게 하면 안테나 부하의 단락 또는 개방상태가 되어 수신전파의 후방 산란율을 증대시킨다.

즉 임피던스 정합된 태그안테나가 단락상태가 되면 마이크로스트립 안테나내부에서 전류가 급격히 증가하게 되며 수신전파와 공진주파수의 고주파신호가 이로 인하여 후방 산란된다. 태그안테나 부하 절환 스위칭 소자로는 주로 바이폴라 트랜지스터나 PIN 다이오드 및 쇼트키 다이오드가 사용된다.

RFID 태그는 주파수대역에 따라 저주파 태그(10~400kHz), 중간주파 태그(3~30MHz), UHF 및 마이크로파 태그(300MHz 이상) 등과 같이 분류한다.

저주파, 중간 주파수 태그는 리더 안테나의 근접영역(Near field)에서 동작하므로 인식거리는 보통 1.5m를 초과하지 못한다. 인식거리를 증가시키려면 태그와 질문기간에 원접영역(Far field) 통신방식이 채택되어야 한다.

그러므로 UHF 및 마이크로파 주파수대역은 RFID 리더와 태그간의 인식거리를 증대시킬 수 있는 가장 적절할 방안이다. WLAN과 같이 RFID 시스템도 면허를 요하지 않는 ISM 주파수대역을 사용한다.

FCC의 part 15에 규정된 ISM 주파수대역은 902~928MHz, 2.435~2.465GHz, 5.785~5.815GHz, 10.5~10.55GHz, 24.075~24.175GHz 등과 같다.

저가의 RFID 시스템 수요측면에서 915MHz, 2.45GHz, 5.8GHz대역이 주로 고려되고 있다. 이러한 UHF, 마이크로파 대역 RFID 시스템은 현재 국제표준으로 RF 요구사항 표준 확정단계에 있으며 인식거리 증대를 위한 가장 유망한 시스템으로 주목을 끌고 있다. 태그의 최적성능을 달성하기 위하여 응답 발생기법이 매우 중요하다.

① 수동형 후방 산란 태그

수동형 후방 산란(Backscatter) 태그 시스템은 가격대 성능 면에서 대부분의 RFID 시스템의 최적 방안으로 대두되고 있다. 이 수동형 후방 산란 태그는 코드 발생, RF 신호수신, 변조, 재송신, DC 전압발생 등의 주요 기능을 갖고 있고, 수동형 후방 산란 태그가 시간, 온도에 무관하게 신뢰할만한 기능을 수행하기 위하여 정류과정을 통과한 질문기로 수신된 RF 신호로부터 DC 전압을 추출해야 하는데, 제로 바이어스 검파기 다이오드 또는 쇼트키 다이오드가 감도, 효율면에서 적합한 정류기로서의 기능을 수행한다. 정류된 DC 전압은 응답 코드를 발생하고 변조회로에 변조파형을 공급하는 전원으로 사용된다. 후방 산란(Backscatter)방식은 제어방식에 의해 수신 RF 신호를 산란하는 원리를 적용한다. [그림 1-5]의 후방 산란 구조에서 태그 안테나는 제어 데이터 비트가 "1"이면 수신 RF 신호를 반사하며 제어데이터 비트가 "0"이면 수신 RF 에너지를 흡수한다.

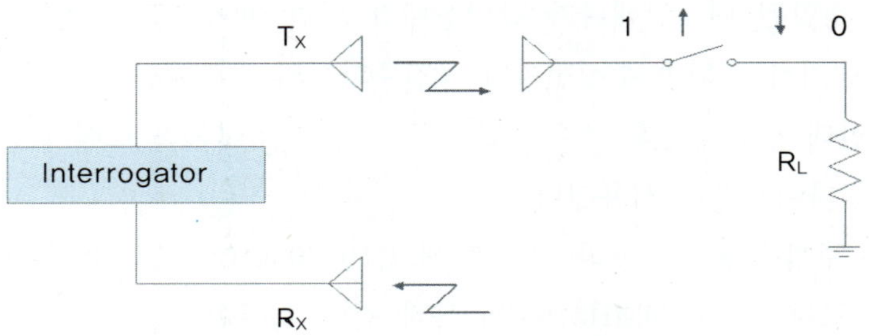

[그림 1-5] 후방 산란 RFID의 개념도

일반적으로 산란된 RF 신호는 안테나에 흐르는 RF 전류를 변화시켜 변조될 수가 있는데, 이 기법은 종단된 안테나의 임피던스 변화에 의해 가능하다. 요구되는 변조패턴에 따라 안테나 단자의 저항 또는 리액턴스를 변화시켜 변조된 산란을 발생하는 어떠한 기법도 사용될 수 있다.

[그림 1-6] (a)의 PIN 다이오드는 가변 RF 저항으로 동작하여 안테나에서 산란되는 신호를 변조한다. 이 경우에 저항치는 다이오드에 흐르는 바이어스 전류를 변화시켜 제어된다. 디지털 코드를 재송신하기 위해서 다이오드는 2 가지 상태를 갖게 되는데, 즉 "On" 상태(저저항 , 수Ω)와 "Off"상태(고저항 R, 수kΩ)를 갖는다.

다이오드 단자의 이상적인 임피던스는 [그림 1-6] (b)의 스미스차트와 같이 임피던스가 개방상태에서 단락상태로 변화함을 보여주며, 반사계수의 크기는 일정하게 유지하면서 위상만 180°변한다. 그러므로 PIN 다이오드의 순방향 바이어스 전류를 변화시켜 bi-phase PSK 변조가 가능하며, 안테나는 자체 공진상태가 되어 다음 조건을 만족하는 방사저항을 유지한다.

$$r \ll \text{Brad} \ll R$$

즉, 안테나는 다이오드 임피던스가 2가지 상태를 갖는 형태로 임피던스 변화를 갖는다. 그러나 PIN 다이오드 후방 산란(Backscatter)방법은 낮은 저항을 얻기 위해서는 비교적 큰 전류가 인가되어야 하는 단점을 갖는다.

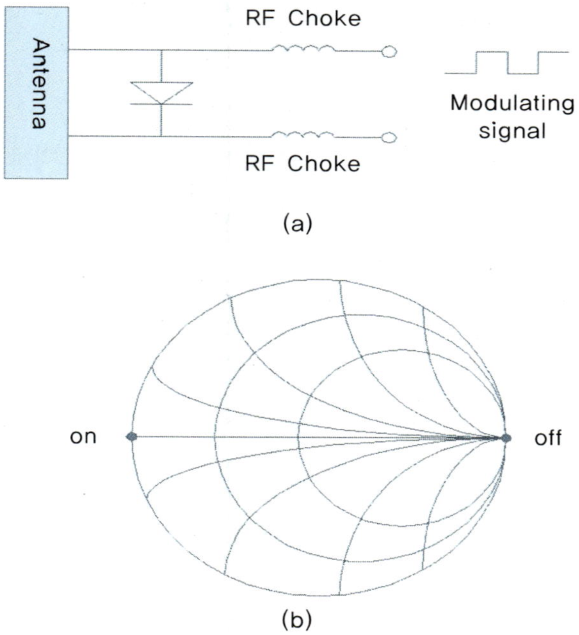

[그림 1-6] PIN 다이오드 후방 산란

산란신호를 변조하는 다른 방법으로는 [그림 1-7]과 같은 방법으로서 정류기의 부하전류 I_L이 FET 스위치와 저항의 조합에 의해 변조된다.

정류기 커패시터 C는 여기주파수에서 저임피던스 Bypass, 변조할 때는 고임피던스가 된다. PIN 다이오드의 경우와 같이 변조과정은 안테나 부하 임피던스가 되는 다이오드 임피던스의 변화에 근거한다. 즉 안테나 부하 임피던스 상태에 따라 수신 RF 신호를 안테나로부터 흡수하거나 재방사한다. RF 에너지의 흡수는 안테나의 임피던스가 다이오드의 임피던스와 정합되는 상태에서 발생한다. 이 과정을 통하여 수신된 태그의 질문기 입력신호는 효과적으로 진폭 변조되며, 디지털 변조신호에 의해 ASK 변조된다. 이 회로에

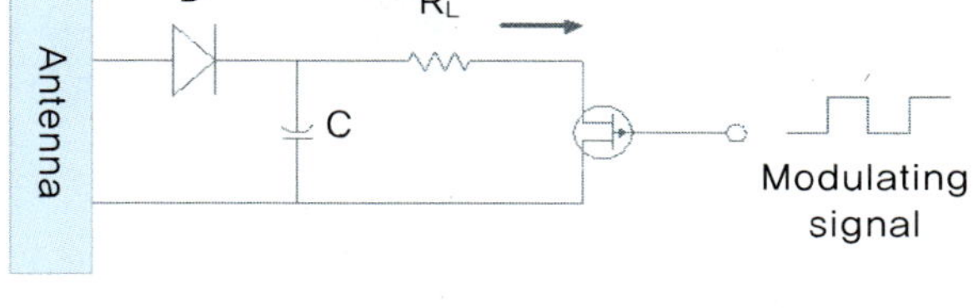

[그림 1-7] 개폐 다이오드 후방 산란

서 쇼트키 다이오드는 태그의 몇 가지 기능, 즉 DC 전원으로서의 정류기, 변조기, 후방 산란과정의 송신기 및 수신기 기능을 갖는다.

② Harmonic 태그

Harmonic 태그는 [그림 1-8]과 같은 구조로서 응신 코드가 고의로 발생시킨 고조파의 변조성분으로서 중첩부가 된다. 이 기술은 Down link와 Up link간의 분리도가 매우 우수하나, Frequency doubler의 효율이 매우 낮아 태그에 두 개의 안테나가 요구된다. 더욱이 두 주파수대역에서 동시에 승인을 요하지 않는 주파수할당이 되어 있지 않다.

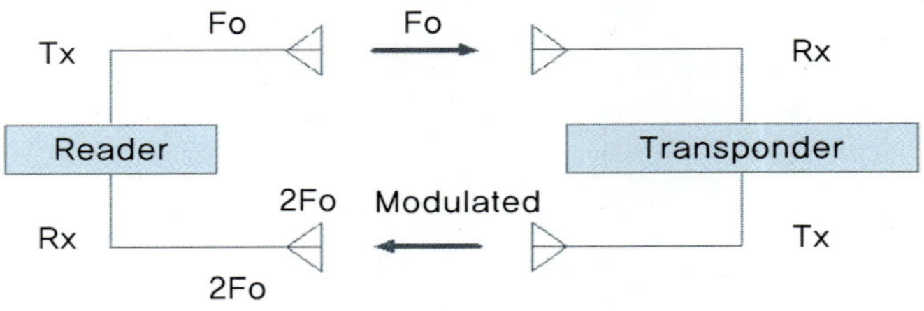

[그림 1-8] Harmonic 태그

③ 후방 산란 태그

후방 산란(Backscatter) 태그는 RF 에너지를 발생하지 않고 수신 RF 신호에 코드신호에 의한 반사를 하는 전자계 교란소자로서 동작하며 RFID 태그의 일반적 구조는 [그림 1-9]와 같다. 이 구조에서 쇼트키 다이오드가 수신 RF 에너지의 정류소자, 코드 발생기의 DC 전원 역할과 함께 수신기, 주파수 혼합기, 송신기 역할로 사용될 경우에 매우 간단한 구조로 된다. 이와 같이 몇 가지 기능을 1개의 소자로 구현함으로써 매우 저가의 RFID 태그로서의 장점을 갖는다.

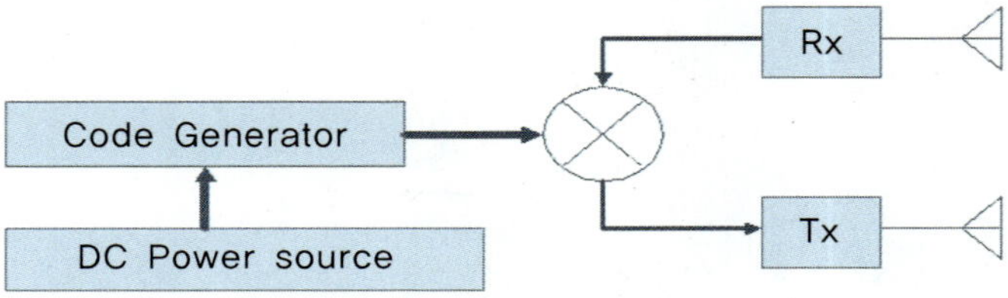

[그림 1-9] 후방 산란 태그 구조도

④ Anharmonic 태그

Anharmonic 태그는 주파수 f_1의 수신안테나, 주파수 f_2의 자기발진 혼합기, I_F 필터, 주파수(f_1~f_2)의 증폭기 및 I_F 주파수의 송신안테나로 구성된다. 이 구조는 질문기신호와 응답신호를 주파수변환에 의하여 분리하며 LO에 의하여 디지털코드 응답신호를 발생한다. 그러나 이 구조도 복잡성, 주파수 안정도, DC 전원 등의 능동형 태그가 갖는 단점을 갖는다.

⑤ Sequenced amplifier 태그

Sequenced amplifier 태그를 구성하고 있는 소자들의 간단한 블록을 [그림 1-10]에 나타내었다.

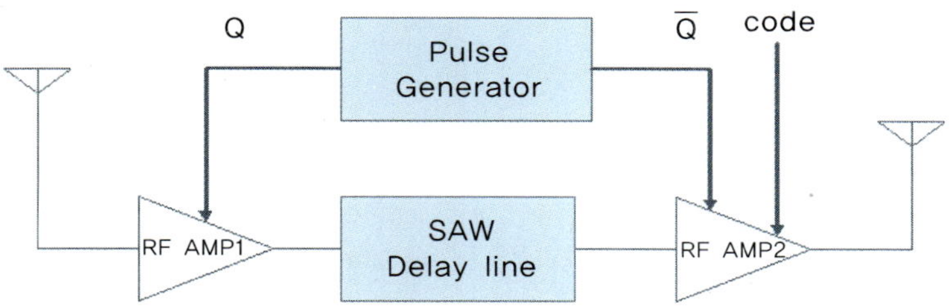

[그림 1-10] Sequenced amplifier 태그

⑥ 태그 RF 회로

태그의 동작상태는 Sleep 모드, 수신모드 및 후방 산란(Backscatter)모드 중 1개 모드로 구별된다. 보통 사용되지 않는 경우에 Sleep 모드를 유지하게 되며 리더의 Wake-up 신호가 수신되면 수신모드가 되어 Down link 변조신호를 수신한다.

보통 Down link 신호는 On/Off keyed AM 신호이며 어떠한 변조신호도 수신되지 않으면 다시 Sleep 모드로 돌아간다. 변조신호가 수신되어 검파신호가 감지되면 일정시간 후에 응답하게 된다. 즉 수신모드 후 일정시간 후에는 후방 산란모드로 전환하여 고유 식별부호 또는 정보를 후방 산란한다.

후방 산란모드 중에 태그는 리더에서 전송한 반송파를 고유부호에 의해 변조하여 Up link 신호로서 전반사하게 된다. Up link 신호의 변조는 태그 Baseband 회로의 디지털 정보신호에 의해 스위칭 변조기 다이오드의 On-Off 스위칭에 의해 수행된다.

후방 산란을 개선하기 위한 방안으로 여러 가지 스위칭 회로 구조가 사용될 수 있다. [그림 1-11]은 이러한 후방 산란 개선방안의 하나로서 기존의 검파 다이오드 스위치와 별도로 안테나에 병렬로 변조기 다이오드를 채택하여 후방 산란을 채택한 태그 RF 회로예이다. 이 구조는 검파 다이오드회로와 변조기 다이오드를 별도로 하여 리더의 변조신호 수신기능을 극대화하고 수신 반송전파의 후방 산란을 개선하게 된다.

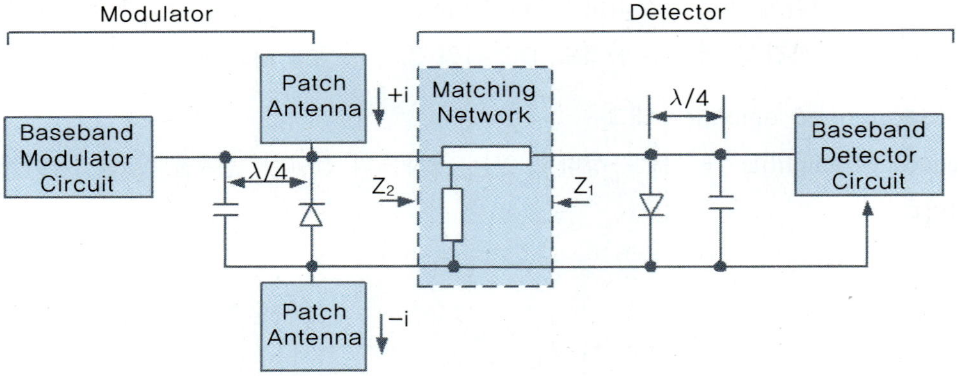

[그림 1-11] 태그 RF 회로

이러한 회로구조의 특징은 검파 다이오드와 변조기 다이오드가 극성을 반대로 하여 2개의 송/수신 안테나 단자에 병렬회로 소자로 연결되어 있다. 이와 같은 회로구조는 후방 산란(Backscatter)모드에서 변조기 다이오드는 변조신호 출력모드에서 순방향 동작을 하며 검파 다이오드는 역방향 동작을 한다.

마찬가지로 수신모드에서는 검파 다이오드는 순방향 동작상태가 되고 변조기 다이오드는 역방향 동작상태가 된다. 수신모드에서 검파 다이오드로 주로 사용되는 쇼트키 다이오드는 보통 DC 전류 제로의 바이어스 회로로 사용되어 수신되는 변조 반송파신호를 정류한다. 검파 다이오드가 제로 바이어스 상태인 경우에는 검파 다이오드는 용량성 임피던스를 갖는다. 리더로부터의 변조반송파 수신모드에서 태그 검파 다이오드의 용량성 임피던스는 L형 임피던스 정합회로 Z_1에 의해 임피던스 정합된다.

후방 산란모드에서는 변조기 다이오드가 베이스밴드 변조회로에서 수신된 On-Off 변조신호에 의해 순방향 바이어스 상태가 된다. 순방향 바이어스 다이오드는 송/수신 안테나단자가 RF 단락된 임피던스 회로가 되도록 한다. 이 상태에서 CW 공진신호가 안테나에 수신되면 매우 큰 RF 전류(+i, −i)가 안테나에 발생하게 되며 이로 인하여 안테나에서 반사되는 후방 산란 에너지가 극대화된다.

결과적으로 리더에서 전송한 CW 신호는 태그의 베이스밴드 변조기회로의 On-Off 변조신호에 의해 변조기 다이오드의 임피던스 변조에 의해 후방 산란 변조되어 전반사된다.

일반적으로 안테나의 후방 산란 유효단면적(A_{eff})은 λ/2 다이폴안테나에서 안테나 단자가 부하 임피던스와 정합(예 : 72Ω)된 경우에 다음 식으로 표현된다.

$$A_{eff}=(\lambda)2/(4\pi)$$

입력전자파의 공진주파수 동작상태에서 만일 안테나 단자가 단락상태가 되면 안테나 유효단면적은 4배가 되는 효과를 발생한다. 이 경우에는 안테나 전류 +i, −i가 2배가 되어 후방 산란 전반사에너지가 6dB증가한다. 이 원리는 전송선로로 연결된 임피던스 정합 부하에 인입되는 전류가 전송선로가 단락되면 부하전류가 2배가 되는 경우와 동일하다. 개방 안테나 단자의 경우에는 안테나가 2개의 반사기로 분리되어 제2고조파에서 공진한다. 이 경우에 기본파에서는 2개의 전도체 안테나를 흐르는 전류가 매우 작기 때문에 반사단면적이 거의 0이 된다. 결과적으로 이와 같은 변조기 다이오드에 의한 개방 또는 단락회로 임피던스 스위칭 방식은 안테나 단자에 나타나는 부하 임피던스 Z_2를 72Ω 또는 0Ω으로 스위칭하게 되며, 이로 인하여 변조된 후방 산란 전반사 에너지는 4~6dB의 변화를 발생한다.

2) 리더 기술

리더의 명칭은 Interrogator로서 태그를 활성화시키고 태그와의 통신 시퀀스를 구성하며 애플리케이션 소프트웨어와 태그 간의 데이터를 전송하는 역할이 리더의 주기능이다. 무선통신의 모든 특징인 통신 주체간의 연결과 충돌방지 및 인증과정의 수행 등이 리더에 의해 관리된다.

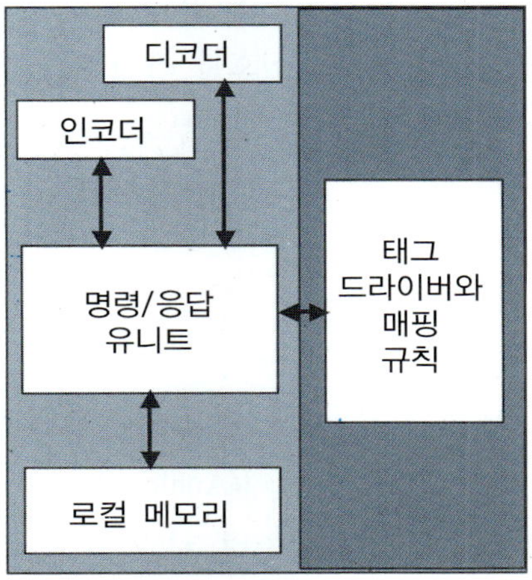

[그림 1-12] 리더의 구성

리더의 구성은 [그림 1-12]처럼 무선 인터페이스와 제어 유니트로 구성된다.

➡ 무선 인터페이스는 태그와의 통신을 뜻하는 기능으로는

- 태그를 활성화시키기 위한 전송전력 발생과 태그로의 전원공급
- 태그에게 데이터 전송을 위한 전송신호의 변조
- 태그로부터 전송된 신호의 수신과 복조로 표현된다.

➡ 제어 유니트는

- 애플리케이션 소프트웨어와의 통신과 애플리케이션 소프트웨어로부터의 명령실행
- 태그와의 통신 제어
- 신호의 코딩과 디코딩
- 충돌방지 알고리즘의 실행
- 태그와 리더간에 전달될 데이터의 암호화의 해독
- 태그와 리더간의 인증 수행 등의 기능을 수행한다.

RFID 리더 기술은 기존의 무선 및 이동통신용 단말기 기술과 매우 유사하다. 이러한 단말기 기술은 크게 하드웨어 기술과 하드웨어를 제어하기 위한 펌 웨어 기술을 포함한 소프트웨어 기술로 구분할 수 있다. 그러나 RFID 리더는 기존의 무선통신 및 이동통신 단말기와 비교하여 매우 단순한 기능을 갖는다.

따라서 RFID 리더 기술은 리더를 구성하는 하드웨어의 저가화, 저전력화, 고성능화, 고기능화를 제공하는 리더 핍 기술개발에 주목하고 있다.

RFID 리더는 수동형 태그가 동작할 수 있는 전력과 명령어를 무선 반송파 신호로 태그에 전송하고 태그로부터 응답을 수신하여 신호를 복원하는 기능을 수행한다. RFID 리더 시스템은 RF/아날로그부와 디지털 신호처리 제어부로 구성된다. 이러한 RFID 리더의 RF/아날로그부와 디지털 신호처리 제어부는 주로 단일 칩 혹은 다중 칩의 형태로 구성된다.

(1) RF/아날로그부

RF/아날로그부는 안테나로 전력과 데이터를 전달하기 위한 전력증폭기와 주파수 상향 혼합기, 태그로부터 안테나에 수신된 응답신호를 복원하기 위한 저잡음 증폭기(Low Noise Amplifier : LAN)와 아날로그 신호처리(Analog Baseband)부로 구성된다.

아날로그 RF부에서는 저잡음 증폭기와 전력증폭기의 특성 및 사양이 칩 제작공정을 결정하는 중요한 요소로서, 데이터를 반송파로 ASK(Amplitude Shift Keying)나 FSK

(Frequency Shift Keying)로 변조하여 안테나단으로 전송해야 한다. RFID 반송파가 UHF 주파수 대역일 경우 최대 900MHz에서 2.5GHz이므로, 최소 0.25μm급이하 CMOS 공정 기술이 요구된다.

(2) 디지털 신호처리 제어부

디지털 신호처리 제어부는 디코더, 인코더, 클럭 발생회로, 메모리, 프로세서 및 호스트 인터페이스부 등으로 구성된다. RFID 리더부의 칩 공정기술에 디지털부에는 0.35μm급 이하 CMOS 공정기술이 사용된다.

(3) 안테나와 RF 정합회로부

RFID 리더에서 리더 칩 이외에 안테나와 RF 정합을 위한 정합회로부, 대역통과 필터 및 서큘레이터 등이 이외에 안테나와 RF 정합을 위한 정합회로부, 대역통과 필터 및 서큘레이터 등이 전체 RFID 리더 시스템을 구성하고, 각각 리더 구성부가 리더의 요소기술에 해당한다.

특히 860MHz~960MHz의 UHF 대역 RFID 리더 시스템에서 실제로 고주파 신호의 처리를 하는 부분은 주파수 상 · 하향 변화기, 전력증폭기, 저잡음 증폭기, 국부발진기 등이고, 대부분의 디지털 회로는 10MHz 내외의 클럭 주파수 부근의 주파수 대역에서 동작한다.

따라서, 안테나와 RF 정합을 위한 정합회로부, 대역통과 필터 및 서큘레이터 등을 제외한 UHF RFID 리더는 CMOS 공정기술을 이용하여 칩화 혹은 단일 SoC(System on Chip)형태의 개발이 가능하다.

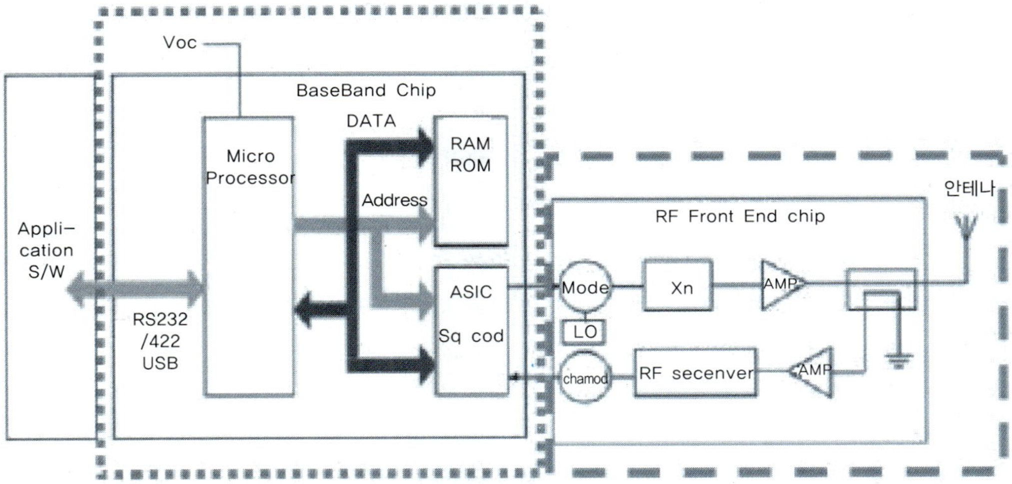

[그림 1-13] UHF 대역 RFID 리더 IC 구조

한 개의 단말기로 13.56MHz, UHF, 2.45GHz 대역의 RFID를 인식할 수 있는 리더, PDA 등에 부착되는 휴대형 리더 다양한 RFID 제품을 인식할 수 있는 멀티프로토콜 리더 등 복합 기능을 갖는 제품들이 등장하고 있다.

[그림 1-14] AWID의 복합기능 리더

그러나 RFID 리더는 태그와의 무선접속 방식에 따라 태그에 공급하여야 하는 RF 반송파 전력과 태그로부터 수신되는 RF 반송파 전력이 차이가 나고, 또한 인식거리에 따라서도 이러한 RF 반송파 전력이 차이가 난다.

상호유도 방식은 근거리(1m 이내), 전자기파 방식은 중장거리용 RFID 시스템에 적용되며, 상호유도 방식은 코일 안테나를 이용하며, 전자기파 방식은 고주파 안테나를 이용해서 서로 무선접속을 한다. 상호유도 방식의 태그는 거의 수동으로 작동된다. 즉 태그의 IC 칩이 동작하는 데 필요한 모든 에너지는 리더에 의해 공급되어진다.

따라서 리더의 안테나 코일은 주변지역에 강한 자기장을 발생한다. 방출된 자기장의 이 부분이 리더와 떨어져 있는 태그의 코일 안테나에 유도성 전압을 발생, 정류된 후 IC를 위한 에너지로 공급된다. 이러한 리더로부터의 RF 반송파 출력전력 레벨에 따라 디지털부와 다른 형태의 반도체 칩 공정기술, 즉 BiCMOS나 GaAs 등과 같은 화합물 반도체 기술이 아날로그 RF부를 구현하기 위한 칩 제작공정으로 사용될 수 있다.

RFID 리더의 구성을 안테나 및 RF 회로, 변복조기, 실시간 신호처리 모듈 프로토콜 프로세서 등으로 구성된다. 리더는 RFID 태그의 동작에 필요한 고주파 전력을 송출하고, 또한 태그에 필요한 명령어를 보내고, 데이터를 기록하며 태그로부터 반사파에 실려 온 정보를 수신하고 분석한다.

(4) 리더의 요소기술

호스트 컴퓨터와의 데이터 전송을 담당하는 리더의 요소기술은 다음과 같다.

① 고주파회로 기술

고주파회로(RF Transmitter) 기술은 태그에 고주파 전력을 송출하고 정보를 반송하기 위한 신호를 생성하는 기술로 안정된 고주파 신호의 발진회로, 불필요한 전파의 송출을 억제하는 필터 회로, 필요한 전력 레벨까지 신호를 키워주는 증폭회로, 그리고 송출을 담당하는 안테나와의 정합회로 등으로 구성된 고주파 회로설계 기술을 요구한다.

② 변조기술

변조(Modulation)기술은 리더로부터 태그에 필요한 명령을 전달하기 위해 RF Transmitter 회로에 연결되어 리더의 CPU로부터의 데이터에 따라 송출되는 고주파전력의 출력을 On/Off하는 방식의 변조회로로 주파수 스펙트럼 외의 불필요한 전파발사를 억제하기 위하여 필터회로 등이 부가된 요소기술이다.

③ 검출기술

검출(RF Receiver)기술은 리더의 송신부로부터 송출되어진 고주파 전력신호에 태그가 공유의 ID 정보에 따라 반사파의 신호 레벨에 변화를 주어 실어 보내온 정보를 수신하고 필터링한 다음 복조(Demodulation)하는 요소기술이다.

④ Analog & Digital 기술

아날로그/디지털 기술은 RF 수신(Receive)부로부터 복조된 태그의 정보를 해석하기 위한 부분으로 미약한 수신 아날로그(Analog) 신호를 증폭하고, 필터링하고, 트리밍하여 디지털신호로 해석 가능하도록 정형화하여 디지털 신호로서 정보를 분석하고 CRC 등의 비교를 통하여 정확한 정보를 취득하여 저장 또는 호스트에 보내는 요소기술이다.

⑤ 호스트 인터페이스 기술

호스트 인터페이스(Host Interface) 기술은 태그로부터 수신하고 분석된 정보를 응용 프로그램에서 활용될 수 있도록 호스트에 접속하는 기술로 지금까지는 주로 직렬통신방식인 RS-232나 RS-422 등의 인터페이스를 이용하여 하이퍼터미널로 기본적인 접속이 될 수 있도록 하였지만, 앞으로는 이더넷 드라이버(Ethernet Driver) 등의 Host Interface를 제공하게 함으로써 TCP/IP 네트워크를 이용한 인터넷과의 쉬운 접속을 통한 데이터를 이용할 수 있게 하는 요소기술이다.

⑥ 충돌방지 기술

충돌방지(Anti Collision) 기술은 하나의 리더에서 여러 개의 태그를 동시에 인식할 수 있도록 하기 위해서는 단순한 프레임 알로하(Frame Aloha) 기법으로는 한계가 있으므로 리더에 인식을 완료한 태그에 대하여는 Silent 명령어 등을 이용하여 불필요한 정보의 송출로 다른 태그의 정보전송에 방해를 주지 못하도록 하여 최대 1,000개 이상까지도 일괄 인식할 수 있게 하는 요소기술이다.

⑦ 안테나 기술

안테나(Antenna) 기술은 리더로부터 생성된 고주파 신호를 원하는 방향에 최대의 효율로 송출하기 위한 장치로 용도에 따른 크기와 구조를 가질 수 있으며 UHF대역 이상에서는 송출되는 전파임의 지향성을 형성할 수도 있고, 수직편파, 수평편파, 원형편파 등 자유공간에 최대의 효율로 전파가 되도록 하는 특정한 파장에 대한 최대전력전달 임피던스 정합을 요구하는 요소기술이다.

기본적으로 RFID 시스템은 무선 트랜시버인 리더, 리더 본체와 사람 또는 사물 등에 부착되는 태그(또는 트랜스폰더)로 구성된다. 대표적인 RFID 시스템의 태그 및 리더의 블록다이어그램은 [그림 1-15]와 같이 나타낼 수 있다.

RFID 시스템에서 리더는 CW 신호를 계속해서 송출하고 태그는 리더와의 통신영역 구역 내에 도달하면 RF Power 검출회로에 의해 저전력 절전 모드(Sleep mode)에서 정상동작 모드로 절환(Wake-up)되어 자신의 존재를 알리는 데이터를 리더에 송출한다.

리더는 태그로부터 송출된 태그 존재 신호를 수신하면 변조된 RF 신호를 태그에 송신하게 되고, 태그는 수신된 RF 신호를 쇼트키 다이오드를 통하여 검파, 복조하여 내부의 디지털 회로부에 저장된 데이터를 전송한다.

이 때 리더는 태그에 CW파 또는 비변조파를 조사하여 태그로부터 후방 산란(Backscatter)되는 정보를 수신하게 된다. 이 경우에 태그의 인코더와 스위치 드라이버는 태그의 안테나 상태를 다른 상태로 부하 전환한다. 그 결과로 태그로부터 반사되는 약한 신호는 변조되며 이 변조된 신호가 리더의 수신기에서 탐지된다. 이러한 방식으로 리더와 태그는 태그 자체의 송신기 없이 리더에서 발생되는 RF 신호만으로 상호 통신하게 된다.

즉 ID 후방 산란신호는 리더측 마이크로스트립 패치 안테나에 의해 수신되고 ID 후방 산란변조된 RF 신호는 리더의 쇼트키 다이오드에 의해 복조되어 디지털 회로부로 데이터를 전송한다. 디지털 회로부는 ID 데이터를 디코딩하여 외부 연결장치를 통하여 표시된다.

이상과 같이 간단한 구조의 태그에 의해 상호 RF 통신이 이루어지려면 통신회로 구조상 몇 가지 제약사항이 요구된다.

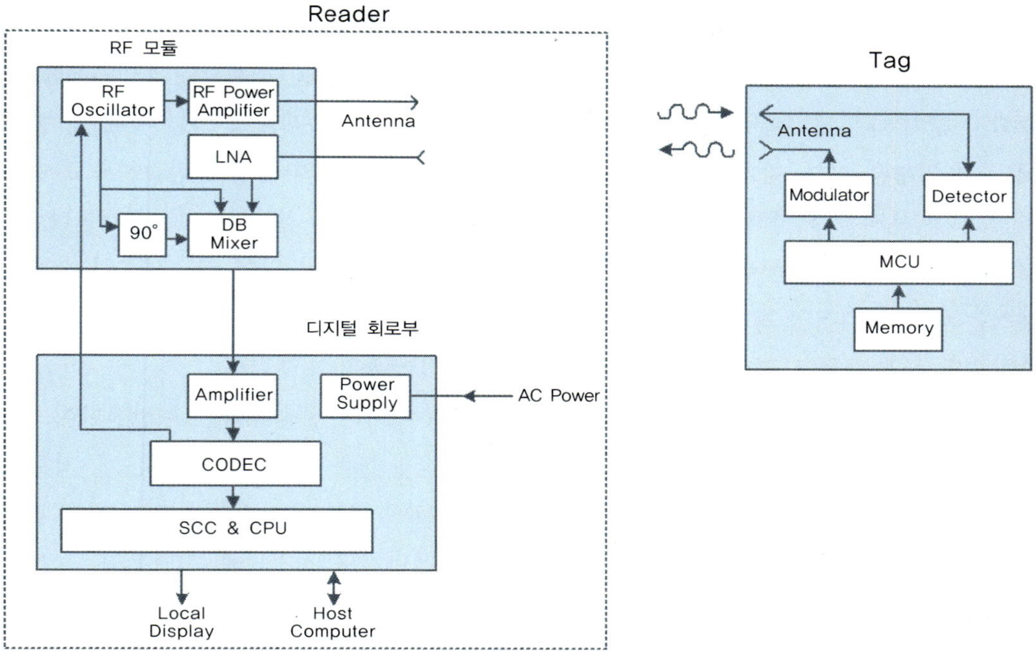

[그림 1-15] RFID 전체 시스템

즉 태그 수신회로가 간단하려면 리더의 송신방식은 보통 ASK 방식이 사용된다.

태그의 변조회로는 복잡성을 피하기 위하여 단순 스위칭(Switching) 회로가 사용된다. 그러므로 태그의 수신 검파회로는 쇼트키 다이오드 회로가 사용되고 변조회로는 PIN 다이오드 또는 트랜지스터 스위치 회로가 사용된다. 리더는 보통 PC에 연결되어 운용되며 응용목적에 따라 운용 소프트웨어에 의해 RFID 리더 시스템을 제어한다.

현재 대부분의 수동(Passive) RFID 시스템은 배터리가 없이 동작하는 태그로서 주로 133KHz 및 13.56MHz 저주파 RFID 시스템에서 사용된다. 저주파 RFID 시스템은 에너지와 데이터가 유도성 결합방식 즉 자계의 에너지로 전달된다. 이 방식은 트랜스포머의 동작원리와 동일하다. 리더의 안테나가 자계를 발생하면 태그의 코일에 전압이 유기되어 에너지를 전달한다.

리더로부터 태그로의 데이터 전송은 전송 자계신호의 파라미터(세기, 주파수, 위상)를 변화시켜 전달된다. 태그로부터의 데이터 반송은 자계의 부하를 변화시켜 전송된다. 저주파 유도성 RFID 시스템이 다음에 설명하는 UHF 및 마이크로파 RFID 시스템과 다른 점은 안테나의 근거리 자계에서 동작하는 것이다.

그러므로 감지거리는 대략 전송 안테나의 직경이내가 되며 이 거리 이상에서는 자계의 세기가 거리의 3승에 반비례하여 감소하며 요구되는 전송전력은 거리의 6승에 반비례하여 감소한다. UHF 및 마이크로파 RFID 시스템과 또 다른 점은 자계장은 물, 인체에 흡수되지 않기 때문에 수분에 의한 영향은 무시할 정도이나 금속재질에 의한 차폐 및 반사에 의한 영향은 크다. 자계장은 벡터 특성을 갖기 때문에 태그의 방향에 민감하므로 이러한 방향성 문제를 해결하기 위하여 전송 안테나가 회전자계가 발생하도록 설계한다. 유도성 RFID 시스템에서는 리더와 태그 자계장에 의해 결합되어 있어 전송신호의 자계의 세기는 태그와 리더의 방향에 따라 1/d3로 1/d4로 감소한다. 수신되는 전송에너지 밀도는 주파수와는 무관하고 리더 안테나의 크기, 코일의 Turns에 비례한다.

UHF 대역 또는 마이크로파 대역 RFID 시스템은 데이터 전송방식이 무선전파이므로 전파의 자유공간 전파손실이 자계의 자유공간 전파손실률 보다 작기 때문에 저주파 RFID 시스템보다 감지거리가 길다. UHF 및 마이크로파 RFID 시스템은 전자파에 의해 데이터 통신이 이루어지며 수동 태그에서는 전송 에너지도 전자파로 전달된다.

전자파 RFID 시스템에서는 전파가 구면파 형태로 전송되는 영역에 태그가 위치한다. 진행 전자파 영역에 있는 태그는 전파영역에서에서 에너지를 획득한다. 태그에 가용한 에너지는 송신부에서부터 특정한 거리 d에 있는 태그의 경우에 1/d2로 표현된다. 전파전달공간에 있는 태그는 전파를 반사하여 태그 데이터를 리더에 전송하게 된다. 태그가 수신하는 에너지 밀도는 안테나의 개구(Aperture) 크기와 관련되는데 즉 파장과 관련되어 있다.

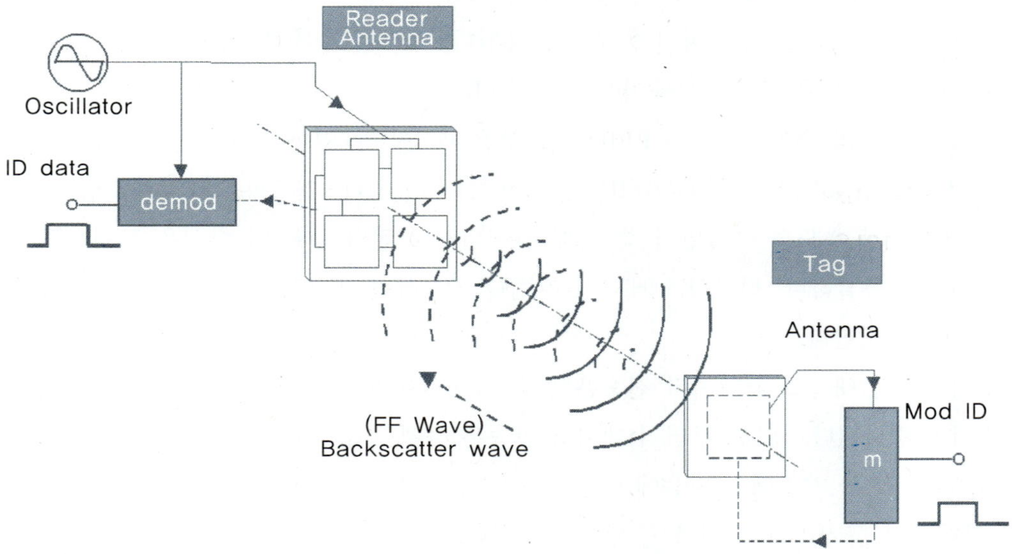

[그림 1-16] 마이크로파 RFID 시스템 구성도

즉, 300MHz 시스템은 600MHz 시스템보다 4배 커야 한다. 주파수가 높으면 태그의 크기를 작게 할 수 있으나 태그에서 수신하는 전파에너지는 안테나 크기, 대역폭에 따라 적절히 선정되어야 한다. 실제로 감지거리는 리더의 송신전력, 동작주파수 및 태그 안테나 크기에 의해 결정된다.

[그림 1-16]은 마이크로파 RFID 시스템 구성도로서 리더는 무선 태그가 동작영역에 들어오면 태그는 동작전원 에너지를 판독기의 반송파 RF 전파 에너지를 DC로 정류하여 갖게 된다.

(5) 리더 RF부

현재 관심을 갖고 있는 UHF, 마이크로파 대역 전파전송 방식 RFID 리더 RF부는 [그림 1-17]과 같이 마이크로스트립 안테나, RF 회로부, 변복조 회로부, CPU를 포함한 Digital board로 구성된다.

Digital board는 PC와 연결되며 운영 프로그램에 의해 RFID 시스템을 제어하게 된다. RF 회로부는 Circulator, LNA, Double-balanced mixer, Hybrid 결합, Power divider, Power combiner, Oscillator 및 변·복조회로부로 구성된다.

Circulator는 송신반송파가 수신부에 직접적으로 주입되는 것을 막고 적당한 Isolation을 유지하기 위한 목적으로 사용되기 때문에 송수신 안테나를 겸용으로 사용할 경우에는 필히 요구되며, 송신안테나와 수신안테나를 별도로 사용하는 경우에는 제외된다. Oscillator 또는 VCO에 의해 발생한 국부발진(LO)신호는 Wilkinson power divider에 의해 분배되어 2개의 hybrid 결합에 인가된다.

LNA에 의해 증폭된 RF 수신신호는 하이브리드 결합의 다른 단자에 LO신호와 90° 위상차를 갖도록 하여 Double balanced mixer에 인가되며 180° 위상차를 갖는 출력검파신호가 2개의 Mixer에서 출력되어 Combine된 후에 IF 증폭단에 인가된다.

[그림 1-17]은 이러한 개념의 RFID 리더 RF Front-end에 해당하는 리더 Down-converter 상세 블록도를 나타낸다. RFID 리더는 매우 안정된 주파수 스펙트럼이 요구되기 때문에 LO 신호발생원으로는 주파수안정도가 우수한 VCO나 DRO가 사용되어야 한다.

Circulator는 안테나를 2개 사용할 경우에는 필요하지 않으나 1개의 안테나를 사용할 경우에 필요하며 최근에는 초소형 구조의 Circulator 제품이 많아 휴대용 리더기 제작시에 필수적으로 요구된다. 수신부의 LNA, 송신부의 Power amp는 개별 트랜지스터로 설계하여 제작 가능하나 최근에는 IC Chip이 생산되고 있어 활용이 가능하나, VCO 또는 PLL 주파수 합성기는 위상잡음이 작은 모듈 부품을 사용해야 성능이 용이하게 구현된다.

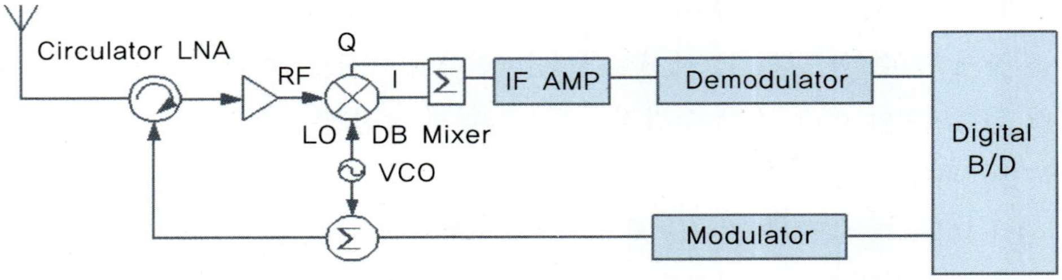

[그림 1-17] UHF, 마이크로파 대역 RFID 리더 RF블록도

IC 부품의 기술적 내용은 생략하고 마이크로스트립 선로 설계기술이 소요되는 Hybrid 결합, Mixer에 관하여 기술적으로 설명하면 다음과 같다.

① Hybrid 결합기

일반적인 평행선로 결합기를 사용하여 3dB 이상의 높은 전압결합도를 얻기 위해서는 선로 사이의 간격을 매우 좁게 만들어야 한다. 이와 같은 좁은 간격은 제조과정 중에 발생하는 결함에 의하여 단락회로가 될 가능성이 매우 높다. 이러한 문제점을 해결하기 위해 [그림 1-18]에 나타낸바와 같이 90° 하이브리드 분기선 결합기(Hybrid branch line 결합)를 만들면 0dB 정도까지 결합도를 높일 수 있고 이 결합기는 마이크로스트립 선로나 스트립선로를 사용하여 제조하는 경우 특히 적합하다.

[그림 1-18] (a)는 일반적으로 전력합성기(Power combiner) 또는 분배기(Splitter)와 관련이 있는 구형 구조이고, [그림 1-18] (b)는 혼합기(Mixer) 설계와 관련이 있는 원형구조이며 둘 다 모두 등가이다. 포트 사이의 간격은 결합기의 사용파장(λ)의 λ/4이다.

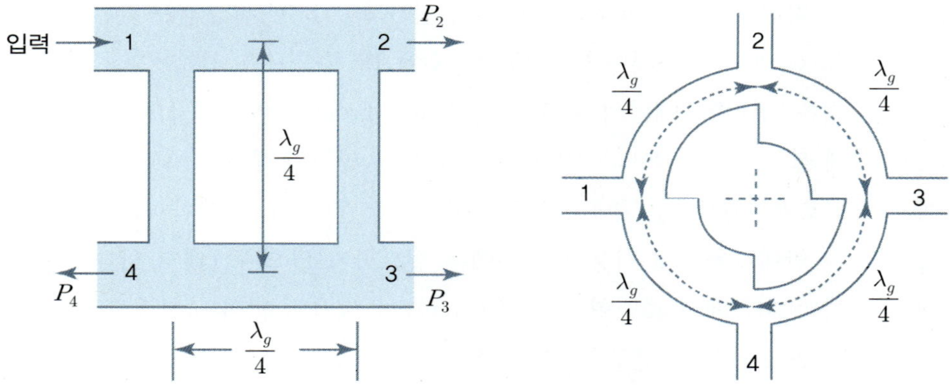

(a) 구형 분기선 결합기의 구조 (b) 원형 분기선 결합기의 구조

[그림 1-18] 분기선 결합기의 구조

이와 같은 형식의 결합기에서는 포트 3의 신호와 포트 2의 신호가 서로 90°의 위상차를 갖기 때문에 이 분기선 결합기를 90° 하이브리드 결합기 또는 직각 하이브리드 결합기(Quadrature hybrid 결합)라 부르기도 하며, 흔히 사용하는 분기선 결합기의 결합도는 3dB이다.

[그림 1-18]에 보인 분기선 결합기는 전력을 분배 또는 합성시키는 역할뿐만 아니라 입력과 출력 사이의 임피던스를 정합시키는 역할까지도 할 수 있는 장점을 갖고 있다. 입력과 출력 임피던스가 50Ω인 3dB 전력 결합비를 갖는 분기선 결합기를 설계할 경우 주어진 입력과 출력의 정규화된 어드미턴스는 각각

$$Y_o = \frac{1}{50},\ Y_{n4} = \frac{\frac{1}{50}}{\frac{1}{50}} = 1$$

이고

$$P_3 = 10^{-3/10} \times P_{\text{in}} = 0.5P_{\text{in}} = P_2$$

따라서 구하고자 하는 어드미턴스 및 임피던스는

$$Y_1 = Y_0 = Y_4 = \frac{1}{50} \text{ 또는 } Z_1 = 50\,\Omega$$

$$Y_2 = \sqrt{2}\,Y_A = \frac{\sqrt{2}}{50} \text{ 또는 } Z_2 = 35.4\,\Omega$$

$$Y_3 = Y_0 = Y_4 = \frac{1}{50} \text{ 또는 } Z_3 = 50\,\Omega$$

이다. [그림 1-19]는 상기의 설계값으로 시뮬레이션한 일례이며 [그림 1-20]은 제작된 시제품 일례를 나타낸다. 측정결과를 참조하여 보정한 결과 포트 S_{21}, S_{43}간 삽입손실은 −3dB 기준시 0.2dB이내였고 위상오차는 15°이내였으나 반복측정오차가 6°인 것을 감안하면

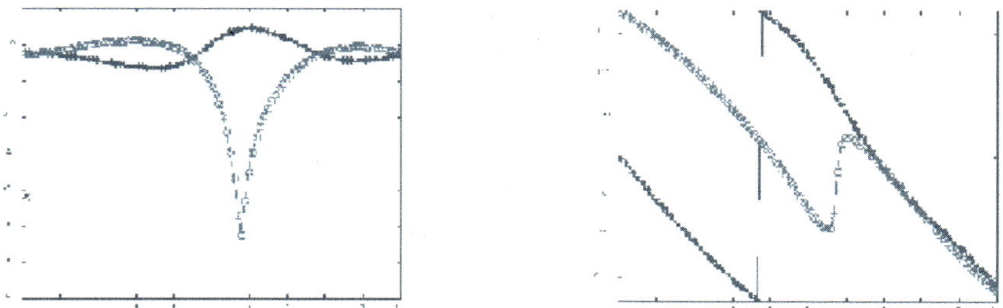

(a) 삽입손실, 반사손실 특성　　(b) 위상 특성

[그림 1-19] 90° 하이브리드 결합 시뮬레이션 결과

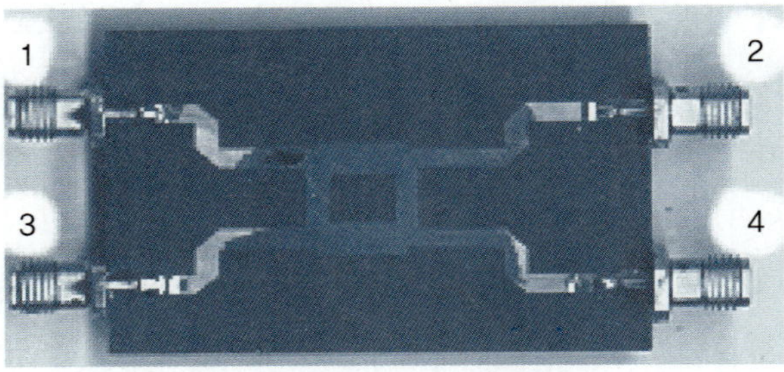

[그림 1-20] 제작된 90° 하이브리드 결합 시제품

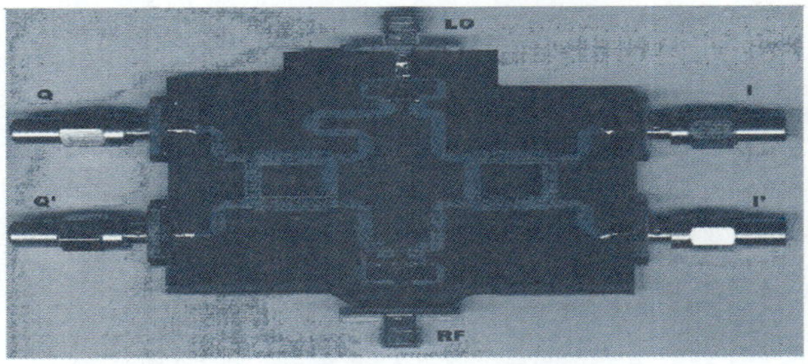

[그림 1-21] 90° Branch line mixer용 하이브리드 결합

양호한 편이었다. [그림 1-21]은 90° Branch line mixer의 종단 검파부를 제외하고 90° 하이브리드 결합과 Wilkinson divider/combiner 및 마이크로스트립 λ/4 지연라인으로 구성한 형태이다.

② 다이오드 Mixer

Mixer는 두 고주파 입력신호를 "mixing"하여 원하는 출력신호를 발생하는 주파수변환기로 동작하는 소자이다. RF 통신기기 시스템에서 안테나로 수신된 RF 신호는 입력신호 크기가 작기 때문에 고주파 수신증폭기에 의하여 증폭된다. 증폭된 입력신호는 Mixer의 입력단자에 인가되고, 다른 경로의 국부발진(LO) 신호가 Mixer의 제2단자에 인가되면 Mixer 출력은 두 입력신호 주파수의 합 또는 차주파수 및 다른 고조파성분의 신호를 발생하며, 통신시스템은 이 중에서 원하는 신호로 선택하여 사용한다.

예로서 안테나에서 수신된 입력신호가 2.4GHz이고, 2.55GHz의 LO 신호가 Mixer에 인가되면 150MHz의 Mixer 출력신호가 발생하는데 이는 안테나에서 수신된 원래의 신호보다 주파수가 매우 낮다. 이러한 형태의 수신기는 다운 컨버터(Down converter)로 명명되는데, 이는 높은 주파수신호가 낮은 주파수신호로 변환되기 때문이다. 다운 컨버팅된 신호는 주파수가 낮기 때문에 베이스밴드 프로세서에서 신호처리에 매우 용이하다.

Mixer 출력단에서의 합주파수는 고주파신호 송신을 위한 송신기에서 사용된다. 이 경우에는 RF 입력신호가 높은 주파수신호로 변환되기 때문에 업 컨버터로 동작한다. 응용 분야에 따라 합, 차주파수신호 레벨을 증대시키기 위하여 매칭 및 필터 회로가 사용된다. Mixer는 기본적으로 Mixing 동작을 달성하기 위하여 반도체소자의 비선형, 스위칭 특성을 사용하는 주파수변환 소자이다.

Mixer로 사용되는 여러 가지의 반도체 소자 즉 바이폴라 트랜지스터, FET 등이 사용되지만 가장 많이 사용되는 소자는 다이오드이다. Mixer에서 두 RF 신호가 RF 단자에 동시에 인가되거나 RF 신호의 크기가 LO 신호와 비교하여 무시할 수 없는 경우에는 추가적인 IM(Inter Modulation) 성분신호가 발생한다. 이 경우에 서로 인접한 두 가지 Tone 신호가 Mixer에 인가되면 여러 주파수성분의 IM 고주파신호가 발생하는데, 발생하는 주파수 스펙트럼은 다음 식으로 표현된다.

$$f_{\mathrm{IM}} = \pm pf_1 \pm - qf_2 \pm - nf_{\mathrm{LO}}$$

여기서 p, q, n은 정수이며 f_1, f_2는 두 인가신호 주파수이다. 이러한 스펙트럼 성분은 f_1과 f_2가 인접한 경우에 필터로 제거하기가 어려운 원치 않는 고조파신호 성분이다. 이러한 이유 때문에 대부분의 Mixer는 선형 모드로 동작하며 Mixer 전후에는 필터를 보통 부착한다.

Inter modulation을 억압하고 단자 간 Isolation 특성을 개선하기 위하여 [그림 1-22]와 같은 대칭 다이오드 구조인 Single-balanced mixer를 사용한다. Single-balanced mixer는 2개의 Single-ended mixer가 연결된 구조로서 고조파성분을 크게 감소시킨다. 이 Mixer형태는 180° 하이브리드를 사용하여 고주파입력을 분리하여 Mixer에 인가되도록 한다. 180° 하이브리드는 1개의 입력신호를 신호크기는 같고 위상이 180°가 되는 2개의 신호로 분리하며 다른 단자에 신호가 동시에 인가되어 2개의 동위상 신호를 얻는 목적으로 사용된다.

[그림 1-23]은 4단자 180° 하이브리드와 위상을 나타내며 초고주파대역에서는 마이크로스트립선로 180° 하이브리드가 주로 사용된다. 180° 하이브리드는 스퓨리어스 성분을 감소시키기 위하여 2개의 다이오드에서 위상차에 의한 상쇄원리를 이용한다. [그림 1-23]은 하이브리드에서의 이러한 고조파 상쇄효과를 나타낸다. LO 신호는 단자 1에 인가되면 단자 2에는 동위상신호가 발생하며 각각의 Single-ended mixer 출력단에는 180° 위상차

의 신호가 발생한다. 다이오드에 인가된 위상천이에 의하여 다음과 같은 신호억압효과가 일어난다.

- m, n이 우수인 경우의 모든(m, n) 스퓨리어스 성분이 제거된다.
- m이 우수이고 n이 기수인 모든(m, n) 스퓨리어스 성분이 제거된다. 그러나 m이 기수이고 n이 우수인 경우는 해당되지 않는다.

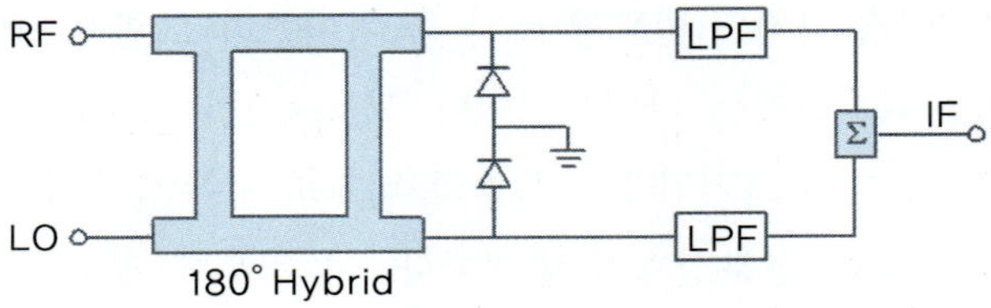

[그림 1-22] Single-balanced mixer

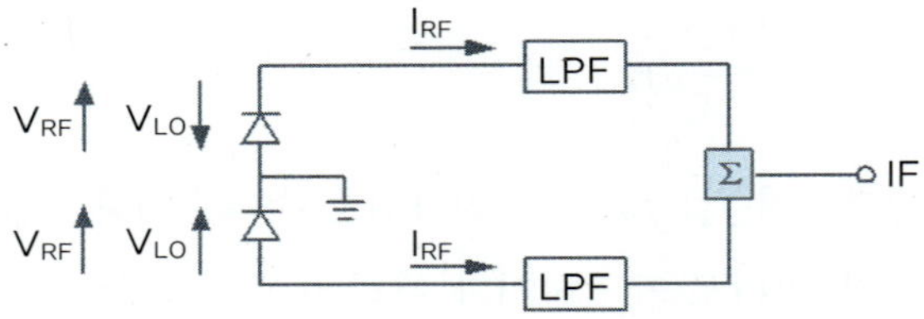

[그림 1-23] Mixer 다이오드의 RF 및 LO 신호 위상

더욱이 180° 하이브리드는 본질적으로 RF 단자와 LO 단자를 분리하는 기능을 제공하므로 RF, LO 필터 필요성이 경감된다. 이 경우에 입력신호가 하이브리드에서 2가지 동등 레벨의 신호로 나눠지기 때문에 Single-ended mixer와 비교하여 3dB 이상의 고주파전력이 요구된다. 3dB의 추가전력 요구사항 및 회로의 복잡성에도 불구하고 이러한 구조의 Single-balanced mixer는 스퓨리어스 억압효과, RF-LO단에 필터가 요구되지 않는 특성 때문에 매우 광범위하게 사용된다.

[그림 1-24]는 4개의 다이오드를 사용하여 2개의 Single-balanced mixer를 "ring" 구조를 형성한 Double-balanced mixer 구조를 나타낸다. Double-balanced mixer는 2개의 하이브리드를 사용함으로써 LO-RF, RF-IF 단자간의 Isolation이 더욱 개선된다. Double-balanced mixer는 다이오드에 인가되는 신호방식에 따라 2개의 다이오드는 On, 2개의 다이오드는 Off로 동작한다.

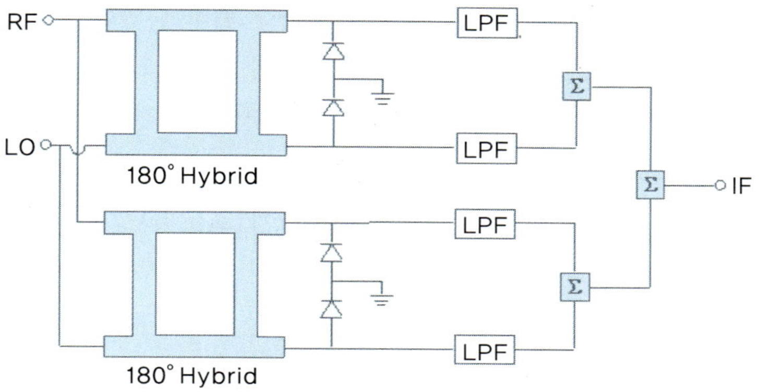

[그림 1-24] Double-balanced mixer

즉 [그림 1-25]에서 상단 2개의 다이오드가 On이면 하단 2개의 다이오드는 Off로 동작하여 스위칭 현상에 의해 Mixer 기능을 수행한다. Double-balanced mixer는 2개의 하이브리드를 사용하므로 Single-balanced mixer보다 3dB의 고주파전력이 더 요구된다. 또한 각각의 다이오드는 근접한 스퓨리어스 성분을 효율적으로 제거하기 위하여 정확한 임피던스 정합이 요구되므로 보통 Pair로서 함께 제작된 다이오드가 사용된다.

(2) 리더 디지털부

RFID 시스템은 RF board와 디지털 Board로 구성된다. RF board는 트랜스폰더에 CW 반송파신호를 송출하는 RF 송신기와 트랜스폰더로부터 후방 산란(Backscatter)된 Uplink 마이크로파 신호를 증폭, 검파, 복조하는 RF 수신기로 구성된다. 디지털 Board는 변조된 CW 반송파에 포함된 트랜스폰더 송출메시지를 디코딩하여 추출하는 복조기를 포함한다.

Modulated 후방 산란방식을 사용하는 RFID 시스템에서 리더-트랜스폰더 통신은 변조 RF 신호에 의해 수행된다. Modulated 후방 산란방식에 있어서 트랜스폰더 안테나는 변조 신호에 의해 전기적 스위칭되어 RF 복사신호의 흡수체 또는 반사체가 된다. 보통 안테나 스위칭은 안테나에 부착된 쇼트키 다이오드 또는 다른 반도체소자와 같은 마이크로파 다이오드에 변조신호를 인가하여 바이어스 신호를 On-Off함으로써 안테나를 전기적 스위칭하게 되며 트랜스폰더는 리더로부터 원래 송신된 CW 반송파신호를 후방 산란반사에 의하여 통신을 한다.

즉 트랜스폰더 자체는 송신신호를 발생하는 RF 소스가 없이 리더의 RF 소스를 공유하는 것이다. 이 경우에 리더로부터 트랜스폰더로 전달되는 신호흐름을 Downlink라고 하고 트랜스폰더로부터 리더로 전달되는 신호흐름을 Uplink라고 한다. 트랜스폰더에서는 리더로부터 메시지를 수신하고 리더로 메시지를 반송하기 위하여 안테나를 사용된다. RFID 시스템 동작은 먼저 리더에서 일정반경 영역에 CW 반송파를 연속적으로 송출하고, 트랜스폰더는 통신가능영역(일정 Level 이상의 RF power가 검출되는 영역)에 진입하면 CW 반송파에 메시지를 실려서 리더에 전달한다.

리더는 트랜스폰더의 존재를 확인 후 트랜스폰더에 고유 ID를 송출할 것을 요구하고 트랜스폰더는 리더에게 고유 ID 또는 정보를 전달한다. 이 경우에 트랜스폰더는 리더 메시지에 대한 응답을 리더의 CW 반송파 신호를 변조된 부반송파(Subcarrier) 신호에 의해 후방 산란하여 수행한다. 즉 Uplink 응답을 리더의 RF 전파신호를 사용하게 되며 반사된 또는 후방 산란된 마이크로파 대역 CW 반송파 신호는 트랜스폰더에서 발생한 변조신호에 의해 변조된다. 변조된 신호는 베이스밴드 신호와 베이스밴드 신호로 변조한 부반송파 신호성분을 포함한다.

리더 복조부는 주로 호모다인(Homodyne) 수신기 구조로서 국부발진기 신호는 트랜스폰더에 전달하는 CW 반송파 신호 및 복조부의 신호혼합용 발진신호로 사용된다. 이 방식은 리더 수신기회로에서의 위상잡음을 크게 감소시키는 이점을 갖는다. RF 신호 Down-conversion에서 1개의 mixer만을 사용하는 헤테로다인(Heterodyne) 시스템과는 달리 호모다인(Homodyne) 수신기는 Down-conversion에서 2개의 Mixer(Quadrature mixer)를 사용한다.

[그림 1-25]에서 보는 바와 같이 2개의 Mixer, 즉 I(In-phase)mixer와 이와 90° 위상차를 갖는 Q(Quadrature phase) mixer로 구성된다. Q mixer 입력에는 국부발진기의 90° Phase shifter 신호가 인가된다. 트랜스폰더에서 반사된 신호는 Signal splitter (Wilkinson

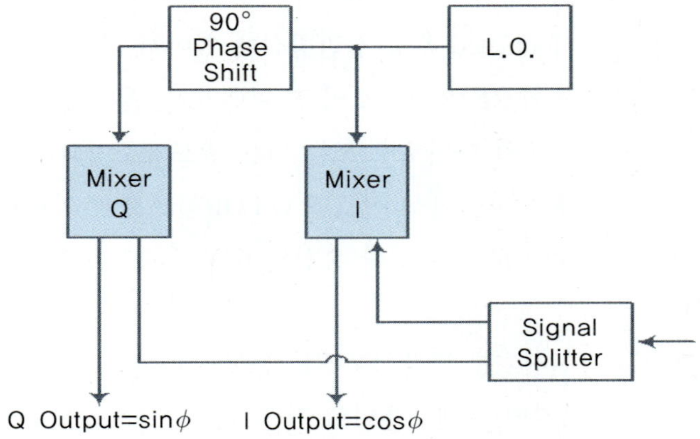

[그림 1-25] Quadrature mixer 블록도

power divider)에 의해 분할되어 1/2은 I mixer를 구동하고 나머지 1/2은 Q mixer를 구동한다. 수학적으로 ϕ를 국부발진기와 반사된 신호의 위상차라고 하면 Imixer의 출력은 cos(ϕ)에 비례하고 Q mixer 출력은 sin(ϕ)에 비례한다. 위상차 ϕ는 국부발진기의 주파수와 트랜스폰더와 리더간의 거리의 곱에 비례한다.

만일 I채널 신호만을 복조하게 되면 시스템 성능은 동작주파수대역 내에서 신호크기가 0 즉 "Notch" 점이 일정한 주파수간격에 따라 나타난다. Q채널의 신호에서도 동일한 Notch점이 관측되게 된다. 이러한 2개의 Notch점은 실제로 교대로 반복되어 나타나게 되며 결코 동시에 나타나지는 않는다. 즉 I출력의 Peak 지점은 Q출력의 Notch 지점에 나타나며 Q출력의 Peak 지점은 I출력의 Notch 지점과 일치한다. 이러한 Notch점은 교대적으로 나타나며 리더와 트랜스폰더의 거리에 따라 변한다.

[그림 1-26]은 반송파 주파수에 따라 위상에 의한 I와 Q출력을 나타낸다. I채널 출력은 위상이 90° + π의 정수배(π / 2 + n * π)일 경우에 0이 되는데 이는 이 각도의 cos함수가 0이 되기 때문이다. Q출력은 위상이 π의 정수배(즉 n * π) 일 경우에 0이 된다. Q출력은 I출력의 90° 위상 변위치와 같게 되는데, 결과적으로 Q출력의 Notch는 I출력의 Notch와 교번적으로 나타나게 되며 동시에 Notch가 일치하는 경우는 없다. 이러한 주파수 Notch 점은 이동통신체에 있어서 Multipath interference에 의하여도 나타난다.

[그림 1-26]에서 위상이 1상한 및 3상한에 있는 경우에는 I, Q출력이 동일부호가 된다. 그러나 2상한, 4상한에 있는 경우에는 부호가 반대이므로 직접 2개의 출력을 합할 경우에는 신호가 소거된다. 이러한 문제를 해결하는 방안으로는 I, Q출력을 각각 샘플링하여 제곱한 값을 디지털 신호처리(DSP)적으로 처리하는 방안이 있다.

다른 방법으로는 I, Q출력을 샘플링하여 상대측보다 강한 출력을 선택하거나 디코더 회로를 하드웨어적으로 구현하는 방법이다. DSP의 방법은 대체로 소프트웨어적인 기술적 처리가 요구되며 하드웨어적으로는 디코딩 회로설계가 요구된다.

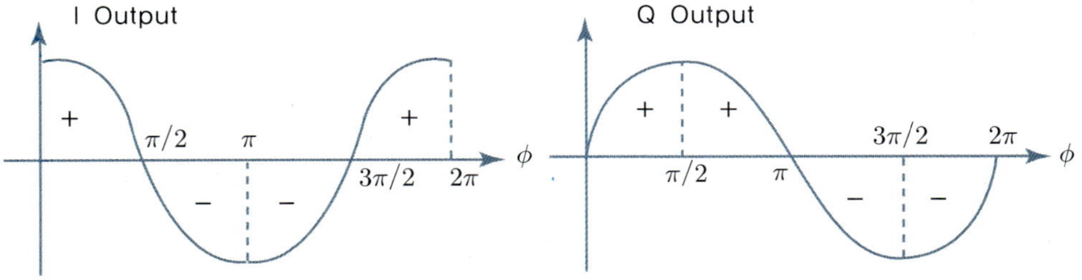

[그림 1-26] I 및 Q mixer 출력

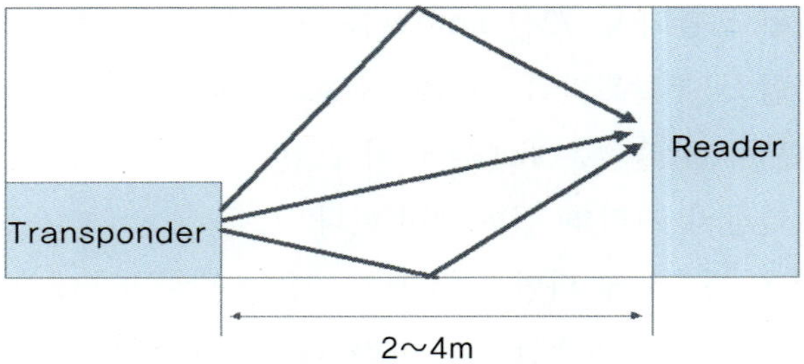

[그림 1-27] RF 신호 전파경로

[그림 1-27]은 RF 신호의 멀티패스(Multipath) 전파경로를 나타난다.

트랜스폰더에서 후방 산란(Backscatter)된 신호는 직접 또는 반사경로를 거쳐 리더에 수신되는데, 전술한 바와 같이 리더와 트랜스폰더간의 교신거리, 동작주파수 및 반사신호에 의해 RF 검파신호는 Null이 발생한다. 그러므로 I, Q 데이터를 동시에 추출하여 두 데이터의 조합 또는 유효한 데이터를 선택하여 디코딩하는 기법이 요구된다.

[그림 1-28]은 ASK 송신, FSK 수신방식의 리더 전체 블록도 일례로서 수신된 RF 신호는 Double-balanced mixer에 의해 검파된 후 FM-IF 증폭기에서 중간주파수 대역 신호가 증폭된 후 복조되어 디지털보드로 전달된다.

FSK 복조(Demodulator)는 수신된 FSK 변조신호를 '0' 또는 '1'의 디지털 정보로 변환하고, RSSI는 FSK 복조로 입력되는 신호의 강도를 측정하여 I 또는 Q신호 중 어느 하나가 유효함을 디지털보드에 전송한다. 디지털보드는 FSK 복조로부터 전송받은 데이터 프레임에서 동기신호를 추출하고 I 또는 Q경로의 데이터 프레임 중 하나를 선택하여 정보를 결정한다. 이때 선택의 기준은 I와 Q신호의 RSSI 또는 복원된 정보의 에러(Error)율로 결정된다.

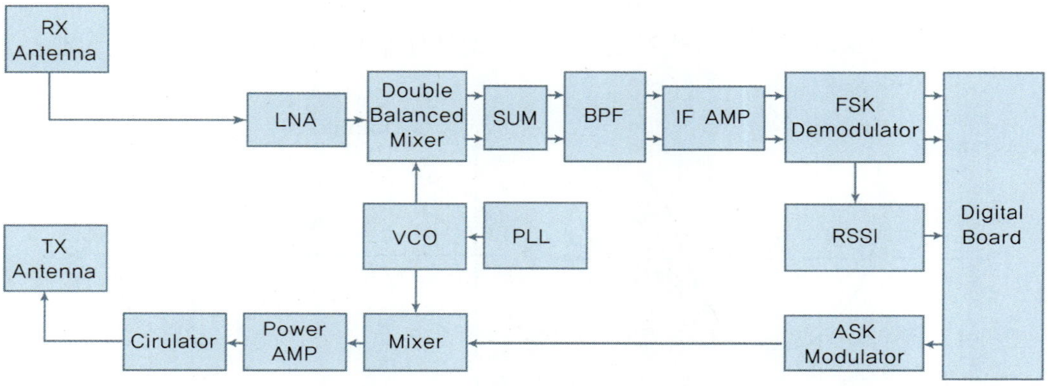

[그림 1-28] 리더 블록도

3) Air interface 기술

RFID 시스템의 결합(Coupling)방식은 [그림 1-29]와 같이 전자파를 이용하는 결합방식과 자장을 이용하는 결합에 따라 동작원리가 다르다. RFID 태그/리더 시스템은 상호유도(Inductively coupled) 방식과 전자기파(Electromagnetic wave) 방식 두 가지의 형태로 무선통신을 수행한다.

(1) 상호유도 방식

[그림 1-29]에서 자장을 이용하는 결합(Magnetic coupling : 상호유도결합, Inductive)방식은 현재 대부분의 저주파 RFID에서 적용되는 원리로서 전원에너지 및 데이터 전송이 코일루프 안테나 전류에 의해 형성되는 자계에너지에 의해 전송된다. 즉, 구동전류에 의해 리더의 안테나에서 발생한 전력에너지는 자장을 형성하며 자장 영역에 위치한 태그는 자장의 변화에 의한 전류가 유기되어 이로 인한 전압이 발생한다. 이 경우에 태그는 요구되는 최소 전력을 리더에서 수신하게 된다.

수신된 전력에 의해 동작하는 태그는 자체 데이터 송출을 동일한 원리에 의해 리더에 전달하게 되는데 태그에 흐르는 전류는 미약 전류이므로 리더에 전송하는 거리는 매우 근거리이다. 대부분의 현재의 저주파 RFID는 이 원리에 의해 동작하므로 감지거리 또는 데이터 전송거리는 수cm 이하로서 감지거리가 짧아 활용성이 제한적이다. 또한 이러한 저주파 RFID는 133kHz 또는 13.56MHz로서 주파수가 낮기 때문에 데이터 전송속도가 느리고 전송 데이터량이 제한적이다.

상호유도 방식은 근거리, 전자기파 방식은 중장거리용 RFID로 사용되며 상호유도 방식은 코일 안테나를 이용하며 전자기파 방식은 고주파 안테나를 이용해서 서로 무선접속을 한다. 상호유도 방식의 태그는 거의 수동형태로 작동된다. 즉, 태그의 IC 칩이 동작하는데 필요한 모든 에너지는 리더에 의해 공급되어진다. 따라서 리더의 안테나 코일은 주변지역에 강한 자기장을 발생한다. 이 때, 방출된 자기장의 일부분이 리더와 떨어져 있는 태그의 코일 안테나에 유도성 전압을 발생, 정류된 후 IC 칩을 위한 에너지로 공급된다.

상호유도 방식의 시스템은 리더의 안테나 코일과 태그의 안테나 코일 사이에 변화기 형태 결합(Transformer type coupling)을 기본으로 하고 있으므로 코일 사이의 거리가 0.16λ(여기서 λ은 전파의 파장)를 넘지 않을 때만 일어난다. 만약 태그가 리더 안테나의 교류 자기장에 위치한다면 이것은 자기장으로부터 에너지를 끌어들인다.

태그에 추가된 전력은 리더의 안테나에 공급된 전류를 통해 리더 안의 내부저항에서의 전압강하로 측정할 수 있다. 리더의 안테나에서 부하(Load)의 스위칭(Switching) On/Off는 리더의 안테나에 전압 변화를 초래하여 진폭변조(Amplitude modulation)의 효과를 갖는다. 만약, 데이터의 내용에 따라 부하저항의 스위칭 On/Off가 조절된다면 이 데이터는 태그로부터 리더로 전송될 수 있다. 이런 종류의 데이터 전송을 부하변조(Load Modulation)이라고 한다.

일반적으로 태그에 의한 리더의 전압변동은 리더의 출력전압보다 매우 적다. 태그의 추가적인 부하저항이 On과 Off 상태를 바꾸면 이러한 On/Off 시간에 의한 두 개의 스펙트럼이 리더 전송주파수(f0)에서 ±fs의 거리에서 생긴다. 이것은 쉽게 검색될 수 있고 이 두개의 스펙트럼을 부반송파(Subcarrier)라고 부른다.

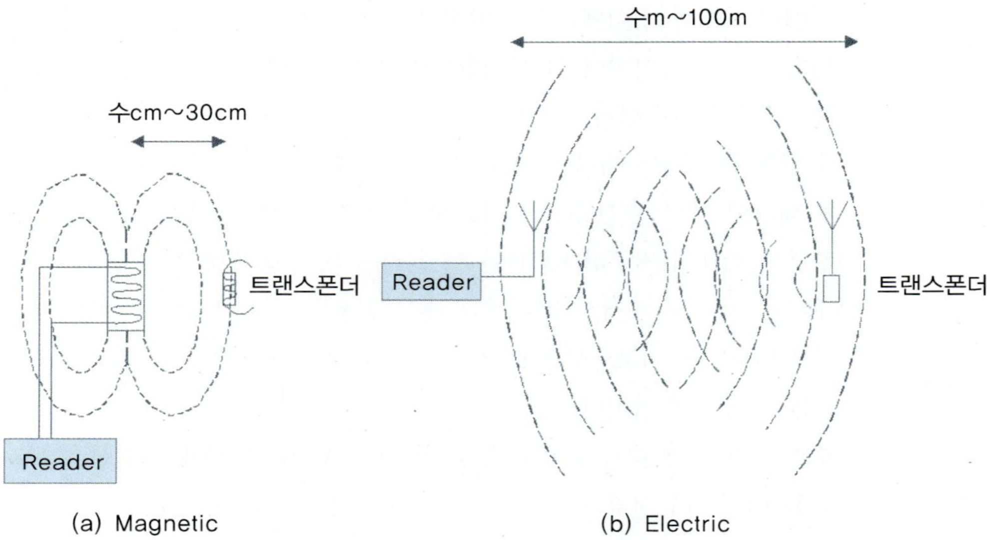

[그림 1-29] RFID 결합방식

(2) 전자파 결합방식

[그림 1-29]의 전자파를 이용하는 결합(Electric coupling : 후방 산란 결합)방식은 RF 전파 방식으로서 전파통신, 레이더 등에서 RF 전파 전달원리를 적용한 것이다.

즉, 리더에서 전송되는 마이크로파 전자파 신호를 태그가 반사하며, 반사된 신호를 리더가 수신하는 레이더의 원리와 유사하다. 이 경우에 태그에서 반사하는 신호는 리더의 반송파 주파수신호를 태그 ID 데이터 정보에 의해 변조하여 후방 산란하게 되면 리더는 변조되어 반사된 신호를 복조하여 태그의 ID 정보를 해독한다. 이 경우의 RF 주파수는 마이크로파 대역 신호로서 데이터 전송속도가 높고 전송 데이터량도 많고 감지거리도 저주파 RFID와 달리 크게 증가한다.

태그의 동작전원은 원거리에서 수신된 RF 전파를 정류하여 사용하려면 리더 출력이 매우 커야 하므로 수동(Passive)형(No battery)으로 부적합하다. 전자기파 방식 태그는 IC 칩을 구동하기 위한 충분한 전력을 리더로부터 공급을 받지 못하므로 추가적인 전지를 포함한다. 이 전지의 불필요한 손실을 막기 위해 IC 칩은 일반적으로 Power Down 또는 Standby Mode를 갖는다.

Power Down에서의 Power 손실은 몇 μA 보다 크지 않으며, 만약 태그가 리더의 유효 영역을 벗어난다면 칩은 자동적으로 Power Down 모드로 들어간다. IC 칩은 리더로부터 효과적인 강한 신호를 받기까지 동작하지 않고, 받으면 보통의 동작으로 돌아온다. 이러한 에너지 전달 및 데이터 송수신은 상호 접속시간의 유지방식에 따라 Full Duplex, Half Duplex, Sequential 방식으로 구분된다.

전자기파 방식에서 태그의 응답은 전자기파가 파장의 반보다 큰 크기를 갖는 물질에 의해 반사된다는 RADAR(Radio Detection and Ranging) 기술을 응용한 Modulated Reflection Cross Sectio 방식(Modulated 후방 산란)을 이용한다.

리더와 태그는 여러 가지 디지털 방식의 부호화(Coding)를 이용하여 기저대역의 데이터를 처리한다. 그 중 NRZ, Manchester, Modified Miller 부호화 방식이 주로 쓰인다.

NRZ(Non Return to Zero) 방식은 논리상태 1을 신호의 높은 상태, 논리상태 0을 낮은 상태로 표현하며 주로 FSK 및 PSK 변조방식과 함께 쓰이며, Manchester 방식은 논리상태 1을 반 비트 동안 고에서 저로의 변화로, 논리상태 0을 반 비트 동안 저에서 고로의 변화로 표현하며 주로 태그에서 리더로의 통신에 쓰인다. Modified Miller 부호화 방식은 주로 리더에서 태그로의 통신에 쓰인다.

이와 같이 크게 세 가지 방식으로 태그와 리더 사이의 무선신호는 세 가지 형태의 데이터 변조방식(ASK, FSK, PSK)을 이용하여 기저신호를 고주파 신호로 변화하여 전송된다.

그러나, 특정 주파수 대역(미국의 UHF 대역)에서는 전자파의 인체영향이나 다른 통신 시스템과의 간섭을 줄이기 위하여 특정 변조방식만을 쓰도록 요구되는데 가장 많이 쓰이는 것이 주파수 확산(Spread Spectrum : SS)방식이다.

주파수 확산방식은 CDMA(Code Division Multiple Access) 모바일폰이나 무선랜에 이용되는 직접 시퀀스(Direct Sequence : DS)와 블루투스에 이용되는 주파수 호핑(Frequency Hopping : FS)이 주로 사용된다.

그러나 이러한 변조방식을 태그에 적용하려면 그만큼 복잡한 회로가 필요하여 가격이

상승하므로 실제적으로는 리더만이 이러한 변조방식을 사용하고, 태그는 주파수 확산방식의 전체 주파수를 커버하도록 광대역으로 만들어 ASK 등을 이용하여 신호를 전송한다.

기타 데이터 정보의 신뢰성을 높이기 위한 여러 신호처리가 수행되는데, CRC(Cyclic Redundancy Check) 등의 방법을 사용하는 에러율 감소방법, 여러 개의 태그를 구별하기 위하여 무선랜 등에서 사용되는 Aloha나 CSMA(Carrier Sense Multiple Access)와 비슷한 방식을 사용하는 충돌방지(Anti collision)방법, 데이터의 보호를 위하여 대칭 또는 비대칭 암호 알고리즘을 사용하는 데이터 보안방법 등이 적용된다. 특히 이러한 신호처리는 태그 메모리의 기능성에 의존한다.

(3) 전자매체 방식에 따른 분류

RFID 시스템은 무선접속 방식에 따라 상호유도(Inductively coupled) 방식과 전자기파(Electromagnetic wave) 방식으로 구분되며, 상호유도 방식은 근거리(1m 이내), 전자기파 방식은 중장거리용(3.10m)으로 사용한다. 상호유도 방식은 코일 안테나를 이용하며, 태그의 IC칩을 동작시키기 위해 필요한 모든 에너지는 리더기로부터 공급되는 수동형이다.

전자기파 방식은 고주파 안테나를 이용해서 서로 무선접속을 하며, IC칩을 구동하기 위한 충분한 전력을 리더기로부터 공급을 받지 못하므로 장거리 인식을 위한 추가적인 전지를 포함하는 경우(능동형)도 있다.

[표 1-7] 전도매체에 따른 분류

항 목	종 류	설 명
전도 매체 방식	전자결합방식	상호유도
	정전결합방식	정전유도
	전자유도방식 135kHz~13.56MHz	유도전자계 • 비, 얼음, 먼지, 철분 등 악환경 조건에서도 사용 가능 • 안테나의 지향성이 넓고 교신 범위가 넓음 • 비도전체(인체 · 유리 · 목재 등)에의 침투성이 강함 • 무선 LAN, 블루투스와의 간섭문제 • 금속에 의한 반사 및 물의 흡수 • 외래 노이즈에 영향을 받고 쉬움
	마이크로파 방식 433MHz 900MHz 2.45GHz	방사전자계 • 외래 노이즈가 많아, 교신 거리가 김(특히 전지 있는 경우) • 지향성이 있어, 교신에 리어의 한정이 비교적 용이 • 무선 LAN, 블루투스와의 간섭문제 • 금속에 의한 반사 및 물의 흡수
	광 방식	근접 적외광선

[표 1-8] 결합방식의 비교

방식	전자기 결합 방식	전자기유도 방식	마이크로파 방식	광 방식	비 고
사용 주파수	400k~530kHz 등	120k~135kHz 13.56MHz	2.45GHz	적외선 (파장 670nm)	광의에서는 전자기 결합 방식은 전자기유도 방식에 포함
최고교신거리 (수동식의 이론치)	△ (7cm 정도)	○ (70cm 정도)	◎ (1.5m 정도)	○ (30cm 정도)	주로 읽을 경우의 거리
교신속도	×	△	◎	○	기본적으로는 주파수에 의존
교신 지향성	—	저	중	고	기본적으로 주파수에 의존
반사/간섭문제	◎	△	×		리더나 태그 사이에서 간섭한다.
내전자기장 노이즈성	◎	△	◎	◎	인버터와 모터, 전원 등
내광 노이즈성	◎	◎	◎		태양광이나 형광등 등
내수성/내유성	◎	◎	△	×	원리 · 구조상
더러움이나 유리, 수지에 의한 차폐에의 내성	◎	◎	○	×	원리 · 구조상, 교신거리의 감퇴를 포함한다.
FA현장에의 대응성	◎	△	○	○	현장 노이즈에 강한지 어떤지
국내전파법에의 대응	◎	◎		◎	UHF 대역은 현재 이용할 수 없다.
해외전파법에의 대응	○	◎	○	◎	미국은 FCC, 유럽은 R&TTE 지령
주요 용도	FA 등	폭넓다	폭넓다	FA 등	

[표 1-9] 이용하는 주파수에 따른 비교

주파수	장파 (135kHz 이하)	단파 (13.56MHz)	UHF (860M~960MHz)	마이크로파 (2.45GHz)
방 식	전자기유도 방식		마이크로파 방식	
최고 통신거리(수동식)	60cm 정도	70cm 정도	수m 예상	1.5m 예상
수분의 투과성(수분을 포함한 물품에 부착하거나, 무선 IC태그와 리더에 물이나 눈이 부착하거나 하는 경우)	◎	○	×	×

주파수	장파 (135kHz 이하)	단파 (13.56MHz)	UHF (860M~960MHz)	마이크로파 (2.45GHz)
방 식	전자기유도 방식		마이크로파 방식	
금속 물에 의한 전파반사의 작기(예기치 않은 위치의 태그와 교신하지 않는 정도)	◎	○	×	×
동일 주파수의 노이즈의 작기 (태그가 악영향을 받거나 태그가 주위에 악영향을 미치거나 하지 않는 정도)	×	○	◎	◎
국제표준규격	ISO18000-2	ISO15693, SO18000-3	ISO18000-6	ISO18000-4

4) 안테나 & 패키지 기술

일반적으로 안테나라 하면 리더에 유선으로 연결되어 있는 것을 말하지만 태그의 일부분인 안테나를 뜻하는 것은 아니다. 안테나는 한 개의 리더에 여러 개가 연결되어 리더와 태그간의 전파 연락을 담당한다. 안테나는 생산될 때의 형태에 따라 다이폴 안테나, 야기우다 안테나, 평판 안테나(혹은 마이크로스트립 안테나 또는 패치 안테나로 칭함), 슬롯 안테나로 나누고 설치하는 형태에 따라 터널형 안테나도 있다.

(1) 태그용 안테나 기술

태그의 크기 또는 부착위치, 대상, 태그의 모양, 용도 등에 따라 다양한 형태의 안테나 설계기술을 필요로 하며, 특히 저가형 태그 제작을 위하여 제작비용을 최소로 하는 설계를 요구하며, 필요에 따라 칩 속에 안테나를 실장하는 기술도 개발되고 있다.

(2) 패키지 기술

RFID 태그를 다양하게 만드는 기술로 소형 태그, 금속부착형 태그, 고온에서 사용되는 태그, 다양한 기후환경에 사용될 수 있는 태그 등이 개발될 수 있으며, 이때 다양한 안테나와의 마운틴(Mounting) 기술, 그리고 용도에 따라 내구성 있게 칩을 보호하고 칩과 안테나의 접속부분을 보호할 수 있는 다양한 패키지(Package) 기술을 요구한다.

(3) 태그 안테나 소재

① 코일 와인딩 방식 : 구리(주로 수입품에 의존하고 있다.)

② 에칭 방식 : 알루미늄이나 구리(가격이 비싼 구리보다는 알루미늄을 더 보편적으로 사용하고 있다.)

04 RFID의 소프트웨어 구성요소기술

RFID 소프트웨어 기술은 크게 표준화 객체 또는 상품에 대한 글로벌 표준 식별코드기술, RFID 미들웨어 기술, 글로벌 객체 정보 레졸루션(Resolution) 구조와 제품정보 제공을 위한 제품정보 서비스로 구성되는 객체정보 검색 서비스 기술로 구분될 수 있다. 다음 [그림 1-30]은 소프트웨어 측면의 구성개념도를 나타낸 것이다.

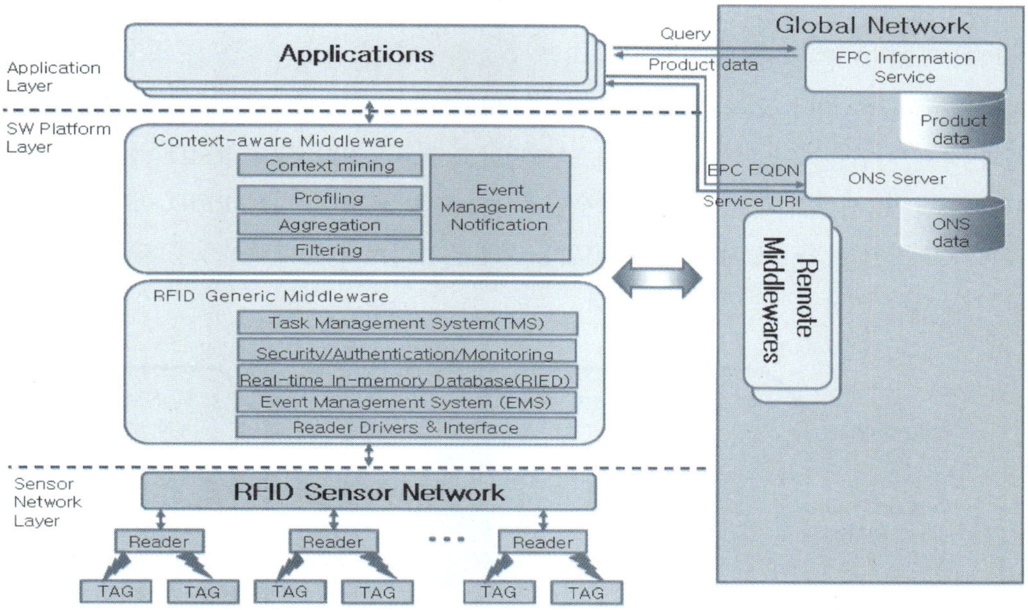

[그림 1-30] RFID 소프트웨어 플랫폼 개념도

일반적으로 리더에 읽혀진 태그 및 센서의 데이터는 유무선 네트워크를 거쳐 데이터 처리를 담당하는 호스트 컴퓨터(Server)의 미들웨어로 전달되어 처리된 후 해당 애플리케이션에 의하여 사용된다.

1) RFID 미들웨어의 특징 및 구성

미들웨어라는 시스템 아키텍처상에서 중간계층을 담당한다. 일반적으로 미들웨어란 두 개 이상의 시스템 혹은 프로그램 사이에서 둘 사이를 중재하는 프로그래밍 서비스한다. 대개 애플리케이션 프로그램과 네트워크 운영체제의 중간 영역에 위치하며, 공통된 인터페이스와 서비스를 제공한다. 즉, 분산처리 시스템에서의 하부에 놓여진 복잡성이나 이질성을 감추어준다고 말할 수 있다.

RFID 응용 소프트웨어는 성격상 분산처리 시스템이라 할 수 있고, 기업이나 산업현장에 분산되어 설치된다고 볼 수 있을 것이다. 이러한 구성은 연동되는 장치들의 이질성과 복잡성으로 인해 시스템 구축에 있어 복잡도가 증가하게 되고, 이러한 복잡도를 효과적으로 관리할 수 있는 RFID 미들웨어의 필요성이 대두된다.

RFID 미들웨어는 리더기 등의 장비를 관리하거나, 이기종 RFID 환경에서 발생하는 대량의 가공되지 않은 데이터를 수집, 필터링하여 의미있는 정보로 변환하여 응용 소프트웨어 등에 필요한 정보를 제공하는 소프트웨어 플랫폼으로 정의할 수 있다.

따라서 RFID 응용에서 미들웨어는 아주 중요한 역할을 담당한다고 할 수 있다. 미들웨어의 한쪽 끝은 리더 등과 같은 하드웨어와 인터페이스하고, 다른 한쪽 끝은 기업용 솔루션과 같은 기업용 응용 소프트웨어와 연계된다고 할 수 있다. 몇몇 RFID 미들웨어는 데이터 수집 및 전달과 같은 단순한 라우터로서의 역할을 하며, 다른 RFID 미들웨어는 미들웨어의 가치를 향상시키며, 또한 기업용 애플리케이션과 인터페이스를 제공해주는 보다 지능화된 기능을 포함하기도 한다.

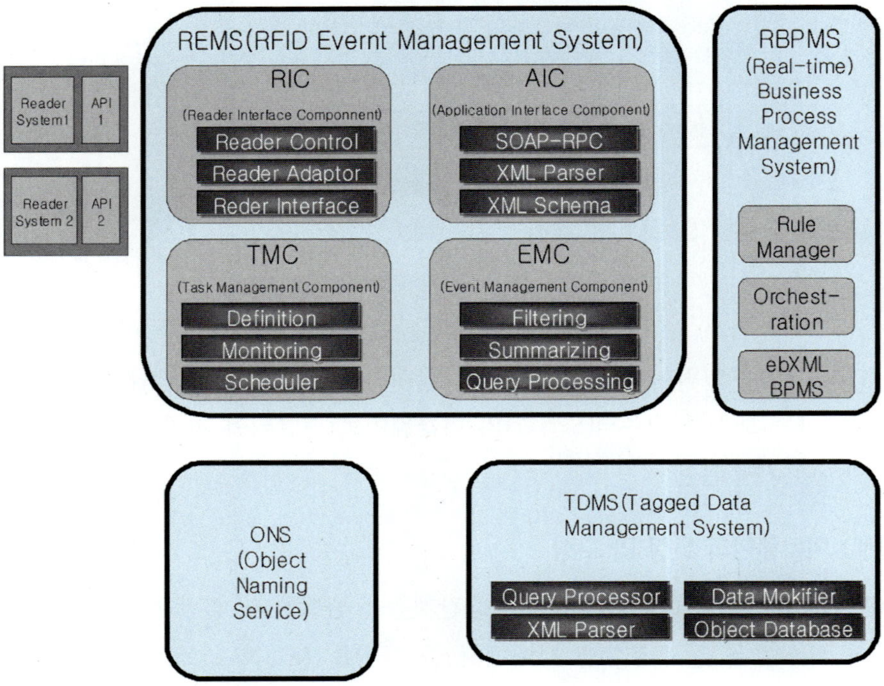

[그림 1-31] 미들웨어 구성도

RFID 시스템은 기존의 환경구조에서 사용되는 경우에는 바코드 시스템과의 통합도 염두에 두어야 할 것이다. 이러한 경우 RFID 미들웨어는 바코드 시스템과의 연계 기능도 함께 제공할 필요성이 있다. 또한 상황인지에 따라 처리가 필요한 경우에는 다른 센서 시스템과의 인터페이스 기능도 포함하는 경우가 있다.

2) 미들웨어의 기능 및 사양

RFID 미들웨어의 기능은 다음과 같이 크게 3가지로 구분하여 생각할 수 있다.

① 리더 인터페이스층 : 리더(Interrogator)와의 인터페이스를 제공하며 데이터 수집과 관련된 층

② 데이터 처리층 : 데이터 필터링, 데이터 요약 및 전달 등을 담당하는 층

③ 외부 시스템 인터페이스층 : ERP, SCM, WMS와 같은 레거시(Legacy) 시스템으로의 데이터를 전달할 수 있는 고기능의 인터페이스층

[표 1-10] 미들웨어 상세 사양

항 목	상세 내용(필수)	
RFID 리더 인터페이스 기능	이기종 리더 연결 및 식별 관리 지원	• 이기종 리더 장비의 동시 연결/사용지원 • 복수 리더 장비에 대한 개별 장치, 식별 기능 지원 • 리더 통신 채널 및 시스템 정보관리 기능 지원
	수동형/능동형 리더 및 바코드 리더 지원	• 리더의 작동에 대해 수동형/능동형 모드 지원 • RFID 태그와 바코드 라벨을 동일하게 적용하되, 독립적 혹은 동시 지원
	리더 프로토콜 호환 기능	• EPC 리더 Protocol 및 ISO15961 지원 • 물리적 인터페이스로 Ethernet, RS-232, RS485지원 • 개별 리더 프로토콜간의 호환성 제공
RFID 리더 관리 기능	리더 동작 모니터링 기능	• 리더 장치에 대한 동작상태 모니터링 기능 • 개별 리더에 대한 네트워크 상태 모니터링 기능 제공 • 이상 발생시 경계 기능
	리더 설정 및 제어 기능	• 개별 리더 모드 시스템 정보 등 설정 및 제어 기능 • 실시간 및 배치 제어 기능 지원
태그이벤트 데이터 처리 기능	태그 이벤트 데이터 수집 및 필터링 기능	• 리더로부터 전달되는 대량의 데이터 수집 기능 • 대량 데이터의 필터링 기능 • 필터 모듈 교체 및 지원 기능
	태그 이벤트 데이터 처리 모듈 관리 기능	유연한 태그 데이터 처리 모듈 추가/삭제 등 관리 및 설정 기능
	태그 이벤트 데이터 전달 기능	• 정제된 태그 이벤트 데이터의 내/외부 애플리케이션 전달 기능 • 다양한 데이터베이스와의 연결 지원 • XML 및 웹 서비스 기반의 데이터 전달 기능

항 목	상세 내용(필수)	
레거시 시스템과의 연동 및 관리 기능	응용시스템과의 통신기능	XML/SOAP 기반 웹서비스 연동 기능 지원
	미들웨어 정보제공 및 관리 기능	• 응용 시스템과 연결된 미들웨어 정보제공 • 미들웨어 서비스 초기화/종료를 포함한 관리 기능 제공
시스템 환경 규격	플랫폼 독립적인 아키텍처	• 시스템 적용 분야에 다른 상이한 환경에 적용이 가능하도록 플랫폼 독립적인 아키텍처 고려
	오픈소스 환경 적용	도입시의 경제적 이점 고려

[표 1-11] 미들웨어 상세 사양

항 목	상세 내용(선택)	
RFID 객체정보 관리 기능	객체 정적 정보 저장/관리 기능	• RFID 태그 기반 객체의 정상적 /정량적 정보를 일정기간 저장 기능 • 객체 정보와 관련된 데이터 모델 설계 및 조정할 수 있는 관리 기능
	객체 이력정보 저장/관리 기능	• RFID 태그 기반 객체의 이력정보를 저장/관리할 수 있는 기능
	객체정보 질의 및 처리 기능	• RFID 태그 기반 객체의 정적/이력정보의 질의 및 처리할 수 있는 기능 • 질의를 위한 표준 인터페이스 정의 및 메시지 교환 기능 (XML-RPC, SOAP-RPC지원)
RFID 검색 서버 기능	태그 관련 정보참조 위치검색 기능	태그 ID 정보에 기반한 객체 상세 정보를 알 수 있는 Location 정보 Lookup 서비스 기능 지원
	멀티 코드 지원	EPC 코드, Uid 코드 등 기존 RFID 코드 이외 새롭게 추가될 RFID 코드를 융통성 있게 수용할 수 있도록 다양한 식별 코드 체계에 다른 정보제공
	IPv6 지원	찾고자 하는 서비스 URL 체계가 IPv4 외, IPv6 명명체계를 따르는 시스템도 지원
	상위 레벨 RFID 검색 서버와의 통신 기능	• 계층적 구조에 따라 요청 서버에 정보가 존재하지 않는 경우 상위 검색 서버로부터의 정보제공 기능 • 검색 서버간의 표준 통신 프로토콜 준수
사용자 정의 작업처리 모듈 수행 및 관리 기능	사용자 정의 작업 처리 모듈 관리 기능	미들웨어 내부 혹은 미들웨어와 외부 애플리케이션과의 Domain 의존적인 사용자 정의 작업처리 모듈을 정의하고 이를 미들웨어에 탑재하는 기능
	사용자 정의 작업 처리 모듈 수행 기능	사용자 정의 작업처리 모듈을 초기화하고 수행 및 모니터링 기능
레거시 시스템과의 연동 및 관리 기능	리더 정보제공 및 관리 기능 제공	응용 시스템과 연관된 리더 정보제공 및 초기화/종료 등 의 관리 기능 제공
	규칙기반 비즈니스 프로세스 처리 기능	• 태그 이벤트 데이터 처리를 위한 규칙 정의 및 관리 기능 • 규칙에 따라 웹서비스와 같은 형태로의 응용 애플리케이션과의 연동 기능
Security 및 Privacy 보호기능	정보보안 기능	RFID 시스템 내 · 외로 유통되는 정보의 보안 기능
	개인정보 보호 기능	개인정보 유통 방지 및 보안 기능

시장에는 다양한 기능을 가지고 각각 다르게 포지셔닝하고 있는 여러 가지 RFID 미들웨어 제품군들이 있다. 이들은 데이터의 수집과 필터링, 이벤트 관리 등을 포함하여 워크플로우 소프트웨어를 공급하는 순수 RFID Edge Server 제품군, RFID 애플리케이션 공급업체가 제공하는 제품군, 플랫폼 및 IT Infrastructure 제공업체가 제공하는 제품군, 시스템 통합 및 EAI 전문업체가 제공하는 제품군 등으로 구분할 수 있다.

이러한 글로벌 RFID 환경에서 수집 및 활용되는 데이터는 객체에 대한 정적 데이터 및 이력 데이터, 센서로부터 얻는 실시간 데이터를 포함할 수 있으므로 애플리케이션은 이를 활용한 상황인식 기반의 지능화된 서비스를 제공할 수 있게 된다,

현재 국내외에서 글로벌 RFID 네트워크 구축을 위해 다양한 기술개발이 진행되고 있으며, 대부분의 기술개발은 RFID 미들웨어를 포함한 글로벌 RFID 소프트웨어 플랫폼에 대한 연구를 중요한 부분으로 포함하고 있다. 현재 글로벌 RFID 시스템을 위한 소프트웨어 플랫폼의 기술개발 수준은 매우 초보적인 실정이다.

기존 연구들은 유비쿼터스 환경에서의 글로벌 RFID 시스템 구축 측변에서 살펴보면 다음과 같은 문제점을 지니고 있다.

Microsoft 등의 대기업에서는 기존에 사용하던 제품군을 단순히 통합하는 패키지 형태로 RFID 시스템을 구성하고 있으며, 이러한 상용화 미들웨어들은 소규모 RFID 시스템들의 통합적인 구축 및 운영에 초점을 두고 있으며 응용 범위는 협소하다.

외국의 대표적인 연구기관인 Auto-ID LAB에서는 EMS(Event Management System), TMS(Task Management System), RFID(Real time In memory Event Database)의 세 가지 컴포넌트로 구성된 Savant 미들웨어와 태그 식별 코드인 표준화 지향 EPC 코드 및 DNS 기반 제품정보 서비스 레졸루션 서비스 등과 같은 RFID 네트워크를 위한 소프트웨어 플랫폼을 제공하고 있다. 하지만, 그 응용 영역을 물류 시스템이라는 한정적인 분야에 초점을 두고 있으므로 유비쿼터스 환경의 다양한 응용 영역에 사용하기에는 알맞지 않다.

위와 같은 제한성으로 인하여 기존의 RFID 소프트웨어 플랫폼 기술만으로는 이러한 유비쿼터스 컴퓨팅 환경에 적합한 응용 영역의 도출이 어려운 것으로 사료되므로, 보다 다양하고 보편적인 유비쿼터스 응용 영역에 활용될 수 있는 글로벌 RFID 소프트웨어 플랫폼의 개발이 요청된다. 이러한 글로벌 소프트웨어 플랫폼은 다양한 사물을 인지하고 이를 가상공간에 연동시키며, 또한 상황을 인지함으로써 사용자에게 적응할 수 있는 응용의 구현에 요구되는 제반 요구사항을 만족시킬 수 있어야 한다.

3) 글로벌 RFID 소프트웨어

이러한 글로벌 RFID 소프트웨어 플랫폼의 요구사항은 다음과 같다.

RFID 기반 USN을 위한 대표적인 소프트웨어 기술인 RFID 자동식별 미들웨어는 애플리케이션과 리더 사이에 위치하며 애플리케이션이 리더의 데이터 수집 및 가공에 요구되는 제반 기능을 제공하여 RFID 애플리케이션 구축을 용이하게 하며 성능을 향상시키는 역할을 갖는다.

(1) RFID 자동식별 미들웨어

RFID 자동식별 미들웨어는 글로벌 RFID 시스템상에서 애플리케이션과 리더 사이에 위치하여 다양한 애플리케이션들의 구현에 공통적으로 요구되는 기능들을 제공한다.

RFID 태그를 이용하여 다양한 서비스를 제공할 경우 발생하는 이벤트의 양이 단순히 물류 시스템에서 사용되는 양보다 기하급수적으로 증가하며 이런 경우 태그 이벤트들에 대한 신속한 처리를 필요로 하게 된다.

또한 감지된 태그는 바로 이용되는 것이 아니라 상황인지 기술을 적용하여 가공된 하나의 정보로서 응용 서비스에게 제공될 필요가 있다. 이를 위해서는 고속 이벤트 처리와 더불어 상황인지형 미들웨어를 필요로 한다. 이에 따라 그 내부에서는 다양한 상황의 인지를 위해서 위치관리 모듈과 Snapshot을 이용한 History 관리자, Profile 기술 등을 필요로 한다. 이 미들웨어는 내장된 기능들에 대하여 표준화된 인터페이스를 제공하여 애플리케이션의 개발 생산성을 높이고 개발된 제품의 신뢰성을 향상시키며 상호 연동성을 제고시킨다.

RFID 자동식별 미들웨어는 기능 측면에서 데이터 수집 및 라우팅 기능에 초점을 둔 원시 미들웨어(Primitive Middleware)와 이력정보 및 실시간 정보를 가공하여 상황정보 도출에 초점을 둔 상황인지 미들웨어로 구분할 수 있다.

RFID 원시 미들웨어는 RFID/USN상에서 발생하는 대량의 EPC 데이터에 대하여 필터링 (Filtering), 집합화(Aggregation), 원시 이벤트 생성(Primitive Event Generation) 등의 기능을 통하여 응용 프로그램에서 관심을 갖는 데이터 형태로의 선처리(Preprocessing) 기능을 수행한다.

따라서 성능확장성이 필수적으로 수반되어야 하며 그 구성은 인터페이스 부분과 리더로부터 전달되는 데이터의 처리, 관리, 보안, 인증과 관련된 코어(Core) 부분으로 구성된다. 인터페이스 부분은 리더 드라이브 및 인터페이스, 응용 인터페이스, ONS 인터페이스,

EPCIS(EPC Information Service) 인터페이스 및 원격 미들웨어와의 인터페이스 부분을 포함한다.

코어 부분은 리더로부터 수집된 이벤트 데이터에 대한 처리 및 관리를 담당하고 있는 EMS(Event Management System), 실시간 데이터 처리 및 관리 기능을 포함한다.

한편 RFID 상황인지 미들웨어는 기본적으로 미들웨어로부터 가동된 태그 데이터와 수집한 데이터 및 정보를 시간적으로 체계화한 이력 또는 프로파일(Profile) 정보, 나아가 센서로부터 수집되는 실시간 환경정보를 가공하여 상황 (Context) 정보를 산출하여 응용 프로그램이 활용할 수 있도록 하는 기능을 수행한다. 또한 대규모 환경에서 효과적으로 이벤트의 생성, 모니터링, 알림(Notification) 프레임워크를 제공하여 각종 응용 서비스에서 이벤트를 효과적으로 처리할 수 있도록 하는 기능도 제공한다.

현재 이러한 미들웨어에 대한 구체적인 사양에 대한 국제 표준화는 존재하고 있지 않지만 궁극적으로 응용 프로그램이 디바이스 계층의 세부 기술적 사양에 대한 정보가 없이도 논리적으로 RFID 기능을 구현할 수 있는 표준화 기반 API가 제공될 수 있을 것으로 전망된다. RFID 자동식별 미들웨어의 주요 요소기술은 다음과 같이 요약될 수 있다.

① 표준화 기반 개방형 미들웨어 설계기준

개방형 자동식별 미들웨어 설계기술이란 이기종 전자태그 환경에서 기존 자동식별 시스템의 상호 운용성을 보장하기 위하여 표준화된 코드, 정보 표현, 교환규약을 준수하고 정보 교환을 위한 메시징 기술을 적용한 것이다. 이를 위해서는 EPC(Ver 1.1), ISO 표준, 웹 서비스, ebXML 등과 같은 참조 표현을 준용하고 멀티리더 프로토콜(EPC, ISO 15961, Alien 등)을 지원할 수 있는 통합 리더 인터페이스의 설계 및 구현이 요구된다.

② 실시간 이벤트 처리기술

USN상의 지능형 정보처리의 실현에 필수적으로 요구되는 주요 기술로는 산술제어, 실시간 처리기술이 있다. 사물제어란 사물의 환경정보를 바탕으로 상황인식을 수행한 후 이를 이용하여 사물 구동 환경 또는 상태를 자율적으로 제어할 수 있는 기능을 말하며, 일반적으로 사물제어에 있어서는 상황도출 및 제어와 외부 서버에 의해 처리되는 방식과 센서 네트워크 내에서 자체적으로 처리되는 방식으로 구분된다. 이러한 사물제어의 구현을 위해서는 상황정보 수집이 선행되어야 하며, 효율적인 상황정보의 수집에는 실시간 이벤트 처리가 필수적으로 수반되어야 한다.

실시간 이벤트 처리기술은 수많은 태그와 센서로부터 발생하는 스트림 데이터의 실시간 처리를 위한 메모리 기반 데이터베이스 기술과 수집된 데이터를 효율적으로 필터링, 군집화, 요약을 통해서 양질의 이벤트를 산출할 수 있는 이벤트 처리기술로 구성된다. 실제로 이러한 기술은 고성능 RFID 자동식별 미들웨어의 필수 구성요소로서 포함되고 있다.

③ 상황인지 엔진 기술

사용자의 환경을 감지하기 위해서는 상황인지 엔진기술이 선행되어야 하고, 이를 위해 상황인식(Context awareness) 기술이 개발되고 있다. 상황인식기술은 센서 노드의 주변 환경 정보를 객체로 표현하여 위치, 움직임은 물론 수행중인 작업이나 현재 상태정보로 다른 센서노드, 응용계층, 센서 하드웨어가 화용할 수 있는 전달 기능을 수행한다.

상황인지 엔진은 고수준의 상황정보를 수출하기 이전에 USN 센서로부터 전송되는 데이터를 체계적으로 취합하고 전송하는 기능을 담당한다. 이를 위해 센서를 추상화하는 추상화 모듈, 추상화된 센서로부터 데이터를 수집하는 수집기, 이를 다시 필요한 응용이나 모듈로 전송해 주는 전송기로 구성된 기본 모듈과 상황추론 지원을 위한 모듈로 구성된다.

USN 기반의 상황추론 기법은 주로 태그 이벤트의 시・공간적인 변화에 기인하여 이루어지므로 이벤트의 시간적인 변화를 다루는 컴포넌트와 공간적인 변화를 다루는 컴포넌트가 추가로 필요하게 된다.

한편 USN이 구축되고 모든 태그에 대해 개방된 정보 네트워크를 사용한다 하더라도 한 개의 RFID 태그가 주는 정보는 RFID 태그가 기존에 가지고 있던 정적인 정보에 국한된다. 이 기술은 이러한 태그들의 정보를 시・공간적으로 조합하여 '현재 사무실은 회의 중이다.'와 같은 하나의 고수준의 상황적인 정보로 가공해 낼 수 있는 상황추론 기술이 세부기술로 요구된다.

④ 대규모 미들웨어 네트워킹 기술

글로벌 RFID 환경에서는 미들웨어 간 이벤트의 라우팅과 이벤트의 생성, 공지, 모니터링, 알림 프레임워크가 요구된다. 이러한 프레임워크를 기반으로 각종 응용 서비스에서 단말 미들웨어로부터 이벤트들을 효과적으로 처리할 수 있게 된다.

또한, RFID 리더 관리 및 태그 데이터 수집 등과 같은 하드웨어 계층의 인터페이스와 객체정보관리 및 검색 서비스에 대한 표준화 인터페이스를 제공하며 그 구성개념도는 [그림 1-32]와 같다.

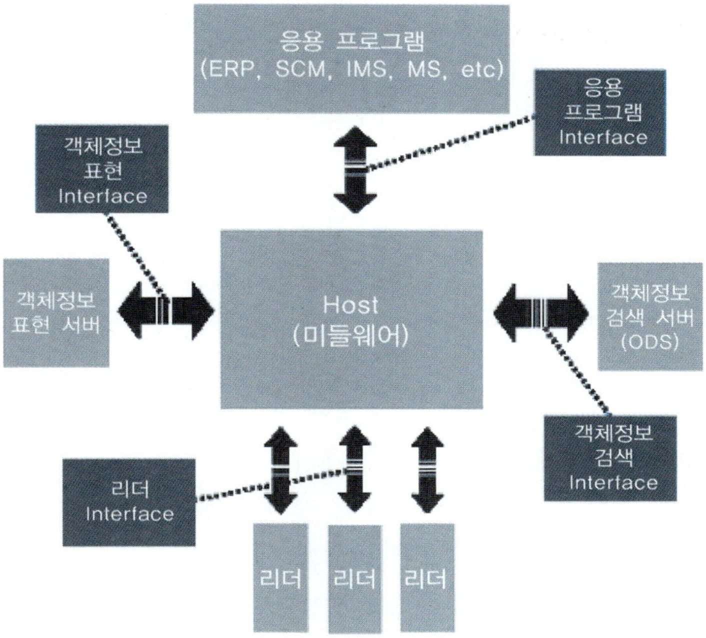

[그림 1-32] RFID 자동식별 미들웨어와 표준 인터페이스

RFID 자동식별 미들웨어를 사용할 경우 [표 1-12]와 같은 장점을 얻을 수 있다.

[표 1-12] 자동식별 미들웨어의 장점

구분	내 용
Single Image 리더	다양한 애플리케이션과 다양한 리더들의 표준화된 인터페이스를 미들웨어가 제공함으로써 애플리케이션이 리더에 대해 하나의 이미지를 가질 수 있도록 해준다.
Preprocessing 지원	지속적으로 읽혀지는 태그들에 대해 사전처리를 가능하게 해준다. 여기서 사전처리는 Filtering과 Error correction 등을 포함한다.
Light weight Application	리더에 대한 Access나 처리 및 제반 RFID 네트워크 관련 서비스들은 응용 프로그램 개발로부터 분리되게 하므로 개발자는 이에 대해 전혀 고려하지 않고 응용 프로그램을 개발할 수가 있게 된다.
실시간 태그 DB의 제공	리더로부터 읽혀지는 태그들은 하나의 스트림을 형성하여 계속 입력되게 되는데 이의 빠른 처리를 위해서는 미들웨어 자체적으로 고성능의 DB를 지원할 필요가 있다. 보통 In Memory DB를 사용하게 된다.
Globalization	글로벌 RFID 시스템 통합화에 기여하게 된다.

(2) 객체정보 검색 서비스

다양한 응용의 창출은 제한된 지역의 소규모 RFID 네트워크를 글로벌 규모로 광범위하게 수반되어야 한다. 이러한 글로벌 RFID 네트워크의 구현을 지원하기 위해서는 먼저, 다양한 객체들을 효율적으로 식별하여 활용할 수 있는 방안이 필요하며 이를 위해서 글로벌 객체 네이밍 및 정보 서비스 시스템의 구성을 필요로 한다. 이는 단순히 상품만을 지원하는 것이 아니라 물리·논리적으로 식별 가능한 모든 객체에 대해서 글로벌 네이밍 기술에 대한 기법을 뜻한다.

이 네이밍 기법을 기반으로 각종 객체정보 서비스를 구축할 때, 객체정보 검색 등과 같은 서비스들의 지능성이 더욱 높아질 수 있다. 또한, 효과적으로 서비스화되어서 제공될 수 있도록 개방형태의 표준화된 해결책 제시가 필요하다.

RFID 기반 USN상에서 글로벌 네임을 갖는 객체는 객체정보 네임서비스 기술을 바탕으로 정적 참조정보, 이력정보 또는 실시간 환경정보에 대한 검색이 가능해진다. 이러한 정보검색이 가능하기 위해서는 먼저 객체를 대상으로 한 글로벌 네임체계에 대한 기술개발이 선행되어야 하며, 이를 위한 대표적인 기술로서 URN(Uniform Resource Name)이 있다.

URN(Unirorm Resource Names) 체계는 URL(Uniform Resource Locator)의 문제점을 보완하고자, 1995년 IETF내에 URN Working Group이 결성된 이후 현재까지 꾸준히 표준화가 진행되고 있다.

최근에는 디지털콘텐츠 식별체계의 기반 기술로서의 URN 역할이 부각되어 URN 기반의 디지털콘텐츠 식별체계가 식별자 부분의 표준 형태로 자리잡고 있다.

실제로 국제적인 표준화 기구인 ISO TC46/SC9과 MPEG21 DII(Digital Item ID)에서 ISBN, ISSN 등을 포함한 총 11종의 식별자를 글로벌 표준으로 사용하고 있으며, IETF에는 OID, ISSN 등을 포함한 12개 분야가 URN으로 등록되어 활용되고 있다.

RFID 기반 USN상에서 가장 빨리 객체정보 검색기술이 개발되고 있는 분야는 제품의 정적 참조정보와 이력정보에 대한 검색 서비스 기술 분야이다.

이 제품정보 검색 서비스는 시나리오를 간략하게 요약하면 각 기업은 제품사양, 카달로그 등 각종 제품정보를 특정 서버상에 구축하며 외부에서는 원격접속 또는 질의(Query) 등의 다양한 방식을 통하여 필요한 제품정보를 얻을 수 있게 되는 것이다.

제품정보 검색 서비스는 각 기업별로 구축되어 인터넷상에 편재되며, 이 서비스들을 글로벌 환경에서 활용하기 위해서는 상품정보 교환의 표준화를 위한 상품정보 표준화 기술언어와 제품식별자로 사용될 표준 코드체계가 필수적으로 요구된다. 또한, 각 기업에서 구축한 제품정보 서비스에 대한 접속 정보인 서비스 URI(Universa Resource Identifier)를 글로벌 환경에서 탐색할 수 있는 레졸루션 아키텍처(Resolution Architecture)의 구축이 필요하다. 이러한 제품정보 검색 서비스를 객체정보 검색서비스라 하며, 일반적으로 객체정보 검색 서비스의 동작원리는 다음과 같다

태그의 코드는 리더를 통해서 로컬 서버에게 전송되고, 로컬 서버는 태그의 코드를 수신한 후, 태그의 정보가 담겨진 서버의 위치를 알기 위해서 로컬 ONS 서버(Local ONS Server)에게 질의를 보내게 된다. 로컬 ONS 서버는 전송된 태그 코드를 도메인 네임의 형태로 바꾸어서 DNS(Naming Naming Service) 서버에 질의를 하고, 그에 응답하는 NAPTR(Naming Authority Pointer) 레코드를 수신한 후 다시 로컬 서버에게 전송한다. 레코드를 전송받는 로컬 서버는 사용자 혹은 응용이 필요한 정보 서버에게 이를 전달하게 된다.

객체정보 검색 서비스 기술은 크게 객체 네이밍 기술과 객체정보 서비스 기술로 구분할 수 있다. 먼저 객체 네이밍 기술은 객체에 대한 글로벌 식별체계의 설계를 수반하며 이러한 네임 체계에 준하여 각 영역의 객체에 대한 글로벌 네임의 부여가 가능하게 된다. 현재 다양한 디지털콘텐츠 식별자가 영역별로 사용되고 있다.

[표 1-13]은 국제적인 표준화 기구인 ISO TC46/SC9와 MPEG21DII(Digital Item ID)에 기술되어 있는 식별자들을 보여준다.

[표 1-13] ISO TC46/SC9와 MPEG21DII에 기술된 식별자

식별자명	표준명	대상
ISBN(International Standard Book Number)	ISO2108	도서
ISSN(International Standard Serial Number)	ISO3297	연속간행물
ISRC(International Standard Recording Code)	ISO3901	음악 레코딩
ISRN(International Standard Technical Record Number)	ISO10444	기술보고서
ISMN(International Standard Music Number)	ISO10957	음악출판물
ISWC(International Standard Musical Work Code)	ISO15707	음악저작물
ISAN(International Standard Audio Visual Number)	FDIS 15706	오디오 비주얼
V-ISAN(Version Identifier for Audio Visual Works)	ISO20925	오디오 비주얼
ISTC(International Standard Textual Work Code)	CD21047	-
DOI(Digital Object Identifier)	ANSI/NISO Z390.84	디지털 콘텐츠
CID(Content ID)	-	디지털 콘텐츠

이러한 식별자를 표현하기 위한 식별체계로서 URN이 가장 많이 사용되고 있다.

IETF에서는 URN 개념을 소개한 아키텍처를 시작으로 URN 운영과 관련된 표준들이 제정되었다. 최근에는 URN이 실제적으로 동작하기 위해 필요한 시스템적인 기술에 관한 사항을 지원하는 표준들도 만들어지고 있다. 여기에는 URN과 유사한 인터넷 자원의 이름체계인 URL이 동작하는 기반인 DNS 시스템을 기반으로 하여 보다 우수한 기술을 적용한 DDDS(Dynamic Delegation Discovery System)와 관련한 기술이 포함된다. 최근에는 식별자가 가져야 할 고유 기능 중에 URN의 중요성이 부각되면서 기존의 식별자가 URN으로 등록되고 있으며, 새로운 식별자가 정의될 경우 URN으로의 등록이 병행되고 있는 추세이다.

객체에 대한 글로벌 식별체계를 바탕으로 각 영역별 객체정보 서비스 시스템을 구축할 수 있다. 그 사례로서 EPC 코드를 기반으로 하는 제품 영역의 객체정보 검색 서비스는 크게 제품 코드에 대한 서비스인 URI에 대한 매핑 정보를 구축한 후 글로벌 네트워크상에서 코드에 대한 해당 매핑 정보를 변환할 수 있는 레졸루션 아키텍처와 정적 또는 동적 이력정보를 구축하는 상품정보 서비스로 구성된다.

제품 영역의 객체정보 검색 서비스의 개념설명을 위하여 객체정보 검색 서비스 기능 중의 하나인 EPC 코드 기반의 정적 물품정보 검색 서비스에 대하여 시스템의 구축 및 동작 개념을 사례를 들어 설명한다. 정적 물품정보의 검색절차를 살펴보면 다음과 같다.

① 응용 프로그램에서 주어진 <EPC> 코드의 물품정보를 제공하는 EPC_IS 서비스 위치(URI)를 얻기 위하여 <EPC> 코드로 로컬 검색 서버에 질의를 전송한다.

② 응용 프로그램으로부터 받은 <EPC> 코드를 FQDN(Fully Qualified Domain Name) 형식으로 바꾸어 국가검색 서버에 질의하며, 국가검색 서버는 등록된 기관 네임서버 정보의 포인터값인 기관 B의 로컬 검색 서버로 질의를 위임한다.

③ 기관 B의 로컬 검색 서버는 <EPC>에 대한 <NAPTR> 데이터를 기관 A의 로컬 검색 서버로 보낸다.

④ 기관 A의 로컬 검색 서버는 물품정보 서비스를 제공하고 있는 EPC-IS의 위치정보(Service URIs)를 응용 프로그램으로 전송한다.

⑤ 응용 프로그램은 전송된 EPC-IS로 물품정보 데이터를 요청한다.

⑥ 기관 B의 물품정보 EPC-IS는 기관 A의 응용 프로그램으로 물품정보를 전송한다.

위의 정적 물품정보 검색 서비스의 개념은 향후 동적 이력정보 검색 서비스와 환경정보 검색 서비스로 확장될 것으로 전망된다.

객체정보 검색 서비스의 요소기술은 다음과 같이 도출된다.

① 다중 코드계 지원 기술

현재 EPC Global과 ISO/IEC를 비롯한 여러 단체에서 RFID에 대한 표준을 제정중에 있다. 그 결과로서 현재 EPC 코드, ISO 15963, uID 등 다양한 코드계가 객체에 대한 식별 코드계로 개발되고 있다.

RFID 네트워크가 인터넷과 같은 글로벌 환경에서 구축되기 위해서는 여러 단체의 RFID에 대한 정보의 위치를 찾아낼 수 있는 표준화된 디렉토리 서비스가 필수적이다.

향후 식별코드는 제품, 이력, 센서, 데이터의 식별영역 확장과 기존 업종별 식별 코드계의 효과적인 수용방안에 준한 기술이 요구된다. 따라서 이러한 문제를 다중 코드계 지원 기술이라 하며 객체정보 위치 레졸루션의 구현에 필수적으로 다중 코드계 지원기술의 적용이 필요하다.

② 레졸루션 아키텍처 기술

레졸루션 아키텍처는 입력 EPC 코드에 대하여 등록되어 있는 서비스 URI 목록을 검색하여 제공하는 것으로 EPC로부터 서비스 URI 목록의 변환(레졸루션) 기능으로 표현되며 기존 DNS 인프라를 활용하여 구현한다. 레졸루션 아키텍처는 정적 객체정보 서비스(EPC-IS)에 대한 정적 객체정보 서비스의 URI 레졸루션, 이력정보 디렉토리 서비스의 URI 레졸루션, 환경정보 디렉토리 서비스의 URI 레졸루션 기능을 제공한다.

③ 이력정보 디렉토리 아키텍처 기술

이력정보 검색 서비스를 위해서는 동적 정보로서 업종 또는 기관별로 이력정보의 위치를 저장하는 디렉토리와 각 기관별 이력정보를 저장하는 이력정보 서비스 기술이 필요하다. 이력정보 디렉토리는 기관별, 업종별로 다양한 형태를 가질 수 있으며 이력정보에 글로벌 연동을 위한 이력정보 포인터 등록에 관한 표준화가 요구된다. 한편 이력정보 서비스 기술은 객체정보 서비스 기술로 구현된다.

④ 객체정보 서비스 기술

객체정보는 정적 객체정보와 이력정보와 같은 동적 객체정보, 그리고 환경정보로 구성된다. 각 정보의 특성에 따라 해당 객체정보는 저장구조, 접근방식 및 기능 등에 있어 많은 차이를 갖는다. 객체정보 서비스의 구축은 객체의 정보를 글로벌 네트워크상에서 객체정보 교환을 위한 객체정보 기술 언어(Description language)와 객체정보 리포지터리(Repository) 구축, 리포지터리 접근을 표준 인터페이스에 대한 기술이 요구된다.

4) RFID 미들웨어의 중요성

(1) 타 시스템과의 연동 및 통합의 편의성

RFID 도입이 성공을 거두기 위해서는 서로 다른 플랫폼의 엔터프라이즈 애플리케이션들이 통합되어야 하고 데이터 수집, 저장, 분석이 가능한 새로운 소프트웨어도 개발되어야 한다. RFID 미들웨어는 기존 엔터프라이즈 데이터와의 통합과 다른 애플리케이션과의 연동을 가능케 하는 기능을 수행함으로써 솔루션 통합, 데이터 처리·공유를 통한 부가가치 창출을 한다.

(2) 뛰어난 범용성

다양한 애플리케이션과 다양한 리더들의 표준화된 인터페이스를 미들웨어가 제공함으로써 다양한 이기종간의 리더기를 쉽게 연결할 수 있는 범용성을 가진다.

(3) 개발의 용이성

RFID 미들웨어는 컴포넌트 구조로 되어 있어 응용 서비스에 적합한 새로운 알고리즘과 기능을 손쉽게 적용, 추가할 수 있으며 리더에 대한 접근이나 처리, 제반 RFID 네트워크 관련 서비스들은 응용 프로그램 개발로부터 분리가 되게 되므로 개발자는 이에 대해 전혀 고려하지 않고 응용 프로그램을 개발할 수 있다.

(4) 태그로부터 수집되는 원시 데이터의 의미 있는 재구성

방대한 원시 데이터를 실제 의미 있는 정보와 데이터로 재구성하여 데이터양을 줄이는 기능을 수행한다. 또한, 하드웨어에 의존하지 않고 데이터를 통합, 관리하고 태그, 리더에서 수집되는 방대한 동적인 스트리밍 데이터를 효과적으로 전달하기 위한 필터링, 요약, 교환처리 기능을 수행한다.

(5) 이벤트의 실시간 감지로 자동적인 후속작업 진행

RFID 시스템이 설치된 환경하에서 재고부족 또는 물량의 증가 등 이러한 이벤트가 발생되면 실시간으로 미들웨어가 감지하여 대처할 비즈니스 프로세스를 자동적으로 실행하여 제어하는 기능을 수행한다.

5) RFID 미들웨어의 도입 효과

(1) 실시간 제품을 추적(Trace)함으로써 현장운영 process 혁신 효과

이는 제품 흐름을 추적함으로써 가시성을 확보함은 물론 다음과 같은 비효율적인 요소를 제거한다.

① 과잉 재고(Excessive inventory)
② 재고 부족(Short of stocks)
③ 재고 차이(Shrinkage)
④ 주문처리 소요시간(Order processing time)
⑤ 수작업시 발생하는 오류(Possible human error)
⑥ 과다한 서류작업(Excessive paper works)

(2) 지능화된 자동 제어 효과

제품과 자동화 장비 간을 네트워크화함으로써 지능적으로 제품을 통제하며 다음과 같은 효율성을 제공한다.

① 제품 이동의 추적 및 자동제어가 가능한 Process 제공
② 이벤트에 의하여 자동적으로 전자상거래 발생
③ 수요의 변화를 공급망 구성원들에게 제공
④ 공급망 전체의 동기화 및 효율화 달성

(3) 기업의 비용절감 및 생산성 향상

하나의 단일 시스템으로 RFID 관련 기업 애플리케이션을 개발하는 것에 비해 이미 상용화된 RFID 미들웨어를 도입함으로써 비용을 절감하게 되고 안정화된 미들웨어 도입에 따른 생산성을 향상시킬 수 있다.

(4) 기업 RFID 시스템 인프라 확장에 대처가 용이

단일 시스템으로 구성된 RFID 시스템에 비해 RFID 미들웨어를 복수개 병렬연결함으로써 방대한 태그 데이터에 대한 처리를 가능하게 하며 이는 시스템에 가해지는 부하를 감소시켜 시스템 인프라 확장 및 시스템 안정성 유지에 지속적인 대처가 가능해진다.

(5) RFID 시스템에 대한 유지보수 용이

RFID 미들웨어는 제공 벤더에 의해서 기능개선 및 관리를 체계적으로 진행하므로 단일 시스템으로 구성된 경우보다 일관적인 시스템 관리를 수행하는데 큰 이점이 있다.

6) RFID 미들웨어 선정시 고려사항

일반적으로 RFID 미들웨어를 선정할 때 RFID 리더기와의 연결이나 기본적인 필터링 기능에 치중하고 있는데 사실은 다양한 리더기와의 연결성 및 미들웨어 자체 필터링 기능은 가장 기본적인 기능으로서 실제 필드에서 요구되는 상세한 기능에 대해서는 보다 더 집중적이고 신중한 검토가 요구된다. 이러한 요구사항을 고려하지 않고 선정된 미들웨어는 결국 실제 구축단계에서 제공되는 기능과 성능상의 문제로 전체 프로젝트 성패를 가를 수도 있는 중대한 상황에 놓이게 할 수도 있는 만큼 다음의 사항에 대한 신중한 검토를 거친 후 이에 적합한 미들웨어를 선정하는 것이 RFID 미들웨어 선택에 가장 우선하는 요소라 하겠다. RFID 미들웨어 선정시 고려할 필수사항들은 다음과 같다.

(1) 장치 관리 분야

가장 핵심적이면서도 기본적인 분야이다. RFID 미들웨어는 기본적으로 사용자로 하여금 쉬운 유저 인터페이스로 개별장치(리더기)에 대한 설정/모니터링/배치/작동 명령이 가능하도록 지원해야 한다. 사용자는 필요시 리더기의 On/Off 상태를 적절한 때에 제어할 수 있어야 하며 리더기의 추가적인 배치가 플러그 앤 플레이 수준으로 손쉽게 제공될 수 있어야 한다.

(2) 데이터 관리 분야

RFID 미들웨어가 리더로부터 태그에 기록된 코드 값을 읽어들이면 이 데이터를 정확하게 필터링하고 적절한 위치로 라우팅할 수 있음을 확인해야 한다. 이 기능은 미들웨어가 복수 데이터에 대한 필터링과 같은 저수준 로직과 Contents-based routing과 같은 고수준 로직을 함께 갖추고 있어야 가능한 것이다. 더불어 다양한 리더로부터 들어오는 태그 데이터에 대한 수집 및 관리를 위한 툴도 기본적으로 제공됨을 확인할 필요가 있다.

(3) 애플리케이션 통합 분야

RFID 미들웨어는 RFID 데이터가 기업의 레거시(Legacy) 시스템(SCM, ERP, WMS, CRM 등)과 안정적으로 연동되는데 필요한 메시징, 라우팅, 연결편의성을 제공해야 한다. 특히 널리 쓰이는 WMS(Warehouse Management System)나 SCM 애플리케이션을 위한 어댑터 라이브러리가 제공되어야 하고 특히 제3의 업체 애플리케이션과 연동을 위한 API와 JMS, XML, SOAP와 같은 표준기술을 준수하는 어댑터의 지원여부가 중요하다.

(4) 협력사 통합 분야

RFID 활용을 통한 가장 유력한 효과 중 하나는 수요예측과 재고관리와 같은 협력사와의 공조 프로세스 향상을 위한 RFID 데이터의 공유이다. 이러한 파트너 통합을 위해서는 RFID 미들웨어가 협력사 프로파일 관리와 같은 B2B통합 기능을 제공하고 EPCglobal와의 연동을 지원하는지를 기본적으로 파악해야 한다.

(5) 프로세스 관리 및 애플리케이션 개발 분야

보다 폭넓은 기능을 지원하는 RFID 미들웨어는 RFID 데이터를 단순히 비즈니스 애플리케이션에 라우팅하는 수준을 넘어 자동화된 재고보충 시스템과 같은 기업 내 복수의 애플리케이션들이 연관된 복잡한 프로세스들을 조정하고 관리하는 강력한 기능을 제공하게 된다. 특히 핵심 프로세스 관리나 애플리케이션 개발은 워크플로우, 롤관리(Role management), 프로세스 자동화와 유저인터페이스 개발 툴 등을 포함하는지 파악해야 한다.

(6) 패키지화된 RFID 콘텐츠 제공 분야

패키지화된 라우팅 로직과 제품 데이터 스키마, 그리고 물품 선적/배송/트래킹과 같은 RFID 관련 애플리케이션과 비즈니스 프로세스 연동을 위한 다양한 RFID 콘텐츠(템플릿)는 RFID 미들웨어 플랫폼의 주요한 항목 중 하나이다. 이러한 콘텐츠를 미들웨어에서 기본적으로 제공함으로써 사용자는 복잡한 RFID 프로젝트 진행에 큰 도움을 얻을 수 있게 된다.

(7) 아키텍처 확장성 및 관리 분야

RFID를 도입함으로써 수많은 데이터가 생성되게 되는데 이때 RFID 미들웨어는 안정적인 데이터 처리를 위해 가장 전면에 서는 시스템이 된다. 이는 RFID 미들웨어가 복수의 서버 사이에서 고도로 유연한 로드밸런싱 기능과 서버 장애에 대비한 자동화된 리라우팅 기능을 제공해야 함을 뜻하는 것이다. 이러한 기능은 리더기와의 연동을 지원하는 네트워크 단말부터 시스템 전반에 이르는 미들웨어 전체 아키텍처에 걸쳐서 제공되어야 한다.

7) RFID 미들웨어 기능 평가요소

RFID 미들웨어의 성공적인 도입을 위해서는 각 기업의 도입목적과 구축환경에 따라서 다양한 평가요소들이 존재하게 된다. RFID 미들웨어의 기능이 많다고 해서 무조건 도입해야 되는 것은 아니지만 도입하고자 하는 RFID 미들웨어가 기능이나 성능이 우수하다면 그만큼 성공적인 도입 가능성은 높을 수밖에 없을 것이다. 그렇다고 RFID 미들웨어의 다양한 기능들을 일일이 비교 검토해서 도입을 한다면 성공적인 도입 가능성이 높겠지만 현실적으로 수백 혹은 수천가지의 요소들에 대해 검토한다는 것은 불가능하다.

그렇다면 RFID 미들웨어 도입시 어떠한 중요한 평가요소를 가지고 검토를 해야 하는지가 중요하게 된다. 이에 성공적인 RFID 미들웨어 도입시 적용해야 할 기본적인 평가요소들은 다음과 같다.

(1) 적합성

RFID 미들웨어 도입시 목적과 구축환경에 대한 적합성을 제공하는지 확인한다.

① 도입목적의 적합성

RFID는 물류, 항만, 항공, 군사, 유통 등 사회 전반적인 각 분야에 적용된다. 각 분야별로 서로 다른 도입목적에 따른 각각 서로 다른 다양한 요구조건이 발생하게 된다. 이에 RFID 미들웨어 도입시 도입목적에 따른 다양한 요구사항에 적합한 기능을 제공하는지 확인한다.

② 구축환경의 적합성

RFID는 다양한 분야의 적용되므로 RFID 미들웨어에서 적용하고자 하는 구축환경에 맞는 적합성을 지원하는지 확인한다.

(2) 표준화 및 호환성

RFID 미들웨어 도입시 국제 공통 표준 호환성 및 다양한 이기종의 리더기에 대한 호환성을 제공하는지 확인한다.

① 국제 공통 표준 호환성

RFID 코드는 사물을 유일하게 식별하고자 하는 목적에 대한 수단이므로 특정 지역 또는 특정 조직 내에서만 활용되는 코드 체계를 지원하는 RFID 미들웨어 보다는 전 세계적으로 공통적인 표준체계를 지원하는 기능을 제공하는지 확인한다.

② 다양한 이기종의 리더기 호환성

RFID 미들웨어 도입의 중요한 필요성 중 하나가 다양한 RFID 업체에서 출시한 리더기마다 독자적인 프로토콜을 사용하기 때문이다. 이들 이기종의 리더기간에 서로 호환성이 없으므로 RFID 구축시 문제가 발생된다. RFID 미들웨어 도입시 이기종 리더기간의 단일한 인터페이스 기능을 제공하는지 확인한다.

(3) 효율성

RFID 미들웨어 도입시 실시간 정보들을 효율적으로 처리하는 기능을 제공하는지 확인한다. 리더기로부터 실시간으로 발생하는 대용량의 수많은 태그/센서 스트리밍 데이터를 수집, 효율적인 필터링, 군집화, 교환하는 기능을 RFID 미들웨어에서 제공하는지 확인한다.

(4) 보안성

RFID 미들웨어 도입시 정보의 무결성 및 보안성을 제공하는지 확인한다. 리더기로부터 수집되는 수많은 정보 중에는 정보의 성격이 매우 민감한 정보도 포함되어 있다. RFID 미들웨어는 기본적으로 이러한 정보들을 보호하는 정보보호 기능이 요구된다. 즉 RFID 미들웨어는 미들웨어 시스템 자체의 보안성뿐만 아니라 데이터 암호화 및 인증 등 정보 보호 기능을 제공하는지 확인한다.

(5) 연동성

RFID 미들웨어 도입시 기존의 미들웨어 혹은 정보 시스템과의 연동성을 제공하는지 확인한다. RFID 미들웨어는 구축목적에 따라 다양한 미들웨어와 연동을 하게 된다. 즉 기존의 다양한 정보 시스템(ERP, CRM, SCM 등) 및 이기종의 애플리케이션과의 연동 기능을 제공하는지 확인한다.

(6) 확장성과 개방성

RFID 미들웨어 도입시 향후 다양한 요구사항을 수용할 수 있도록 확장성과 개방성을 제공하는지 확인한다.

① 개방성

향후 다양한 분야에서 적용될 RFID 표준 코드 및 비표준화된 코드 등이 등장할 수 있다. 또한 다양한 독자적인 프로토콜을 가지는 리더기도 등장할 수 있다. RFID 미들웨어에서 앞으로 등장할 다양한 분야의 RFID 코드 및 리더기 프로토콜을 유연하게 수용할 수 있는 개방성을 제공하는지 확인한다.

② 확장성

RFID 미들웨어는 다양한 응용 분야에 따라 달라지는 요구 기능을 수용할 수 있도록 응용 서비스에 적합한 새로운 기능 및 알고리즘을 손쉽게 개발, 추가할 수 있도록 컴포넌트 기반의 확장성을 제공하는지 확인한다.

8) 시스템 구축에 적정한 RFID 미들웨어 도입조건

(1) 타 시스템과의 연동 및 통합의 편의성

RFID 도입이 성공을 거두기 위해서는 서로 다른 플랫폼의 엔터프라이즈 애플리케이션들이 통합되어야 하고 데이터 수집, 저장, 분석이 가능한 새로운 소프트웨어도 개발되어야 한다. RFID 미들웨어는 기존 엔터프라이즈 데이터와의 통합과 다른 애플리케이션과의 연동을 가능케 하는 기능을 수행함으로써 솔루션 통합, 데이터 처리·공유를 통한 부가가치 창출을 한다.

(2) 뛰어난 범용성

다양한 애플리케이션과 다양한 리더들의 표준화된 인터페이스를 미들웨어가 제공함으로써 다양한 이기종간의 리더기를 쉽게 연결할 수 있는 범용성을 가진다.

(3) 개발의 용이성

RFID 미들웨어는 컴포넌트 구조로 되어 있어 응용 서비스에 적합한 새로운 알고리즘과 기능을 손쉽게 적용, 추가할 수 있으며 리더에 대한 접근이나 처리, 제반 RFID 네트워크 관련 서비스들은 응용 프로그램 개발로부터 분리가 되므로 개발자는 이에 대해 전혀 고려하지 않고 응용 프로그램을 개발할 수 있다.

(4) 안정성

일반적으로 RFID 제품이 사용되는 곳은 항만, 물류센터, 조립공장, 군사시설 등 주로 물류에 관계된 것이다. 따라서 미들웨어에 의한 대용량의 물류 위치추적 및 정보제공이 정확해야 한다. RFID 미들웨어가 작업도중 정지되거나 복구할 수 없을 정도의 상태로 되어버린다면 각 개별 물류의 정보추적이 불가능하므로 공장이나 항만 전체의 시스템이 멈출 수밖에 없을 것이다. 그러므로 RFID 미들웨어는 최고의 안정성을 제공하여야 한다.

05 RFID의 응용

RFID는 상황, 환경의 인식기술이나 필요한 정보의 추출, 분석기술에 의해 다양한 사회의 경제활동에 있어서 이용자 요구에 보다 가까운 고도화된 서비스를 제공할 수 있다. 이에 따라 공공행정, 경제산업, 개인생활 분야의 각종 생산, 수요, 공급과정에서 이용자

상황이나 환경에 입각한 IT 이용의 고도화를 도모할 수 있다. 이러한 특징에 따라 응용분야를 분류하면 [그림 1-33]과 같다.

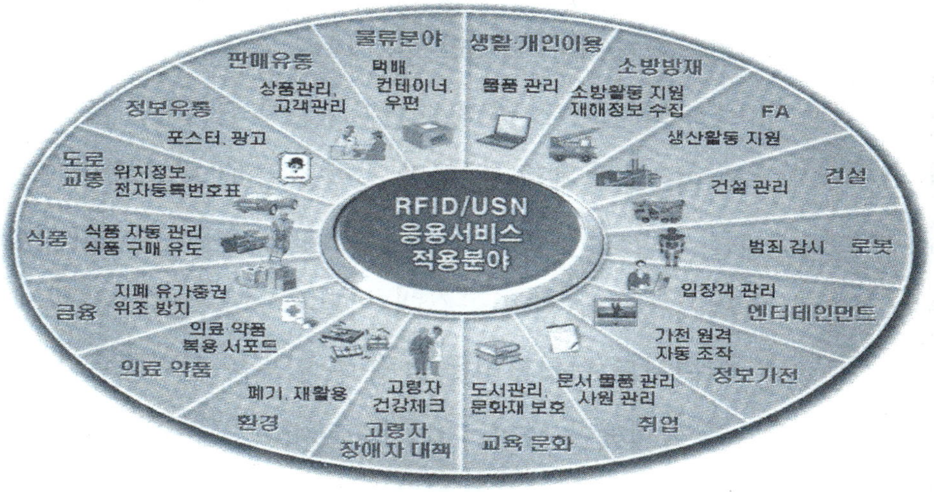

[그림 1-33] RFID/USN 응용 서비스 적용분야

[표 1-14]는 현재 사용하고 있는 RFID 주파수 대역을 나열해 놓은 것이다.

[표 1-14] RFID 응용

주파수	활용분야	원 리
125kHz	동물관리	출생내력 등 식별정보가 입력된 칩을 동물에 이식하여 혈통관리 및 위치파악에 활용
133kHz	스키어 관리시스템	스키장 통로에 수직 게이트형 안테나를 설치해 스키어들의 입장확인
133kHz	마라톤선수 추적 시스템	가벼운 무선 태그가 선수 운동화에 부착되며 루프안테나가 마라톤 주행도로의 출발선, 중간 반환점, 결승선 등에 설치되어 선수의 기록을 관리
13.56MHz	교통카드	카드를 리더에 가까이 대면 카드에 내장된 RFID 칩이 리더와 무선으로 교신하여 자동으로 요금을 징수
13.56MHz	주차관리	태그가 부착된 차량이 접근하면 자동으로 출입통제장치가 자동으로 개폐
13.56MHz	도서관리	도서에 RFID 칩을 삽입하여 도서 부당 반출시 경보음 울림
13.56MHz	출입통제	신원정보가 입력된 칩이 내장된 카드를 리더에 가까이 대면 출입자격 여부를 조회하여 출입문 개폐
UHF	물류창고 관리 시스템	팔레트/박스 단위로 태그를 부착해 자동 입출고처리 및 공급체인을 경유하는 상품의 실시간 위치추적 및 재고관리

주파수	활용분야	원 리
UHF	농산물 이력관리	RFID 태그에 농산물의 원산지와 생산자에 대한 정보를 입력하여 농산물의 이력 추적 및 관리
UHF	고속도로 전자요금 징수시스템	고속도로 톨게이트에 태그가 부착된 차량이 접근하면 자동으로 요금이 징수되는 시스템
900MHz/ 2.45GHz	타이어 이력관리	타이어에 RFID 태그를 부착해 생산공정에서 생산/품질 이력정보를 기록하고, 불량품을 자동적으로 선별하며 개별 타이어에 대한 재고상황을 관리
2.45GHz	항공 화물처리	항공 수화물의 보다 신속 · 정확한 판독과 분류, 위험물품 재검사
2.45GHz	의약품 위변조방지	의약품 생산과정에서 RFID를 부착하여 생산공정관리에 활용하고, 제품이 판매된 후에도 RFID 추적 시스템을 통해 유통경로를 투명화하고 해당 제품의 진품여부를 판단

II부

3.56MHz와 900MHz용의 RFID 응용 시스템

RFID 시스템의 구성 및 응용

02장 RFID 시스템의 개요

RFID 시스템(ED-3710)은 RFID 기초기술 및 활용기술, 응용 프로그램 설계 등을 교육할 수 있는 장비이다. 먼저 13.56MHz RFID 리더(Reader) 부분은 메인 프로세서를 코어 방식으로 설계하여 8051을 기본 장착하였으며 8051을 이용하여 RFID 시스템 설계가 가능하다.

안테나 부분에서는 사이즈가 다른 2종의 안테나를 공급하여 안테나 특성에 대한 비교도 할 수 있으며, 제어 부분을 추가하여 릴레이(Relay), 램프(Lamp), 팬(Fan), 히팅 밸브(Heating Valve), AC 220V 파워 컨트롤 등을 RFID 시스템을 이용하여 제어할 수 있도록 구성하였다. 또한, 통신 실험을 할 수 있도록 UART, USB, 이더넷(Ethernet) 등의 포트를 제공하여 다양한 통신 실험 실습을 할 수 있다.

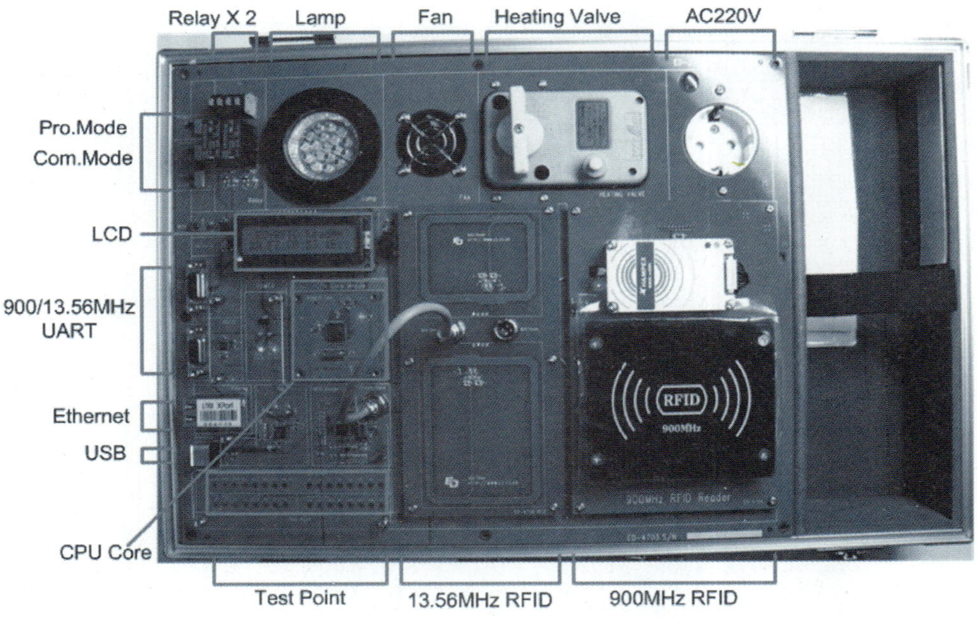

[그림 2-1] RFID 시스템(ED-3710)

01 13.56MHz RFID 리더

기본으로 RFID 리더(Reader)의 AT89C51ED2 CPU 코어(Core) 모듈을 제공한다.

AT89C51ED2 CPU 코어 모듈 학습을 마무리하고 AVR(ATmega128, ATmega32), 또는 NEC(uPD78Fxx Series) CPU Core 모듈을 제공하므로 하나의 시스템을 코어 교체만으로 여러 가지 CPU들을 이용하여 13.56MHz RFID 시스템 실험 실습이 가능하다.

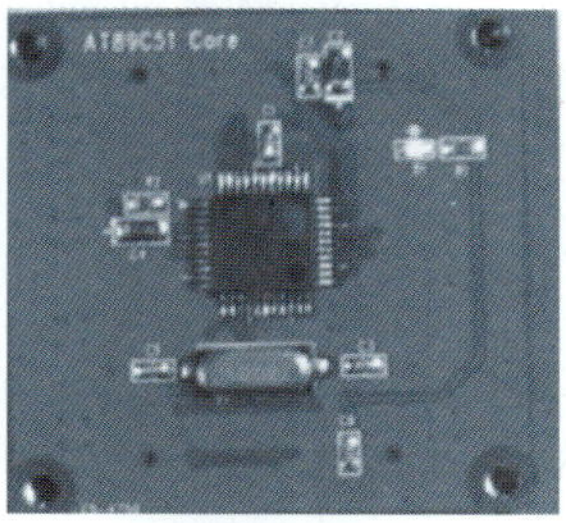

[그림 2-2] CPU Core

1) 13.56MHz RFID 시스템 구성

13.56MHz RFID 시스템 제어 부분은 CPU 코어 모듈, UARTm USB, 이더넷(Ethernet) 등의 통신부, 디스플레이 부분, 안테나 부분으로 구성되어 있다.

[그림 2-3] 13.56MHz RFID 리더 시스템 구성은 다음과 같다.

- CPU 코어 모듈 : AT89C51ED2, 11.0592MHz, ATMega32, 11.0592MHz
  ATMega128, 11.0592MHz, uPD78F0547, 11.0592MHz
- 멀티 프로토콜(Multi-protocol) RFID 리더기 : TRH0M31
- 주파수(Frequency) : 13.56MHz
- 프로토콜(Protocol) : ISO/IEC 14443 A/B, 15693 Standards, Tag-It Protocol
- 변조형태(Modulation type) : ASK 8~100%
- 동작영역(Operating range) : ISO 14443 A/B < 100mm, ISO 15693 < 150mm
- 공급전원(Supply voltage) : 2.7V~3.6V
- 패키지 크기(Package size) : 7.0mm × 7.0mm
- 패키지 형태(Package type) : LQFP(32pin)
- 안테나(Antenna) 2EA : 트리머 2개를 이용한 안테나 감도 조정

- 패턴 안테나(Pattern antenna) : Size 60 × 70mm, Size 95 × 70mm
- 통신(Communication) : RS232 포트, 9600bps, TCP/IP 포트, USB 포트
- LCD : 16 × 2라인 텍스트(Text) LCD

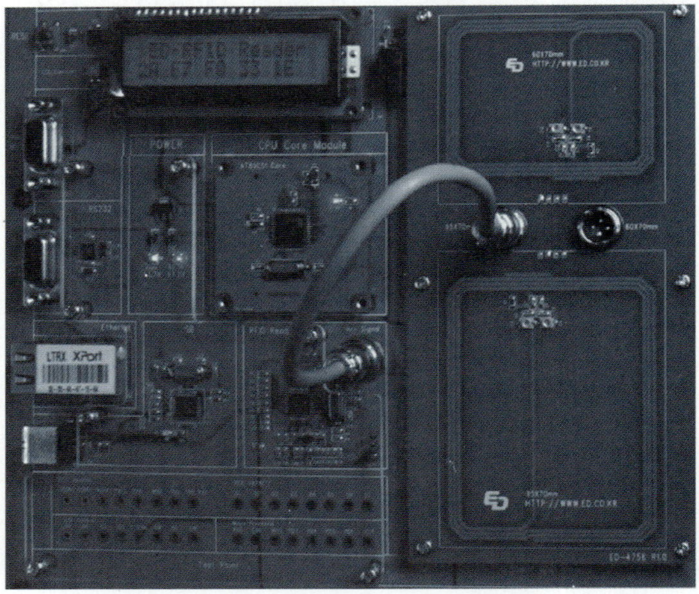

[그림 2-3] 13.56MHz RFID 시스템 리더

2) 제어 부분 구성

제어 부분은 릴레이(Relay), 램프(Lamp), 팬(Fan), 히팅 밸브(Heating Valve), AC 220V 전원제어, 통신 모드 설정 및 프로그램 다운로드(ISP) 및 실행(RUN)시킬 수 있는 전환 스위치로 구성되어 있다.

- 릴레이 2EA : 10A, 250VAC/30VDC
- 터미널 : USL-5SAB1 흑색 4
- 램프(Lamp) : DC +12V, On/Off
- 팬(Fan) : DC +12V, On/Off
- 히팅 밸브(Heating Valve) : 개폐방법은 전자 밸브 제어 방식, 사용전압은 DC +12V
- 콘센트 제어(Consent control, AC 220V) : 트라이액 및 포토 커플러를 이용하여 On/Off 제어

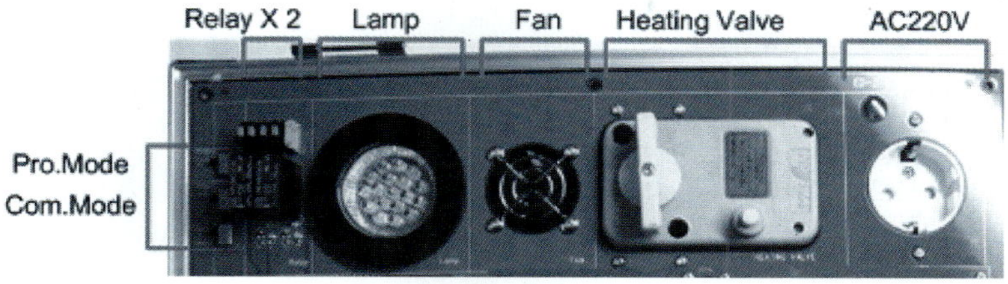

[그림 2-4] 제어 부분

3) 응용 프로그램

시스템 관리, 자동계산, 네트워크를 이용한 자동계산, 작업관리 등의 응용 프로그램 (Application Program)을 제공한다.

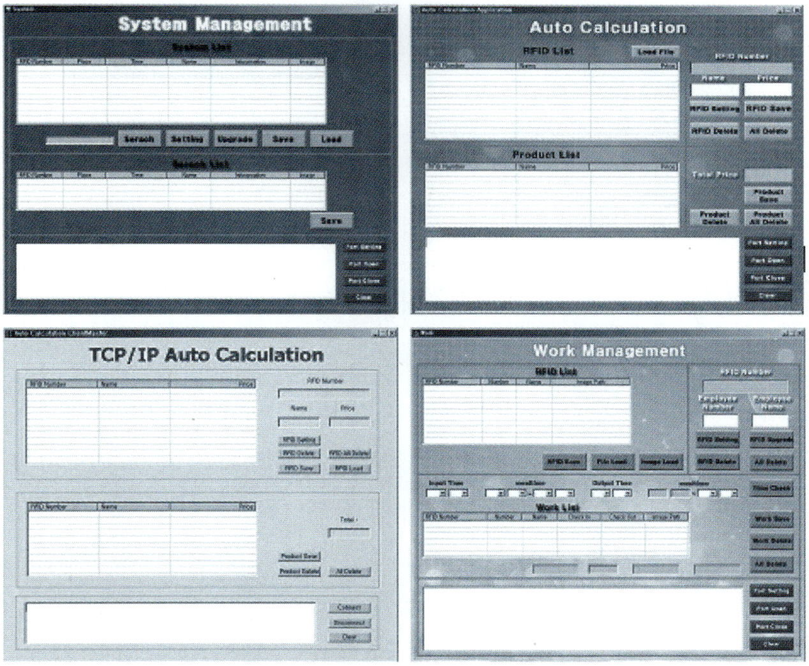

[그림 2-5] 응용 프로그램(1/2)

또한 [그림 2-4] 제어 부분을 제어할 수 있는 프로그램도 제공된 CD에 포함되어 있으며 RFID 태그(Tag)를 등록시킨 후 등록된 태그(Tag)를 인식시키면 장치들이 제어되는 것을 확인할 수 있다.

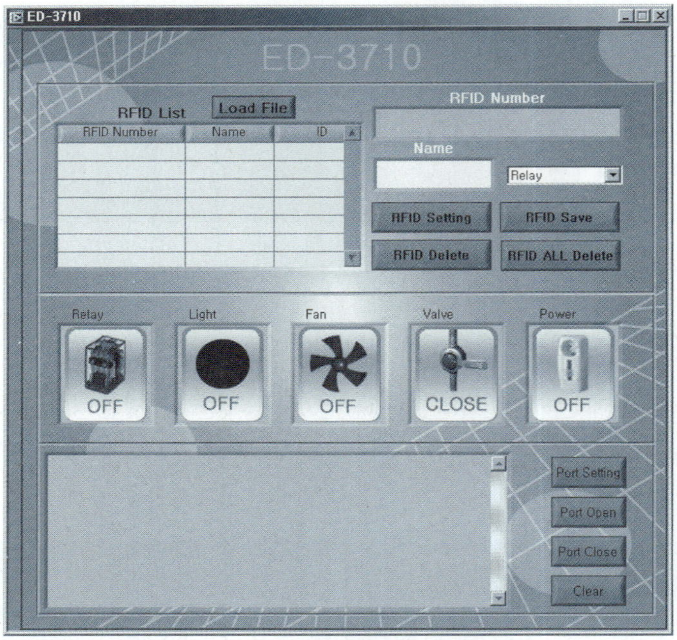

[그림 2-6] 응용 프로그램(2/2)

02 900MHz RFID 리더

900MHz RFID 리더(Reader)는 국제 규격인 ISO와 미국 EPC global 규격을 동시에 만족하는 멀티 프로토콜(Multi-protocol) RFID 리더 모듈(Reader module)로서 시판되는 모든 UHF RFID 태그(Tag)에 각종 정보를 쉽게 읽고 쓰는 기능을 제공한다.

초당 30개 이상의 다중 태그(Tag) 인식이 가능하여 대형 물류 및 유통시스템 구축에 적합하고 자산관리, 재고관리, 물품관리 등의 응용분야에도 폭넓게 사용되고 있으며, 초소형, 초박형, 저전력 설계, MIC 인증, TTA 인증된 모듈을 이용하여 장비를 설계하였으므로 여러 곳에 폭 넓게 응용될 수 있는 장비이다.

[그림 2-7] 900MHz RFID 리더

1) 900MHz RFID 시스템 구성

[그림 2-7] 900MHz RFID 시스템의 리더(Reader) 구성은 다음과 같다.

- 주파수(Frequency) : 한국 : 908.5 ~ 914MHz, FHSS
  미국 : 902 ~ 928MHz, FHSS
- 송신출력 : 15~30dBm(1dB 스텝(step) 조정 가능)
- 소모전력 : < 1.5A(Peak)
  < 50mA(Standby)
  < 2mA(Sleep)
- 프로토콜 : ISO18000-6B, 6C
  EPCglobal Class 0+, Class 1
  EPCglobal Class 1 Generation 2
- 인터페이스 호스트 : RS232 또는 TTL 시리얼(Serial) 9,600~115,200bps
- 안테나 : MMCX 형태
- 형식 승인 : MIC 인증, TTA 인증

2) 응용 프로그램

[그림 2-5] 응용 프로그램(Application Program)을 이용하여 900MHz RFID 태그(Tag)를 읽거나 쓰기(Read/Write)를 할 수 있다.

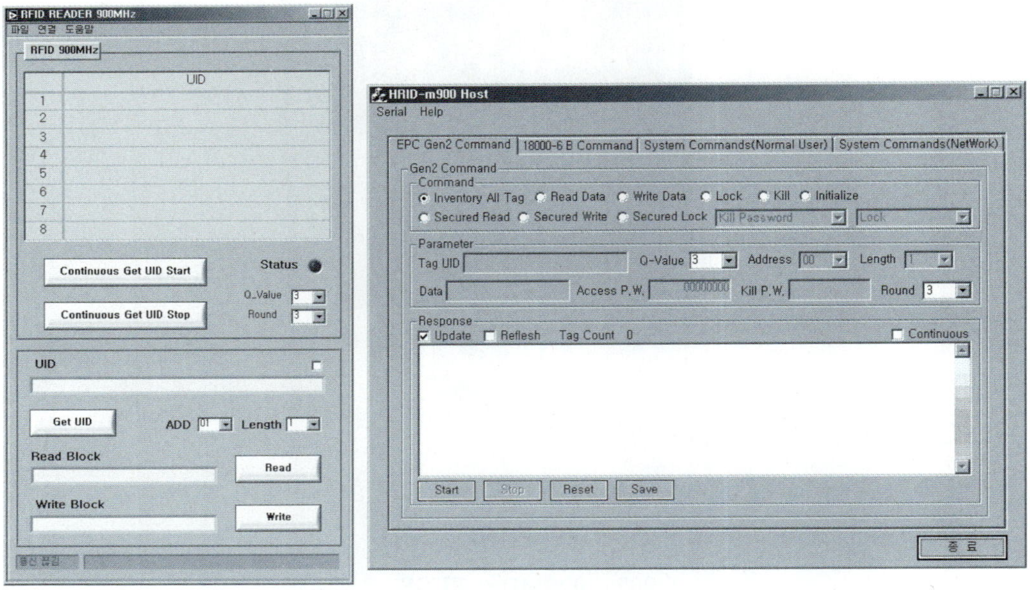

[그림 2-8] 응용 프로그램

이 교재의 내용을 끝까지 충실한 학습을 통하여 제어부분의 릴레이(Relay), 램프(Lamp), 팬(Fan) 등과 같은 제어장치들도 900MHz RFID 시스템 장치를 통하여 제어할 수 있다.

03장 RFID 시스템 응용 프로그램

RFID 시스템(ED-3710) 응용 프로그램을 이용하여 13.56MHz 및 900MHz 응용 프로그램을 제어해 보도록 한다.

01 13.56MHz RFID 응용 시스템 관리

13.56MHz 응용 프로그램은 제공된 CD의 RFID 응용 프로그램(Application Program)\13.56MHz Application 디렉토리에 모두 6가지의 응용 프로그램을 제공한다.

이 장에서는 시스템 관리(System management) 프로그램을 RFID 활용의 한 가지 방법으로 사용해 보도록 한다. RFID 시스템(ED-3710) 장비와 PC를 직렬 케이블(Serial cable)로 연결한다.

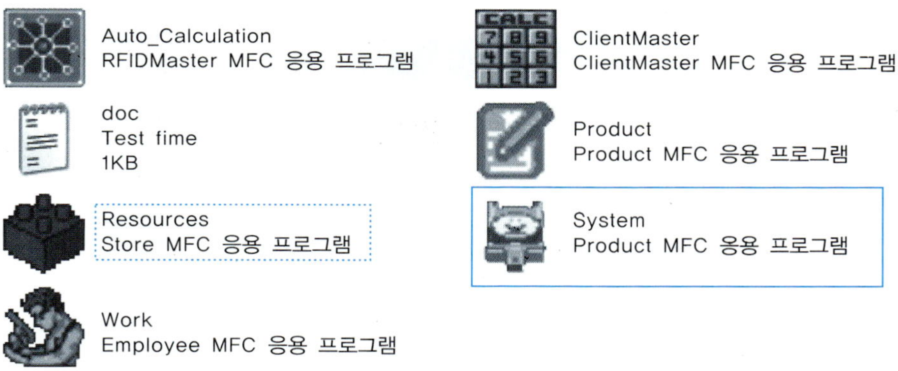

[그림 3-1] 13.56MHz 응용 프로그램

1 제공된 CD의 RFID 응용 프로그램(Application Program)\13.56MHz Application 디렉토리의 System 프로그램을 실행시킨다.

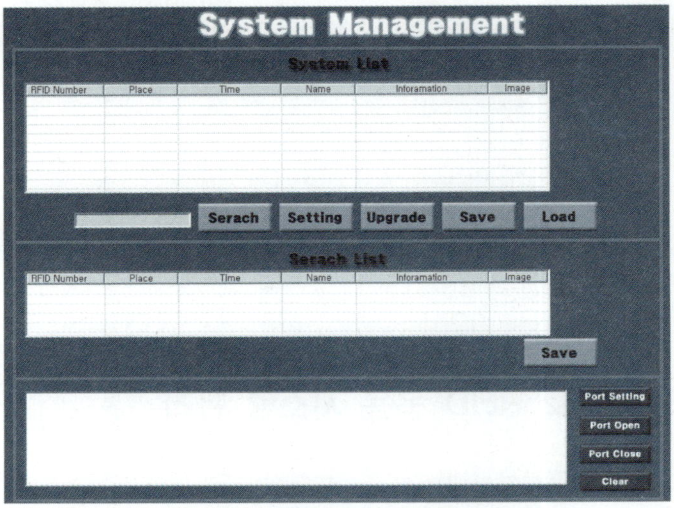

[그림 3-2] 시스템 관리 응용 프로그램 실행

2 포트 설정(Port Setting) 버튼을 클릭하고 ED-3710 13.56MHz RFID 장비의 통신속도와 동일하게 맞추어 준다. 통신 포트는 현재 PC에 연결된 통신 포트(COM1/2...)를 설정해 주면 되고 보오 비율(Baud rate)은 9600bps로 설정한다. 나머지 값들은 설정하지 않고 OK 버튼을 누른다.

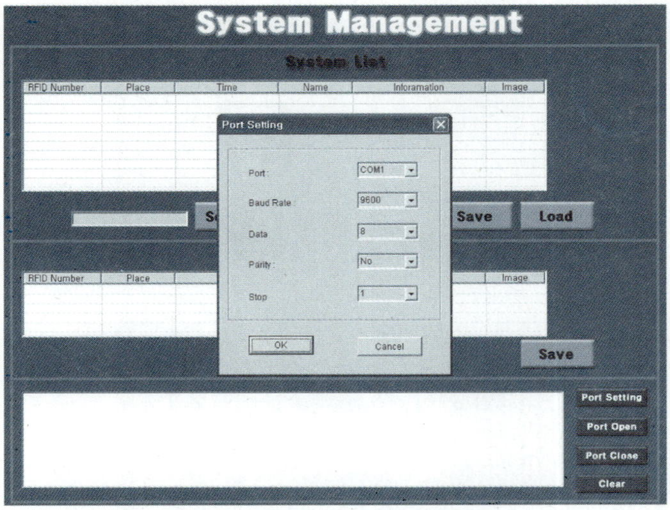

[그림 3-3] 통신 포트 설정

[표 3-1] 통신 포트 설정과 같이 설정해 주면 된다. RFID 시스템(ED-3710) 13.56MHz RFID의 응용 프로그램들은 모두 다음 값(Value)들로 반드시 설정한다.

[표 3-1] 통신 포트 설정

기 능	설정값
Port	RFID 시스템에 연결된 PC의 COM 포트 번호를 설정한다.
Baud rate	9600bps
Data	8
Parity	no
Stop	1

③ Port Open 버튼을 클릭하면 현재 설정된 값으로 프로그램이 동작하도록 한다.

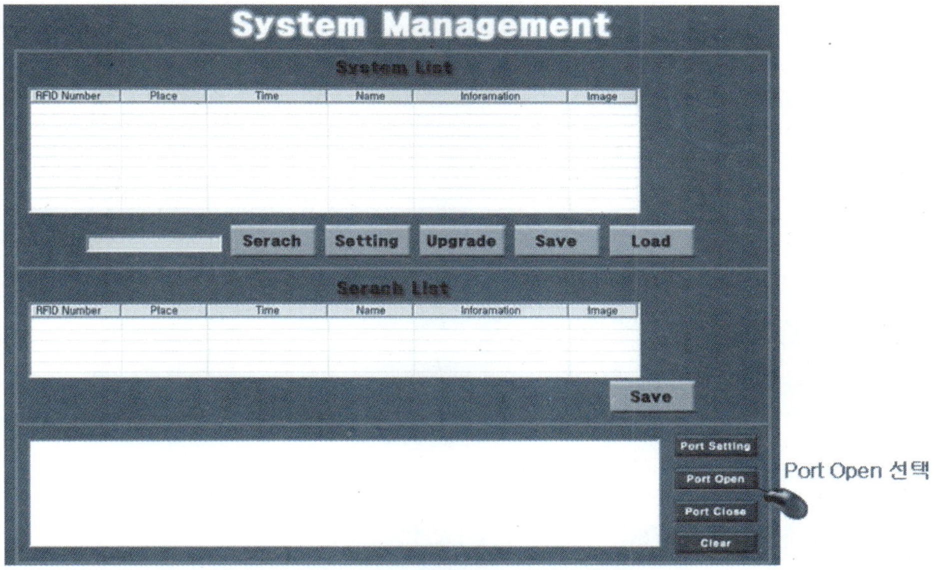

[그림 3-4] Port Open 선택

④ RFID 태그(Tag)를 13.56MHz RFID 리더(Reader) 안테나에 5~10cm로 근접시키면 [그림 3-5]와 같이 리더(Reader)기로부터 읽어 들인 태그의 정보를 확인할 수 있다.

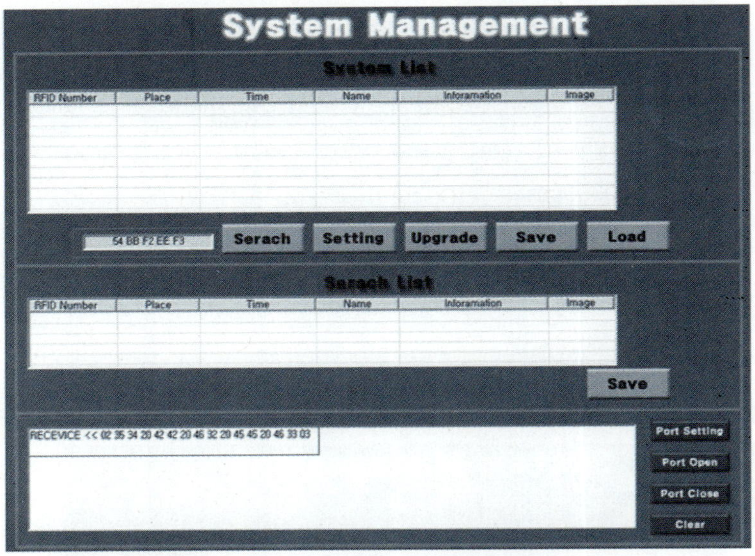

[그림 3-5] RFID Tag Read

⑤ 설정(Setting) 버튼을 선택하여 리더(Reader)기로부터 읽어들인 RFID 태그값을 RFID 태그(Tag)에 등록한다.

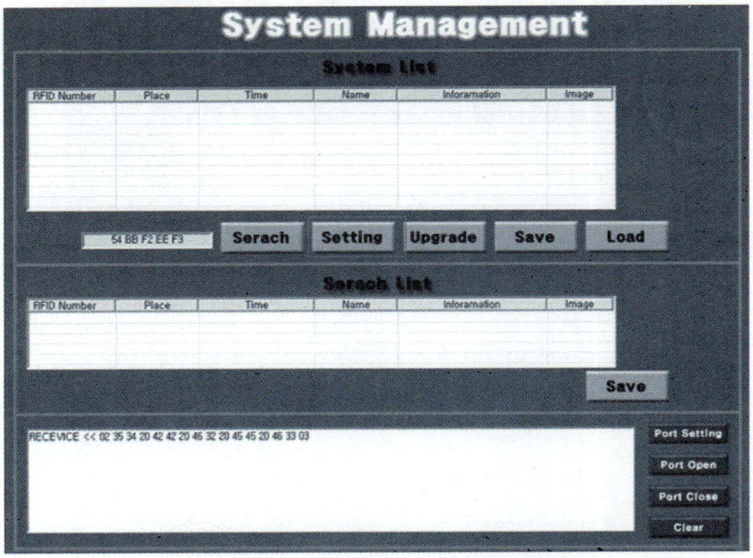

[그림 3-6] 설정(Setting) 버튼 선택

⑥ CD의 RFI Application Program)\13.56MHz Applicationl\Image\System_Image 디렉토리에 있는 Image들을 Image Load 버튼을 이용하여 등록할 수 있다.

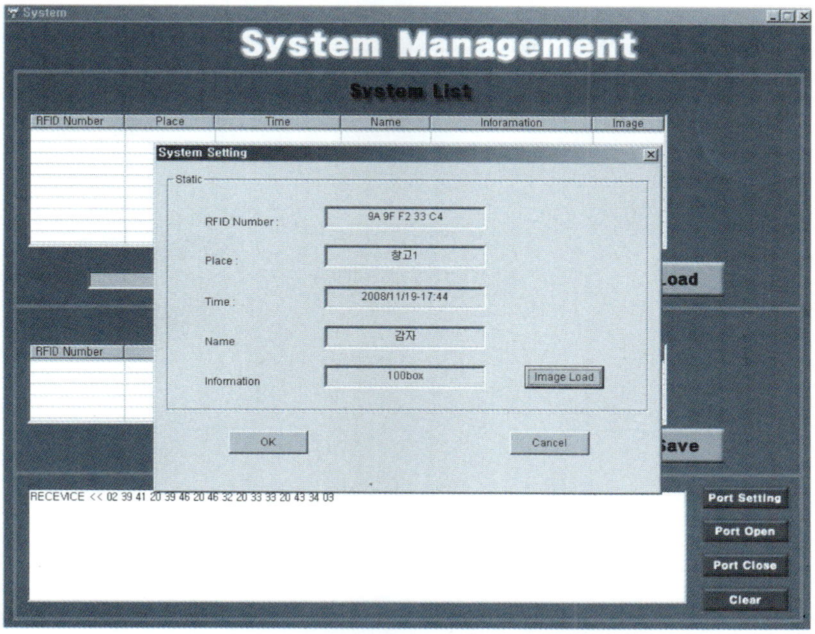

[그림 3-7] RFID Tag 정보 등록(1/5)

⑦ Image Load 버튼을 클릭하고 제공된 CD의 RFID Application Program\13.56MHz Applicationl\Image\System_Image 디렉토리에서 해당되는 이미지를 선택한다.

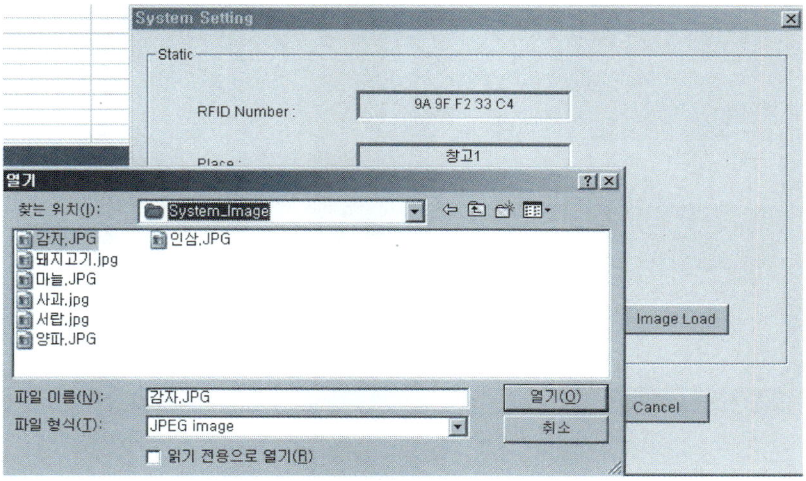

[그림 3-8] RFID Tag 정보 등록(2/5)

8 OK 버튼을 클릭하여 RFID Tag 정보 등록을 마친다.

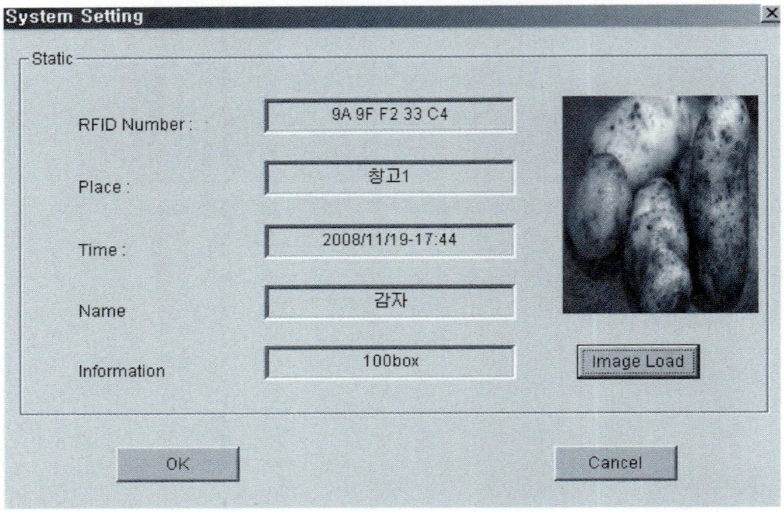

[그림 3-9] RFID Tag 정보 등록(3/5)

9 System List 메시지창에 등록된 내용을 확인한다.

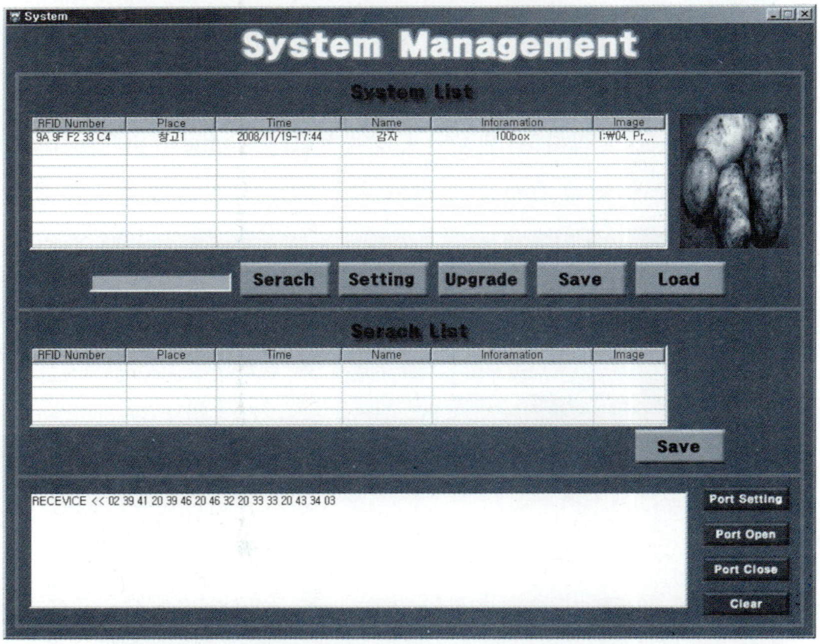

[그림 3-10] RFID Tag 정보 등록(4/5)

⑩ ⑤번과 같은 방법으로 다른 RFID Tag도 등록시킨다.

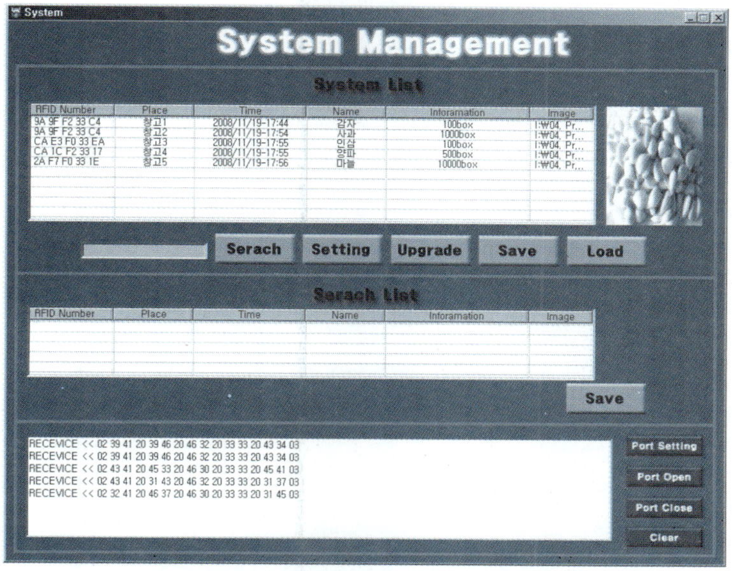

[그림 3-11] RFID Tag 정보 등록(5/5)

⑪ 미리 등록된 RFID Tag를 Reader기에 근접시킨 후 Search 버튼을 클릭하면 RFID 카드에 등록된 정보들을 가운데 Search List 박스에서 확인할 수 있다.

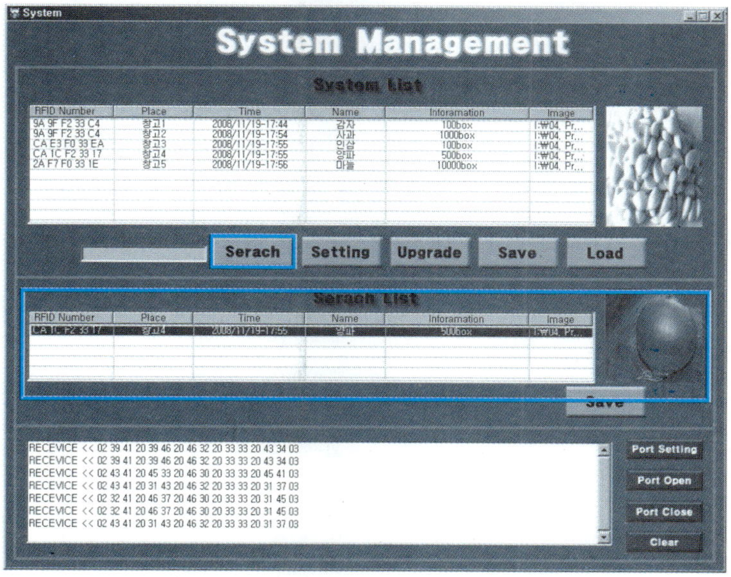

[그림 3-12] RFID Tag 검색

02 900MHz RFID 시스템 응용

900MHz RFID 시스템 리더(Reader)기를 이용하여 프로그램을 운용하도록 한다.

실험에 필요한 모든 사항들이 구비되면 전원을 공급하지 않은 상태에서 PC의 Serial Port에 RS232 Cable을 연결한다.

[그림 3-13] RFID 시스템(ED-3710) 900MHz COM Port

제공된 CD의 RFID Application Program\900MHz Applicationl\900MHz App Program1 디렉토리에 setup.exe 파일이 있으며, 이 설치 파일을 이용하여 900MHz RFID Reader 프로그램을 이용해 Tag를 읽고 쓸 수가 있다.

[그림 3-14] 900MHz RFID 응용 프로그램 설치 파일

① Setup.exe 파일을 더블클릭한다.

[그림 3-15] Install File

② 설치 안내 메시지창이 나타나면 Next 버튼을 클릭하여 다음 장으로 넘어간다.

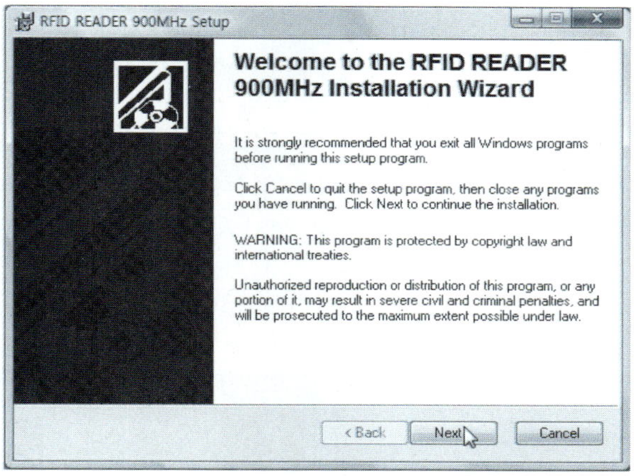

[그림 3-16] Install File

③ 설치할 경로를 설정하거나 기본 설치 디렉토리에 설치하려면 Next 버튼을 클릭한다.

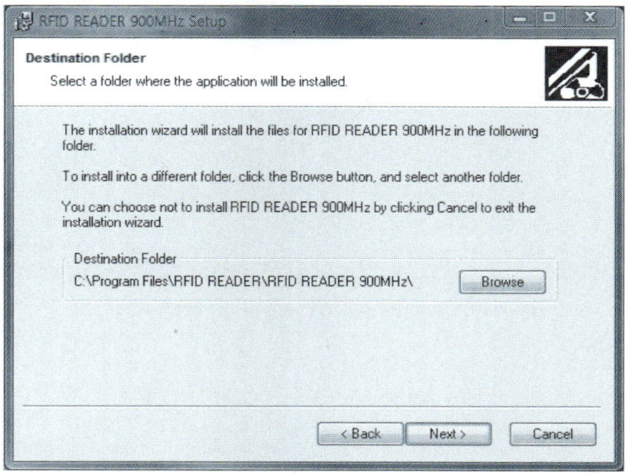

[그림 3-17] 설치 경로

④ 설치를 시작하려면 Next 버튼을 클릭한다.

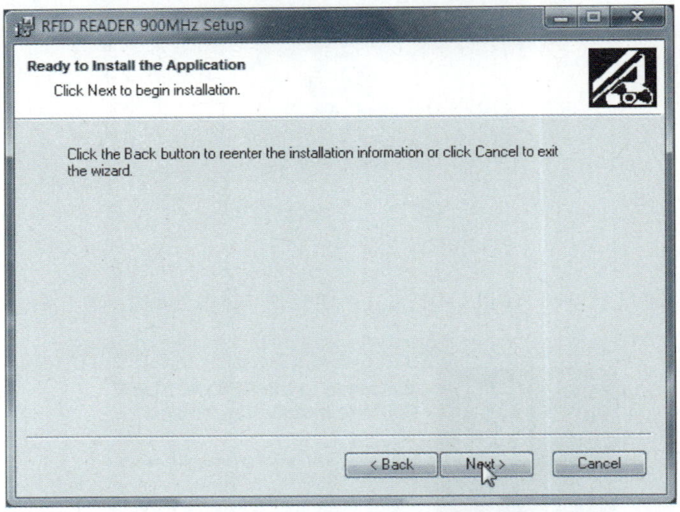

[그림 3-18] 설치 시작

⑤ 설치를 시작한다.

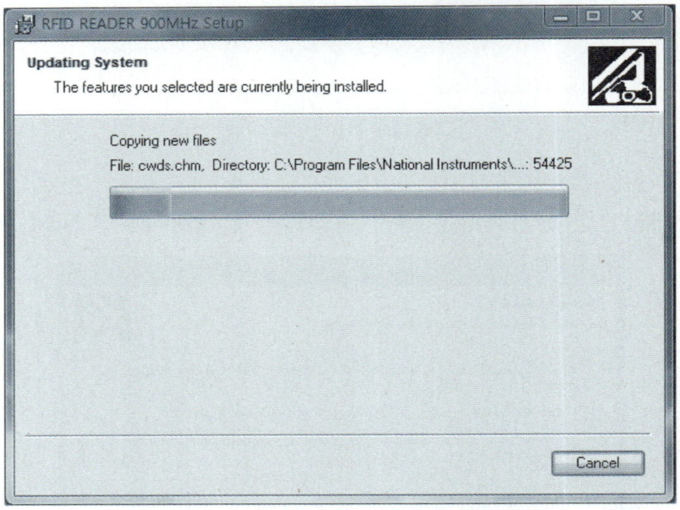

[그림 3-19] 설치 진행

⑥ 설치가 완료되면 Finish 버튼을 클릭한다.

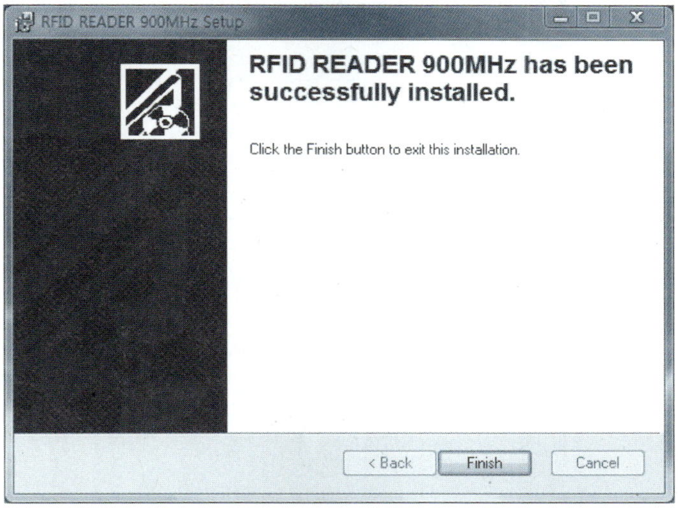

[그림 3-20] 설치 종료

➡ 900MHz RFID Reader 응용 프로그램

윈도우 좌측 하단에 위치한 시작 버튼을 클릭 후 프로그램을 선택하고 RFID_READER 메뉴 안의 RFID READER 900MHz를 실행한다.

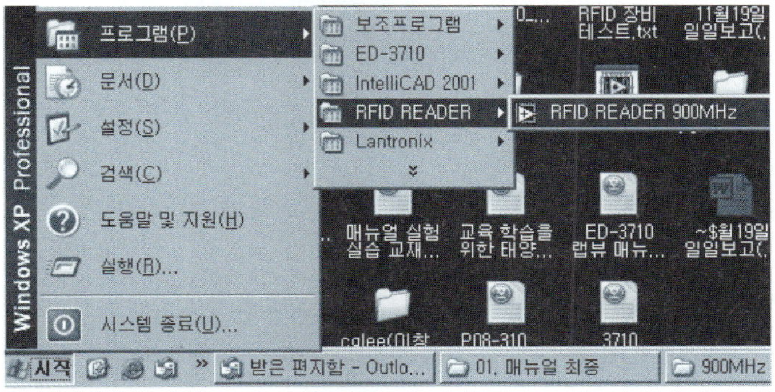

[그림 3-21] 900MHz RFID Reader 응용 프로그램 시작 메뉴

① RFID READER 900MHz를 실행하면 윈도우에 다음과 같은 창이 나타난다.

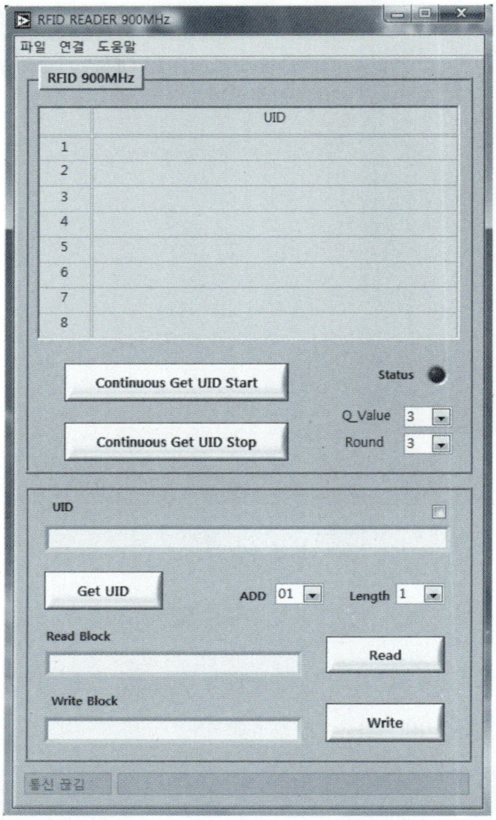

[그림 3-22] 900MHz RFID Reader 응용 프로그램

② RFID READER 900MHz 프로그램 메뉴 상단에 위치한 연결 버튼을 클릭한 후에 '포트설정'을 클릭한다.

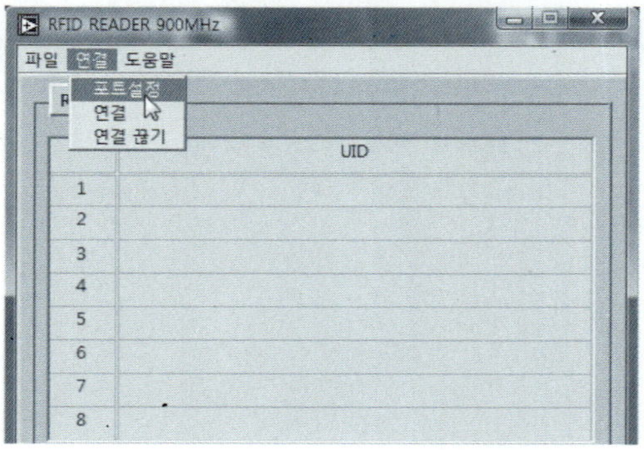

[그림 3-23] 통신 포트 설정(1/2)

③ 포트 설정을 하고 확인 버튼을 클릭한다.

- 통신 포트 : COM1(ED-3710 장비와 PC가 연결된 통신 포트)
- 비트 / 초 : 115200
- 데이터비트 : 8
- 패리티 : 없음(no parity)
- 정지 비트 : 1

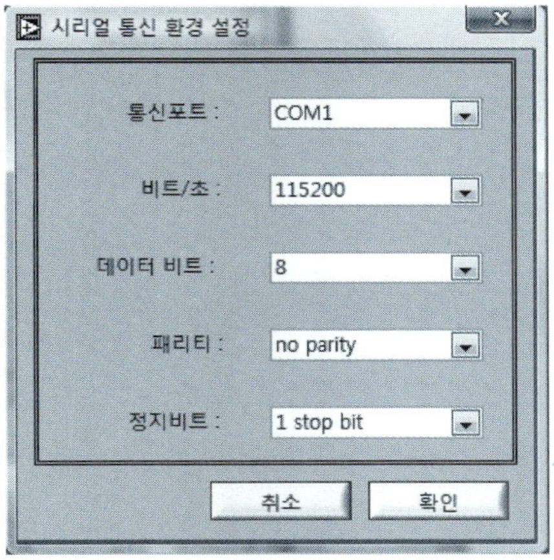

[그림 3-24] 통신 포트 설정(2/2)

④ RFID READER 프로그램 메뉴 상단에 위치한 연결 버튼을 클릭한 후에 '연결'을 클릭한다.

[그림 3-25] 통신 포트 연결

⑤ 연결이 된 후에 Continuous Get UID Start 버튼을 클릭한다.

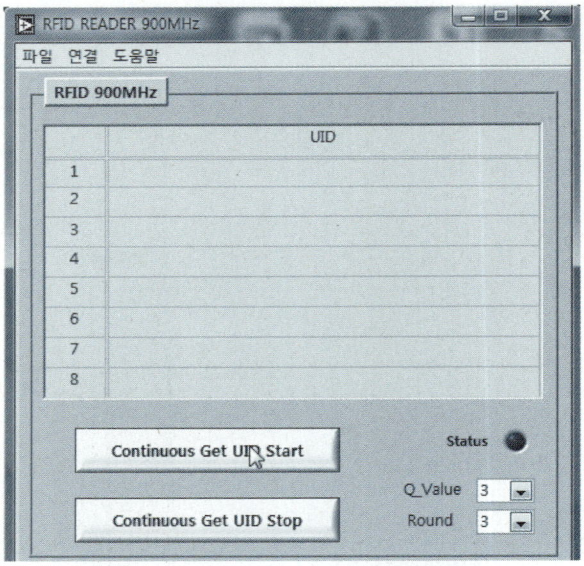

[그림 3-26] Continuous Get UID Start 선택(1/2)

⑥ Continuous Get UID Start 버튼을 클릭하면 Status LED에 점등이 된다.

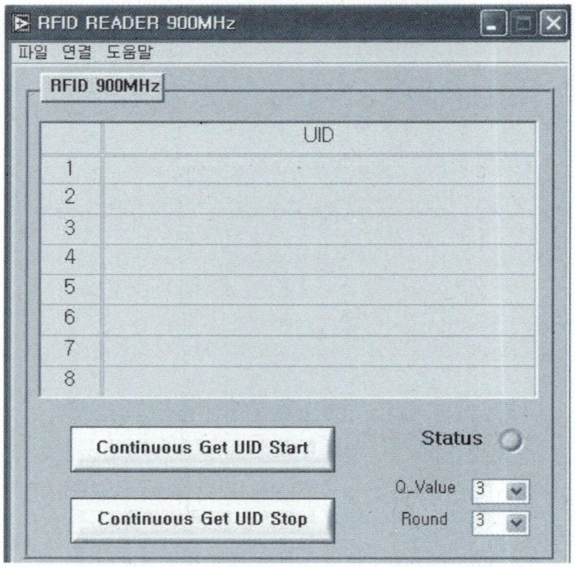

[그림 3-27] Continuous Get UID Start 선택(2/2)

⑦ 태그를 안테나에 가까이 대고 태그값을 확인한다.

[그림 3-28] 900MHz RFID Tag 인식(1/2)

⑧ 900MHz RFID Tag가 인식되면 UID에 Tag 정보가 보인다.

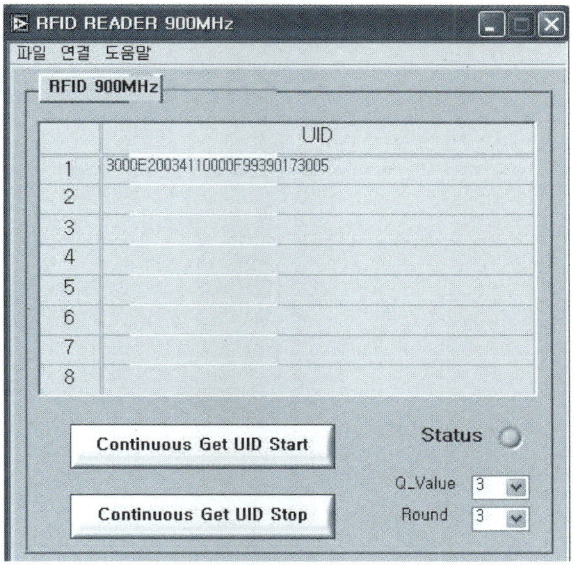

[그림 3-29] 900MHz RFID Tag 인식(2/2)

⑨ 태그를 안테나에서 멀어지게 한 후 'Continuous Get UID Stop' 버튼을 클릭하면 리더의 동작이 정지한다.

III부

13.56MHz RFID F/W

04장 마이크로프로세서의 구조와 기능

01 마이크로프로세서란

최근의 컴퓨터 관련 산업 기술은 하루가 다르게 발전하고 있으며, 일상생활의 모든 분야에 폭 넓게 이용되고 있다. 컴퓨터 기술의 발전은 핵심 부품인 마이크로프로세서의 개발로 이루어지고 있으며, 또한 마이크로프로세서는 범용 컴퓨터를 구성하는데 사용될 뿐만 아니라 가정에서의 텔레비전, 냉장고, 세탁기 등의 자동제어 및 공장에서의 산업기기, 로봇 등의 제어에도 사용되고 있다.

마이크로프로세서 중에는 제어용으로 사용하기 편리하게 여러 가지 장치를 한 개의 칩 속에 구성한 원 칩 마이크로프로세서가 있으며, 현재 8비트와 16비트 원 칩 마이크로프로세서를 많이 이용하고 있다.

마이크로프로세서(Microprocessor)는 한 개의 IC칩으로 된 CPU를 가리키며, CPU는 레지스터, ALU, 멀티플렉서, 디코더 등 여러 가지 디지털 기능을 수행하는 소자들을 조합해서 설계할 수가 있다. 이러한 설계 방식은 어떤 특수한 용도에 맞게 설계할 수 있는 장점이 있다. 그렇지만 CPU는 컴퓨터의 부품 중에서 광범위하게 사용되는 소자이므로 표준화된 하나의 집적회로로 설계하는 것이 유용할 수가 있다.

저렴한 가격과 작은 크기로 인해 마이크로프로세서가 이전에는 경제성이 없던 구조를 설계 가능하게 해줌으로써 컴퓨터 설계기법에 있어 변혁을 가져오게 했다.

1) 마이크로프로세서 역사

현재 널리 사용되고 있는 마이크로프로세서는 인텔사의 80계열과 모토로라사의 68계열이 있다. 1969년 최초로 인텔에서 발표된 4004는 4비트를 처리할 수 있는 마이크로프로세서였다. 그러나 마이크로프로세서가 오늘날처럼 대중적으로 사용되기 시작한 것은 인텔사의 8비트 마이크로프로세서인 8080이 나온 후부터이다.

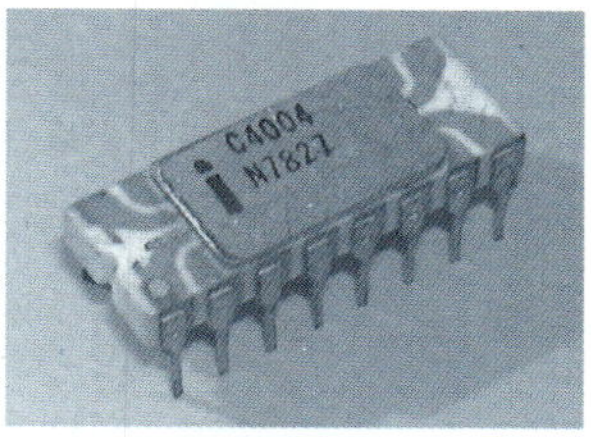

[그림 4-1] 최초의 마이컴(C4004)

8080은 특히 CP/M 운영체제의 등장과 함께 개인용 컴퓨터의 CPU로 매우 널리 사용되었으며, 자일로그사에서 8080을 개량하여 만든 Z80은 오늘날까지도 많이 사용되는 8비트 마이크로프로세서가 되었다.

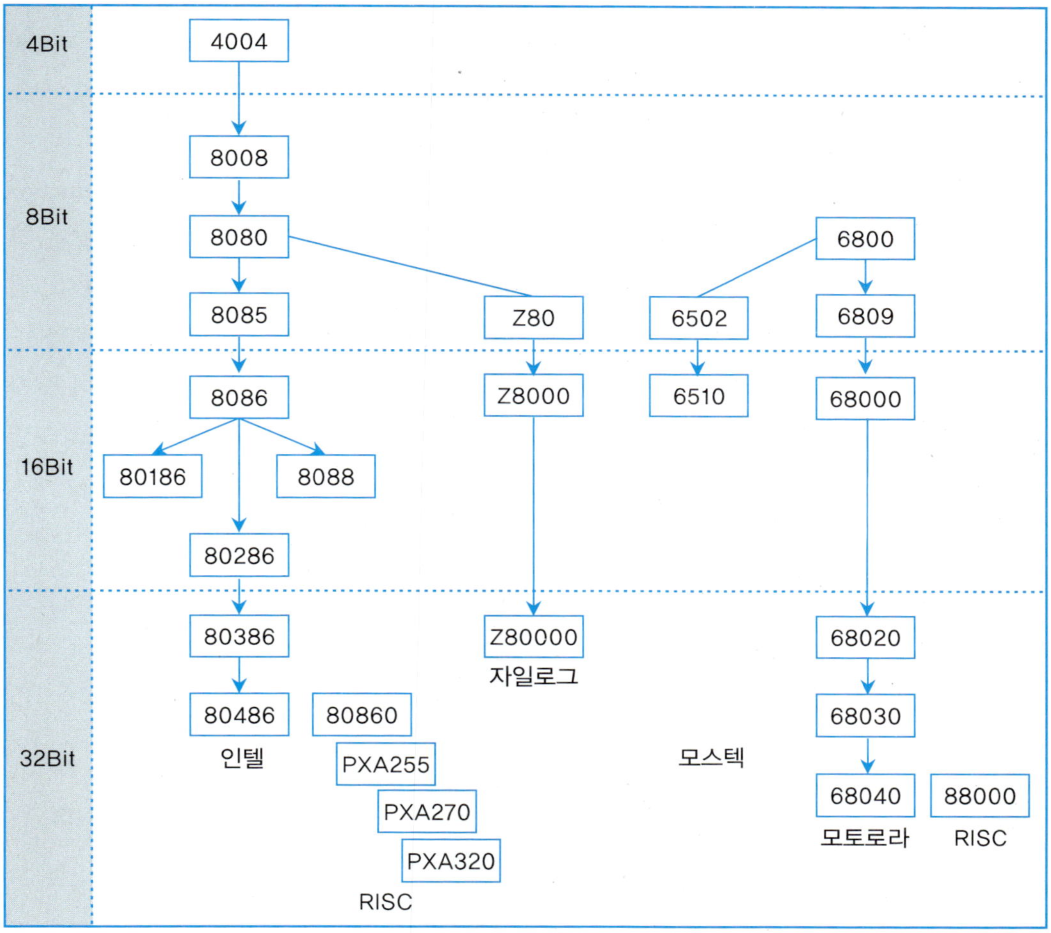

[그림 4-2] 마이크로프로세서의 변천사

한편 모토로라사의 6800과 6809, 모스텍사의 6502 등도 널리 사용된 8비트 마이크로프로세서였다. 1970년대 후반부터 16비트 마이크로프로세서가 등장하였다. 인텔사의 8086과 모토로라사의 68000은 초창기의 16비트 마이크로프로세서인데, 이들은 각각 IBM PC와 매킨토시 마이크로컴퓨터에 채용되어 널리 알려졌다.

인텔사의 80386과 80486 그리고 모토로라사의 68020과 68030, 68040은 모두 근래에 나온 32비트 마이크로프로세서이며, 이들의 성능은 1980년대 초의 미니 또는 그 이상의 컴퓨터를 능가한다. 특히 80486과 68040 이상의 마이크로프로세서들은 하나의 실리콘 칩에 100만개 이상의 트랜지스터들을 집적한 고성능의 제품이다.

최근에는 RISC(Reduced Instruction Set Computer) 구조의 대표적인 임베디드 프로세서인 ARM 계열을 그 대표적 예로 들 수 있다.

임베디드 시스템의 경우에 있어서 CISC와 RISC 프로세서는 [표 4-1], [표 4-2]와 같은 각각의 장·단점이 있으나, 점차 가격이 싸고 전력소모가 작은 RISC 계열을 많이 사용하는 추세에 있다. 특히 ARM 계열 프로세서는 정보가전, 스마트폰 분야의 임베디드 시스템에서 가장 많이 사용되는 프로세서로 등장하게 되었다.

그 외 CISC와 RISC의 단점을 제거하고 장점만을 취하여 EISC(Extended Instruction Set Computer) 프로세서도 등장하였다. EISC는 명령어가 OP코드와 오퍼랜드 부분을 각각 독립적으로 구성되어 있다. 그래서 OP 코드는 필요한 영역의 길이만큼 확장 레지스터(Extension Register : ER)와 확장 플래그(Extension Flag : EF)를 이용하여 오퍼랜드를 증감할 수 있도록 명령어 체계를 구축되어 있다. 즉 EISC의 명령어는 16비트 명령어를 사용하여 32비트 처리가 가능하고 코드 밀도가 높아 임베디드 시스템에 유리하고 프로그램 측면에서는 RISC보다 더 많은 파이프라인 스테이지가 필요하다.

[표 4-1] 임베디드 프로세서의 종류

프로세서	제조사	종 류
8051 계열	Atmel, Cirrus, intel, TI 등	8051
PowerPC 계열	모토로라(현재 ; Freescale)	MPC860, 850, 8260
ARM 계열	ARM	ARM7, ARM9, ARM10, ARM11
INTEL 계열	Intel/Marvell	strongARM, Xscale(PXA255), Bulverde(PXA270), monahan(PXA320) PXA320
삼성 계열	삼성 Korea	S3C2410, S3C2440 등
MIPS 계열	MIPS	MIPS32, MIPS63 등
X86 계열	AMD, Intel 등	I386, I686 등

[표 4-2] CPU 구조 비교

아키텍처 분류	CISC	RISC
명령어 세트	다양, 복잡 길이 다양	길이 동일, 명령어 종류 적음
어드레싱 모드	다양, 메모리 변수 사용	메모리 변수는 Load 및 Store로 국한
프로그램 바이너리 크기	고급 명령어 세트로 프로그램 크기 축소	파이프라인은 활성화되나 크기 증가 16비트 명령어 옵션으로 크기 축소 가능
파이프라이닝	다양한 명령어 실행으로 효율 낮음	파이프라이닝 극대화 Delayed branch 등
CPU 제어 유닛	복잡(Micro programmed) Control Unit	간단, Hard-wired Control Unit
레지스터 수	적음	많은 것이 보통
전력 소모	많음	저전력 구조
대표적 제품	인텔의 X86, 펜티엄 계열 인텔 마이크로컨트롤러 8051	ARM7/9/11 계열 Strong_ARM(SA1110/1111) Xscale, 벌버디, 모나한 MIPS 계열 프리스케일의 Power-PC 계열

응용면에서 보면 8비트 마이크로프로세서는 주로 가정용의 PC나 게임기, 가전제품이나 기계 제어 등에 사용되고 있고, 16비트 마이크로프로세서는 일반적인 개인용 컴퓨터나 산업용의 제어기기에, 32비트 마이크로프로세서는 고성능의 개인용 컴퓨터나 워크스테이션, 미니급 컴퓨터, 스마트폰 등 임베디드 시스템 등에 주로 사용되고 있다. 특히 근래는 미니 컴퓨터나 대형 컴퓨터를 사용하기보다는 값싼 마이크로프로세서들을 여러 개 연결하여 빠른 처리속도를 내게 하는 병렬처리(Parallel processing)에 대한 연구가 많이 이루어져 있다.

2) 마이크로컨트롤러의 일반적 특징

보통 마이크로컴퓨터라는 말은 CPU를 의미하거나 원 보드 마이크로컴퓨터를 의미하는 것으로 CPU와 함께 RAM과 ROM을 갖춘 시스템을 칭하는 것이었다. 이것이 점점 축소되어 이들 모두를 단일 칩에 집적한 원 칩 마이크로컴퓨터가 등장하게 되었다. 하지만 이러한 원 칩 마이크로컴퓨터는 그 특성상 여러 가지 응용제품에 사용되기 위해 개발된 것들로 우리가 사용하는 PC처럼 사용할 목적으로 개발된 것이 아니다.

따라서 여러 가지 부가적인 장치들이 단일 칩 내부에 집적되었는데 모터를 구동시키는데 사용하기 위해 마이크로컴퓨터에 PWM 제어기를 내장한다든지, 통신을 위한 UART

를 내장한다든지 아니면 LCD를 구동하기 위해 LCD 제어 부를 내장한 것도 있다 이러한 것들은 모두 어떠한 것을 제어할 목적으로 마이크로컴퓨터에 부가되는 것이다. 따라서 이러한 부가 장비를 내부에 갖추면서 CPU와 각종 메모리부 역시 단일 칩에 내장한 것을 마이크로컨트롤러라 한다.

마이크로컨트롤러는 어떠한 것을 제어하기 위한 목적으로 만들어졌다는 것을 염두에 두면 몇 가지 공통적인 특징들을 발견할 수 있다. 다음과 같은 특징은 마이크로컨트롤러에 거의 반드시 존재한다.

(1) 비트 단위 입출력

입출력이 비트 단위로 자유롭게 이루어진다. 이는 각 비트에 대한 제어를 통해 임의의 제어 대상을 제어할 수 있도록 하는 것이다. 좀 더 구체적으로 8비트의 입출력을 가지는 포트를 연상해 보자.

PC와 같은 범용 컴퓨터 시스템의 경우는 1바이트 단위로 제어할 수밖에 없으므로 8비트 입력이거나 8비트 출력 중 하나로 고정한다. 그리고 0번 비트의 출력을 위해서는 1 바이트인 "B00000001"을 출력해야 한다. 하지만 마이크로컨트롤러는 8비트 입출력 포트의 각 비트별 입출력을 마음대로 결정할 수 있다. 0번 비트의 출력을 위해서는 그 비트만 1로 설정할 수 있다.

(2) 인터럽트 처리

인터럽트 처리 기능이 강조된다. 마이크로컨트롤러는 작업을 수행하는 것과 별개로 하드웨어적으로 외부/내부의 상태변화를 인지할 수 있다. 이를 통해 동시에 여러 가지 일을 하는 것처럼 사용할 수 있다. 내부적인 변화로는 타이머 오버플로 등이 있고, 외부적인 변화로는 핀의 상태 변화들이 있다.

(3) 특별한 장치 내장

제어를 위한 특별한 장치를 내장한다. 제어가 목적인 마이크로 컴퓨터이기 때문에 대부분의 핀들은 입출력과 동시에 특별한 기능을 가질 수 있다. 예를 들어 A/D 컨버터나 카운터, LCD 제어기, PWM 발생기, 직렬 통신기, 버스 제어기 등의 기능을 내장하여 이들을 특수기능으로 사용하거나 입출력으로 사용할 수 있다. 즉 내부적인 제어로 한 개의 핀을 입출력 핀으로 설정하거나 특별한 기능을 위한 핀으로 설정할 수 있다.

(4) 타이머 내장

타이머를 내장한다. 타이머를 통해서 다른 작업과 무관하게 정확한 시간을 알 수 있다. 각종 제어에 있어서 시간은 중요한 요소이다. 독립적으로 동작하여 인터럽트와 연계되어 타이머가 특정할 수 있는 한계시간이 지났다는 타이머 오버플로를 발생시켜 마이크로컨트롤러는 이를 인지할 수 있도록 한다.

(5) 저전력

전력소모가 적다. 마이크로컨트롤러는 그 특성상 휴대용 기기에 많이 응용되기 때문에 전력소모가 적으며 전력소모를 억제하는 모드를 가지는 경우가 많다. 보통 수 mA의 동작전류와 수 μA의 대기모드를 지원한다.

3) 마이크로컴퓨터의 구성

마이크로프로세서와 기억장치, 입출력장치가 모여서 마이크로컴퓨터가 된다. 마이크로(Micro)란 말은 각 부품들의 물리적인 크기가 작음을 뜻한다. 또한 프로세서(Processor)란 말은 '처리기' 혹은 중앙처리장치(Central Processor Unit)를 줄인 말이다. 마이크로컴퓨터는 [그림 4-3]에서와 같이 세 가지 기본 Unit로 이루어지고 그 내용은 다음과 같다.

(1) 중앙처리장치(CPU)

이것은 컴퓨터 시스템 전체의 데이터 흐름을 제어한다. 즉 메모리로부터 프로그램의 각 명령을 판독해 그것을 해석하고 어느 데이터에 어떤 처리를 해야 하는가 판단해서 그것을 실행하고, 다음에 실행해야 할 명령을 결정한다. 그림 하단부에 표시하는 바와 같이

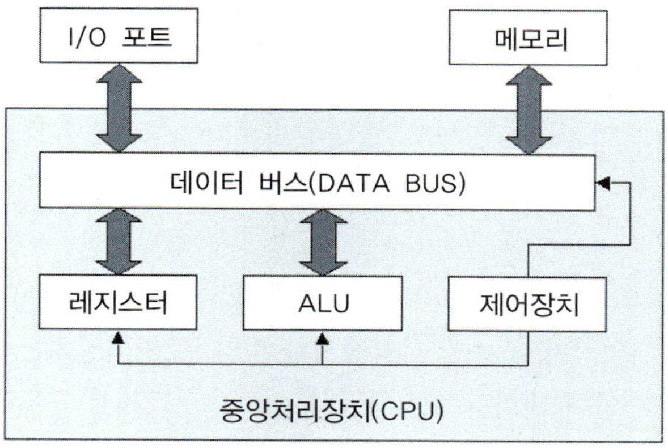

[그림 4-3] 마이크로프로세서의 구성

CPU는 3가지 주요 부분으로 구성된다. 그것들은 서로 접속되어 있기도 하고, I/O 포트와 메모리에도 데이터 버스에 의해서 접속되어 있다.

(2) **메모리**(Memory)

프로그램과 프로그램으로 처리하는 데이터를 보관한다. 이것은 영구적인 프로그램을 넣는 프로그램 가능 판독 전용 메모리(PROM)와 데이터 및 변경 가능한 프로그램용인 읽고 쓰기 랜덤 액세스 메모리(Random Access Memory : RAM)로 분류된다.

(3) I/O(**입출력**) **포트**

인터페이스 장치(Interface Unit)로 마이크로프로세서와 외부의 입출력장치간의 정보 교환을 하는 역할을 한다. 마이크로프로세서는 입출력장치로부터의 정보와 입출력장치의 상태를 받기도 하고 제어신호나 정보를 주기도 한다.

4) CPU의 구조

(1) **레지스터**(Register)

데이터를 일시적으로 보관하는 조그만 메모리로, 프로그램의 실행중에 사용되며 고속 액세스를 할 수 있다. CPU 내에는 여러 종류의 레지스터가 있으며, 이들 중 연산된 결과를 저장하는 레지스터를 누산기 또는 어큐뮬레이터(Accumulator)라 한다.

(2) ALU(Arithmetic Logic Unit) : **산술-논리 연산장치**

덧셈, 뺄셈, 곱셈, 나눗셈 등의 산술연산과 AND, OR, 보수(complement)같은 논리연산을 행한다.

(3) **제어장치**

명령을 해석하고 그것을 실행하는데 필요한 컴퓨터 내부에 각 장치 사이의 데이터의 흐름을 제어한다.

5) 기억장치

기억장치는 마이크로컴퓨터를 구성하는 중요한 한 부분으로 데이터와 프로그램을 저장하는 장치이며, 주기억장치와 보조 기억장치가 있다. 주기억장치는 주로 반도체 소자로 기억된 내용을 임의로 읽어 내거나 새로운 내용을 기억시킬 수 있는 램과 기억된 내용을 읽기는 가능하나 임의로 기억시킬 수 없는 롬으로 구성된다.

보조 기억장치는 마이크로컴퓨터 외부에 부착하는 대용량 기억장치로 하드디스크, 플로피디스크 등이 많이 사용되고 있다.

CPU에 따라 1회의 조작으로 전송할 수 있는 데이터의 비트수가 있다. 이 폭은 일반적으로 레지스터에 기억되고 연산장치(ALU) 조작으로 처리되는 비트수와 같다. 마이크로컴퓨터에 있어서 이 폭은 4, 8, 16, 32비트 등이 있다.

(1) RAM(Random Access Memory)

프로그램 실행중에 CPU가 읽고 쓰는 데이터 혹은 명령을 보관하기 위해 사용된다.

(2) SRAM(Static RAM)

전원 공급이 유지되는 한 저장 내용을 계속 기억하는 RAM으로 제어가 간단하며 고속이므로 소용량의 기억장치 구성에 적합하다. 특징으로는 플립플롭 논리 게이트에 의한 기억소자로 회로가 복잡하며 기억밀도가 작고 읽기, 쓰기를 고속으로 실행할 수 있다. 또한 DRAM처럼 Refresh할 필요가 없다.

(3) DRAM(Dynamic RAM)

미소한 콘덴서에 전하를 축적함으로써 정보를 기억한다. 콘덴서가 스스로 방전하므로 일정시간마다 기억내용을 다시 재생(Refresh)해 주는 재생회로가 필요하다. 전력소모가 적고 칩당 기억용량이 매우 크므로, 고밀도화를 이룰 수 있으나, 임의의 시점에서 Read와 Write가 불가능하므로, 주로 대용량의 기억장치 구성에 적합하다.

(4) ROM(Read Only Memory)

읽기 전용 메모리로 CPU가 읽기만 할 수 있으며, 주로 변경되지 않는 프로그램을 보관하는데 사용된다. 전원을 끊어도 내용이 지워지지 않으므로 비휘발성 메모리라 한다.

(5) MASK ROM

공장에서 대량 주문으로 미리 쓰여져서 나오는 것으로 한 번 쓰면 지울 수가 없다.

(6) PROM(Programmable ROM)

제조 단계에서 써넣지 않은 ROM을 생산하여 사용자가 원하는 프로그램을 ROM Writer라는 장치를 이용하여 행렬의 교점에 큰 전류를 흘려 Fusing시켜 써넣을 수는 있으나 한 번 써넣으면 변경할 수 없다.

(7) EPROM(Erasable PROM)

여러 번 쓸 수가 있는 것으로 ROM Writer로 라이트가 가능하며, 지울 때는 자외선 Eraser로 지울 수 있다. EPROM은 최종적으로 ROM이나 PROM에 넣는 프로그램 개발에 사용된다.

(8) EEPROM(Electrically EPROM)

자외선 대신 전기신호에 의해 그 내용을 지울 수 있는 ROM이다.

(9) 플래시 메모리

데이터(Data)를 바이트 단위로 자유로이 읽을 수 있지만 라이트는 페이지(Page) 또는 섹터(Sector)라고 불리는 블록(Block) 단위로만 수행할 수 있는 변형된 EEPROM이다.

[표 4-3] 메모리의 분류

<table>
<tr><th>대분류</th><th>중분류</th><th>상세분류</th><th>특 징</th></tr>
<tr><td rowspan="5">비휘발성
(non-volatile)</td><td rowspan="4">ROM</td><td>Mask ROM</td><td>칩 제조사에서 영구적으로 자료를 저장한 ROM</td></tr>
<tr><td>PROM</td><td>1회에 한해서 개발자가 자료를 쓸 수 있는 ROM</td></tr>
<tr><td>EPROM</td><td>자외선으로 여러 번 지우고 쓸 수 있는 개발 단계에서 사용하는 ROM</td></tr>
<tr><td>EEPROM</td><td>전기적으로 반복 삭제 가능한 ROM, 바이트 단위로만 쓰기 가능</td></tr>
<tr><td>FLASH</td><td colspan="2">• 블록 단위로 읽기 및 쓰기 가능
• 읽기는 빠른(수 ms) 반면 쓰기는 느림(70~100ns)
• NAND 및 NOR 형태가 있음
• 임베디드 시스템의 S/W나 자료 저장매체로 사용되고 있음(업그레이드 가능)</td></tr>
<tr><td rowspan="2">휘발성
(volatile)</td><td>SRAM</td><td colspan="2">• 하나의 셀이 6개의 트랜지스터로 구성된 플립플롭(Flip-Flop)을 사용, 용량의 약점과 빠른 접근시간의 장점
• 비동기적 SRAM(ASRAM)과 동기적 SRAM(SSRAM)이 있음
• 캐시 메모리로 사용</td></tr>
<tr><td>DRAM</td><td colspan="2">• 하나의 셀이 하나의 트랜지스터와 1개의 커패시터로 구성, 용량의 장점과 리프레시(Refresh)의 필요성으로 인한 SDRAM에 비해 상대적으로 느린 접근속도의 단점
• 동작 및 구성방식에 따라 FRM DRAM, EDO DRAM, SDRAM, DDR SDRAM, RDRAM 등의 종류가 있음</td></tr>
</table>

05장 8051의 구조와 기능

01 8051계열의 구조와 기능

1) 89C51의 특징

89C51은 8비트 원 칩(One chip) 마이크로프로세서로 제어용으로 편리하게 이용할 수 있으며 다음과 같은 특징을 가지고 있다.

- 8비트로 구성된 입출력(I / O) 포트 4개(포트 0, 1, 2, 3)를 보유
- 128byte의 데이터 메모리(RAM)와 128byte의 특수 기능 레지스터(SFR)를 내장
- 4kbyte의 프로그램 메모리(ROM)를 내장
- 2개의 16비트 타이머 / 카운터를 내장
- 직렬 데이터 통신용 포트를 내장
- 비트 조작을 가능하게 하는 부울 대수의 연산 능력을 보유
- 우선순위를 설정할 수 있는 5개의 인터럽트를 보유
- 외부에 64kbyte의 프로그램 메모리와 데이터 메모리를 확장가능
- 클록 발진기를 내장하고 있으며, 5V 단일 전원을 사용

8051계열은 기본적으로 같은 구조이나 메모리의 추가 등으로 약 10여종으로 구분된다. 즉, 마스크 ROM 형식으로 외부에 붙여 쓰는 ROM / RAM형인 8031, EPROM형인 8751, ROM의 용량이 확장된 8051과 그 ROM에 제어용 BASIC 언어가 내장되어 있는 8052A-BASIC, CMOS형 등이 있다.

2) 89C51의 핀 기능

89C51의 핀 배치도는 [그림 5-1]에 나타내었듯이 DIP, QFT, PLCC의 형태가 있다.

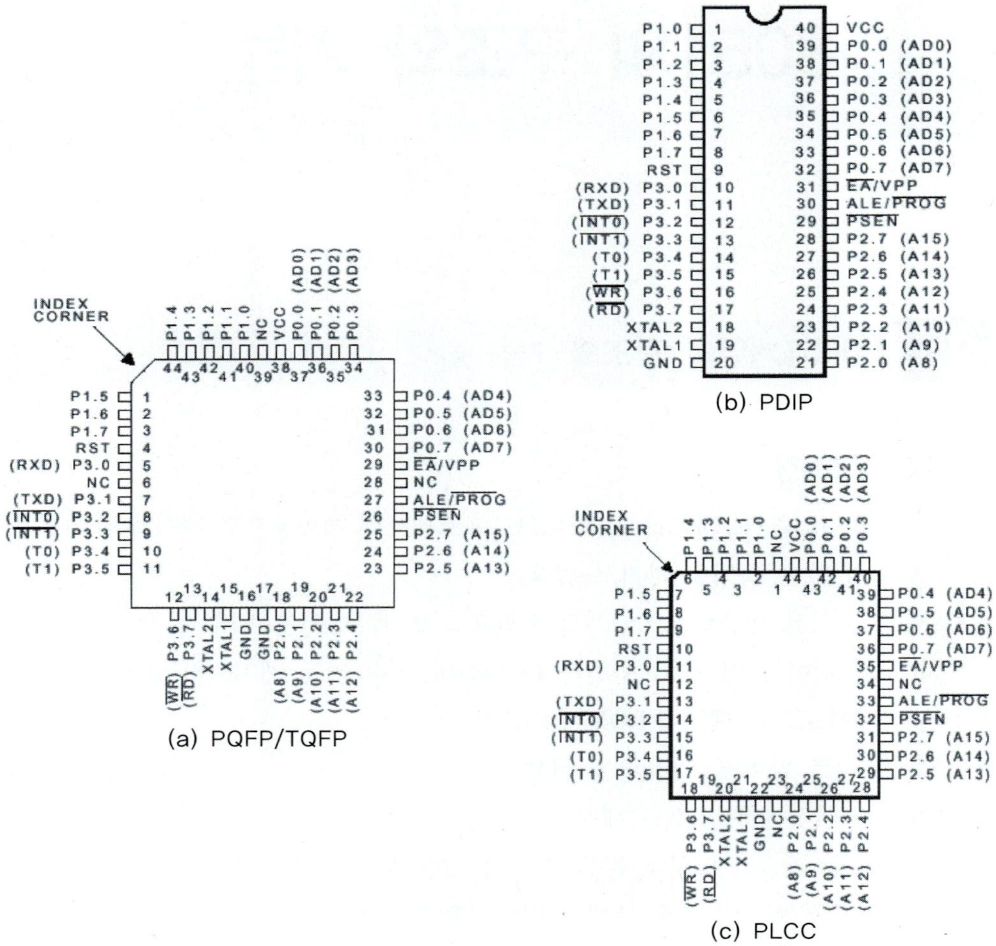

(a) PQFP/TQFP

(b) PDIP

(c) PLCC

[그림 5-1] 89C51 핀배열

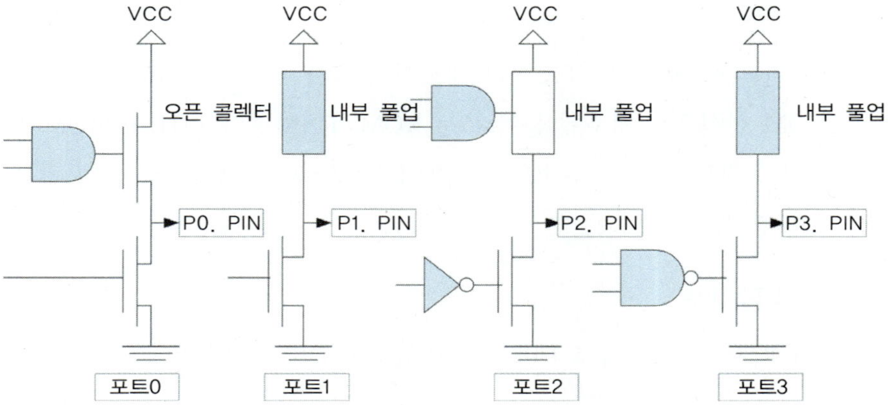

[그림 5-2] 89C51 각 포트 내부 블록도

(1) 포트 0(P0.0~P0.7)

8비트 오픈 드레인 양방향 입출력 단자이다.

- 외부에 메모리를 인터페이스하지 않았을 때는 범용 I/O 포트로 사용할 수 있다. 출력 포트로 사용할 때 8개 TTL을 구동시킬 수 있으며, 포트 0에 "1"을 쓰면 하이 임피던스 입력으로 사용될 수 있다.
- 외부에 프로그램 메모리와 데이터 메모리를 인터페이스하였을 때 하위 어드레스 A0~A7과 데이터 버스로 사용된다. 이때는 내부적으로 풀업되어 있다.
- 플래시 메모리를 프로그래밍 / 베리파이할 때는 데이터 버스로 사용된다. 이때는 외부에 풀업 저항을 연결하여야 한다.

(2) 포트 1(P1.0~P1.7)

내부 풀업이 되어 있는 8비트 양방향 입출력 단자이다.

- 범용 I/O 포트로 사용된다. 포트 1 출력 버퍼는 4개의 TTL을 구동시킬 수 있다. 입력으로 사용할 경우에는 포트 1에 "1"을 쓰면 내부 풀업이 있기 때문에 "H"가 되어 입력으로 사용할 수 있다.
- 플래시 메모리를 프로그래밍 / 검증할 때는 어드레스 버스 A0~A7로 사용한다.

(3) 포트 2(P2.0~P2.7)

내부 풀업을 갖는 8비트 양방향 입출력 단자이다.

- 외부에 메모리를 인터페이스하지 않았을 때는 범용 I/O 포트로 사용할 수 있다. 포트 2 출력 버퍼는 4개의 TTL을 구동시킬 수 있으며, 입력으로 사용할 경우에는 포트 2에 "1"을 쓰면 내부 풀업이 있기 때문에 "H"가 되어 입력으로 사용할 수 있다.
- 외부 프로그램 메모리 혹은 데이터 메모리와 데이터 전송시 상위 어드레스 A8~A15로 사용된다.
- 외부에 8비트 어드레스만을 사용하는 기억소자를 인터페이스해서 MOVX A, @Ri 또는 MOVX @Ri, A 명령을 사용할 경우에는 포트 2는 SFR의 포트 2의 내용이 출력된다.
- 플래시 메모리를 프로그래밍 / 검증할 때는 상위 어드레스 버스로 사용한다.

(4) 포트 3(P3.0~P3.7)

내부 풀업을 갖는 8비트 양방향 입출력 단자이다. 이 포트는 2개의 기능을 갖고 있다.

- 범용 I/O 포트로 사용할 수 있다. 포트 3 출력 버퍼는 4개의 TTL을 구동시킬 수 있으며, 입력으로 사용할 경우에는 포트 3에 "1"을 쓰면 내부 풀업이 있기 때문에 "H"가

되어 입력으로 사용할 수 있다.

- 범용 I/O 포트의 기능이 아닌 다음과 같은 기능으로도 사용할 수 있다.

[표 5-1] 포트 기능

포트 핀	기 능	설 명
P3.0	RxD(receive data)	수신 데이터 입력
P3.1	TxD(transmit data)	송신 데이터 출력
P3.2	/INT0(external interrupt 0)	외부 인터럽트 입력 0
P3.3	/INT1(external interrupt 1)	외부 인터럽트 입력 1
P3.4	T0(timer 0 external input)	외부 클록 입력 0
P3.5	T1(timer 1 external input)	외부 클록 입력 1
P3.6	/WR(write)	외부 데이터 메모리 라이트 제어신호
P3.7	/RD(read)	외부 데이터 메모리 리드 제어신호

(5) ALE/PROG(Address Latch Enable output/Program Pulse input)

- ALE : 액티브 H, 출력

외부 프로그램 메모리 혹은 데이터 메모리가 인터페이스가 되어 있는 경우, P0는 어드레스 버스(A0~A7)겸 데이터 버스(D0~D7)로 사용한다. 즉, 이 신호는 P0가 어드레스 버스 A0~A7로 동작하고 있다는 것을 외부에 알리는 신호이다.

- /PROG : 액티브 L, 입력

EPROM 또는 플래시 메모리를 프로그래밍하는 동안 프로그램 펄스 입력신호로 사용된다.

(6) /PSEN(Program Strobe Enable) : **출력, 액티브** L

- 외부 프로그램 메모리(ROM)에서 데이터를 읽을 때 동작되며 ALE의 Falling Edge에 Port 0의 값이 어드레스로 사용된다.
- 데이터 메모리(RAM)에서 데이터를 읽을 때는 동작하지 않는다.

(7) /EA/Vpp(External access enable/V peak-peak)

- EA : 입력, 외부 프로그램 메모리를 사용할 것인가를 결정한다. 즉,
  - EA=0 : 0000~0FFFH 영역을 외부 ROM을 사용한다.
  - EA=1 : 0000~0FFFH 영역을 내부 ROM을 사용한다. 이 경우 1000H 번지 이상을 액세스하면 자동으로 외부 ROM이 된다.
- Vpp : 플래시 메모리를 프로그래밍하는 동안 Vpp 전원 입력단자

(8) XTAL1

입력, 발진기 증폭기가 인버팅되어서 출력된다.

(9) XTAL2

출력, 발진기 증폭기가 인버팅되어서 출력된다.

(10) RST(RESET) : **입력, 액티브 하이**(High)

RST 단자에 2개의 머신 사이클(24클록) 동안 'H'가 되어 있어야 유효하다. 리셋 후의 각 레지스터값은 [표 5-2]와 같다.

(11) Vss : GND(**접지**)

(12) Vcc : +3.3V **또는** +5V

[표 5-2] 리셋 후의 각 레지스터값

레지스터	내 용
PC	000H
SP	07H
PSW, DPH, DPL, A, B	00H
IP, IE, SCON, TCON	00H
TMOD, TH1, TH0, TL1, TL0	00H
SBUF	랜덤한 값
P0~P1	FFH
내부 RAM(0~127)	랜덤한 값

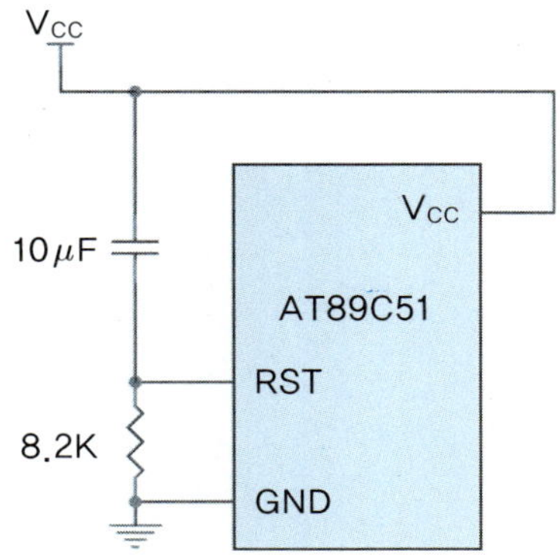

[그림 5-3] 리셋 구성도

06장 8051 개발 툴 사용법

01 컴파일러의 설치 및 사용법

1) Keil C 컴파일러 설치

Keil C 컴파일러(Compiler)를 사용하려면 우선 하드디스크에 설치해야 한다. 우선 Keil C 컴파일러를 하드디스크에 설치하는 방법에 대해서 알아보자.

(1) 설치 전 확인 목록

사용자 컴퓨터 사양이 최소 사양에 맞는지 확인한다.

- 20MB 이상의 HDD 용량
- 16MB 이상의 RAM 용량
- Windows 95, 98, 2000, NT, XP의 OS
- 설치용 CD : 정품 Keil C 컴파일(Compiler)은 설치용 CD 1장과 시리얼 번호가 적혀 있는 1.44MB 디스켓 1장과 PC의 병렬(Parallel) 포트에 연결하는 하드웨어 고정키(Hardware lock key)가 있다.

(2) 설치하기

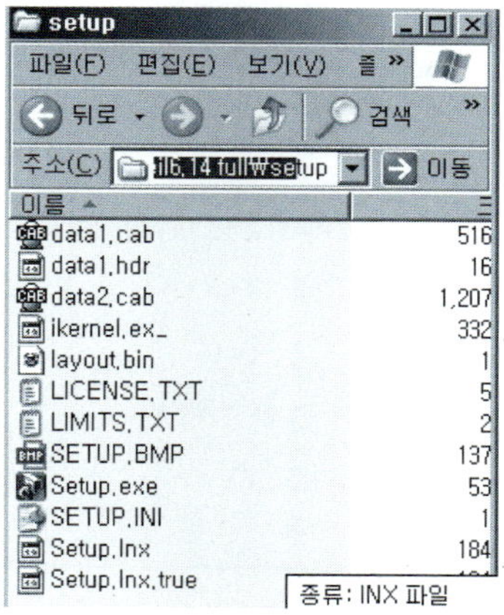

[그림 6-1] Keil C 51 아이콘

① Setup.exe를 클릭하여 Install 프로그램을 실행시킨다.

[그림 6-2] Keil C 51의 설치

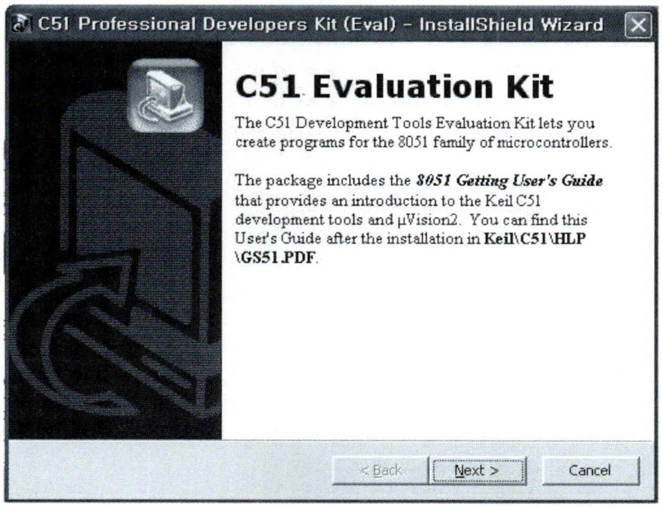

[그림 6-3] 설치 동의

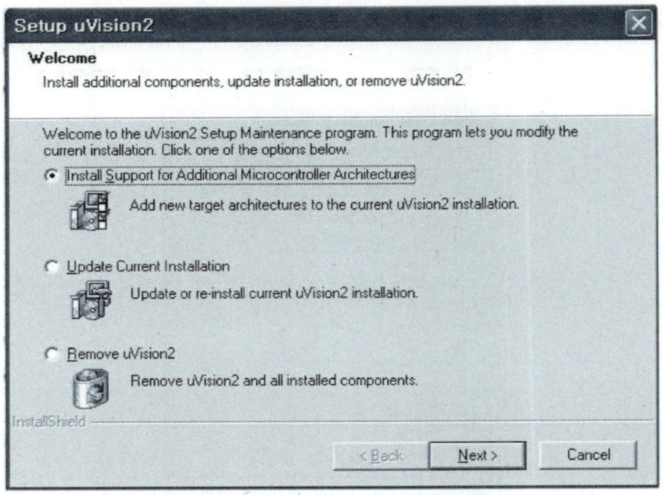

[그림 6-4] 설치항목 선택

② 다음은 설치항목을 선택하는 화면이 나오는데 맨 위의 "Install Support for Additional Microcontroller Architectures"을 선택하여 설치한다.

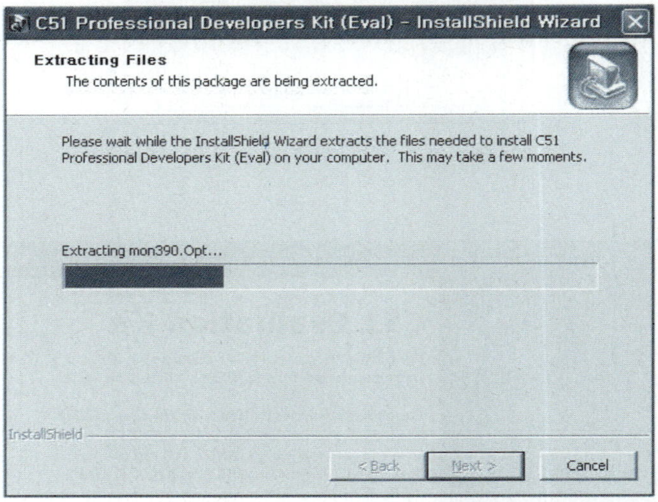

[그림 6-5] 파일의 복사

③ 다음은 Keil uVision 2의 셋업과정이다.

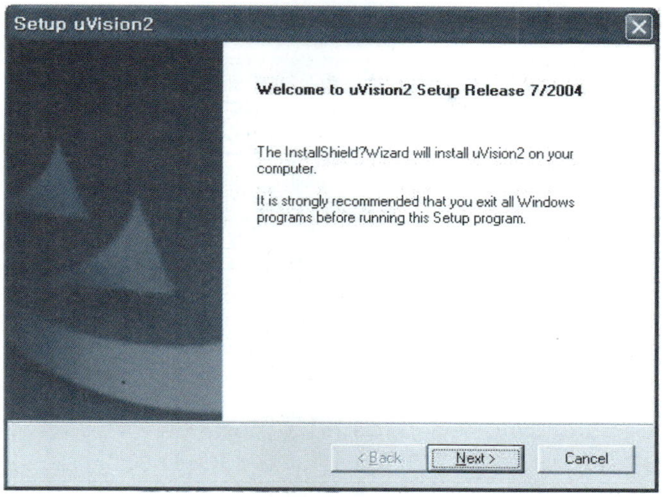

[그림 6-6] uVision 2의 설치

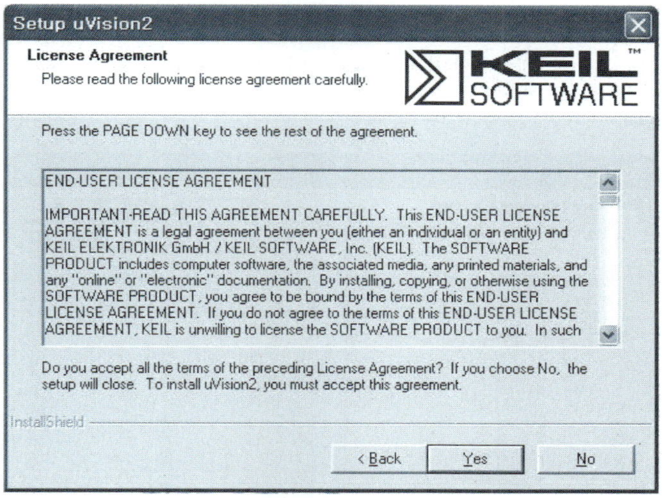

[그림 6-7] 라이센스 동의

④ 다음은 Evaluation version에 대한 설명이다. 정품이 아닌 Evaluation version이므로 각종 제한사항에 대한 설명이 명시되어 있다.

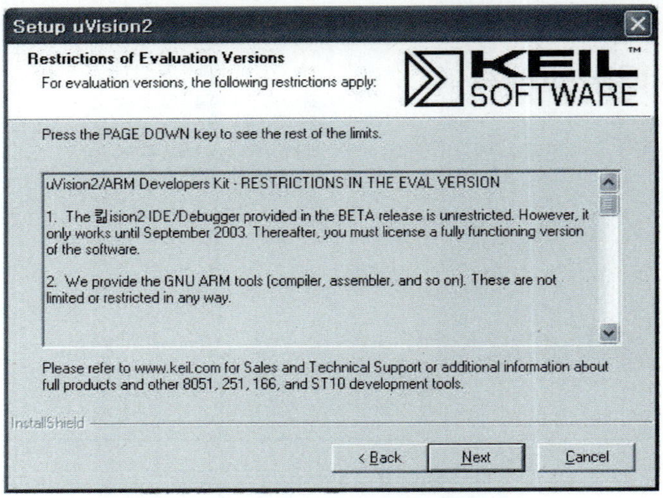

[그림 6-8] Evaluation Version에 대한 설명

⑤ Evaluation version에 대한 설명을 보았으면 설치를 시작한다. 프로그램이 설치될 폴더를 선택한다.

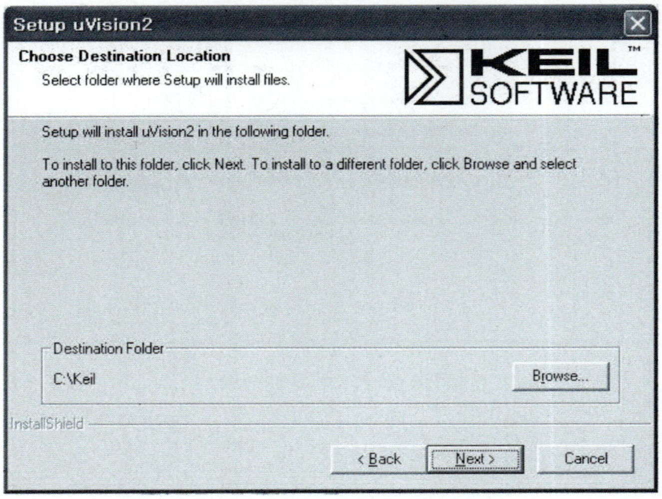

[그림 6-9] 설치경로의 설정

⑥ 기본적으로 C:\keil이라는 폴더가 만들어지면서 설치가 된다. 설치 폴더를 변경하기 위해서는 'Browse'를 클릭하여 원하는 폴더를 지정하면 된다.

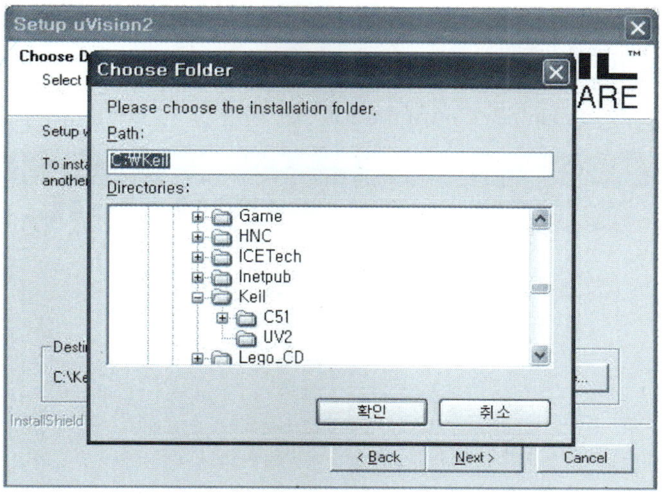

[그림 6-10] 설치경로의 설정

⑦ 설치경로를 정했으면 사용자 이름과 사용자의 기관명을 기록한다.

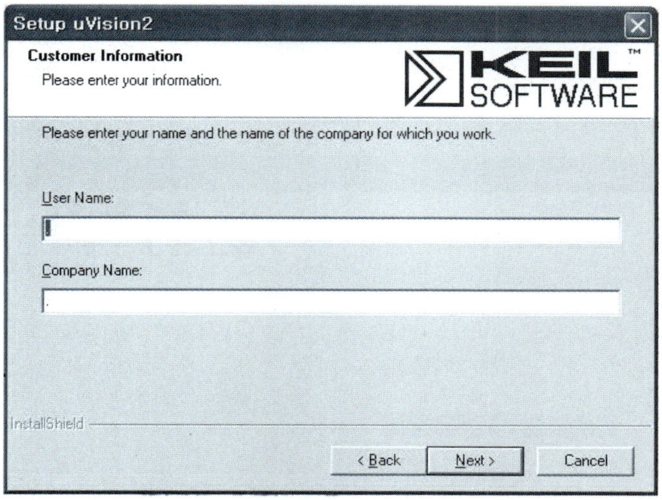

[그림 6-11] 사용자 및 사용기관 입력

CHAPTER 06

⑧ 사용자 및 사용기관의 입력이 끝나면 'Next'를 클릭하여 다음으로 진행한다. 자신의 하드디스크에 Keil Compiler가 설치되어 있다면 [그림 6-12]와 같은 알림 메시지가 보인다. 이전에 uVision을 사용하면서 설정해 두었던 여러 가지 Configuration을 그대로 사용할 것인지에 대한 질문이다. 이미 Keil Compiler를 사용해 본 사용자라면 "Keep previous uVision2 Configuration"을 사용할 것을 권장한다.

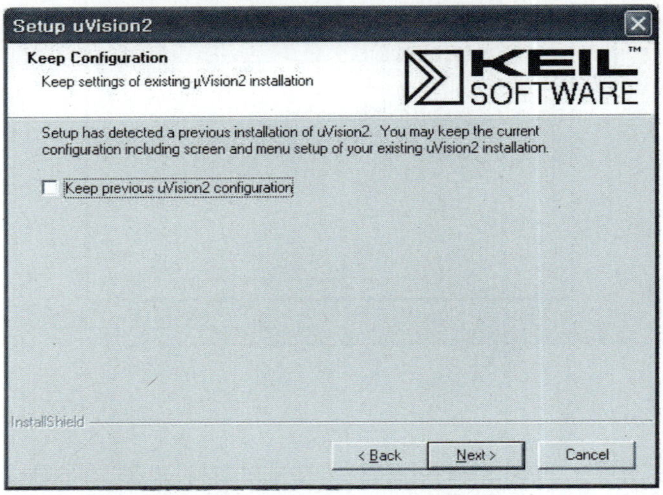

[그림 6-12] 이미 Keil Compiler가 설치됐다면

⑨ 설치에 필요한 파일들을 복사하게 된다.

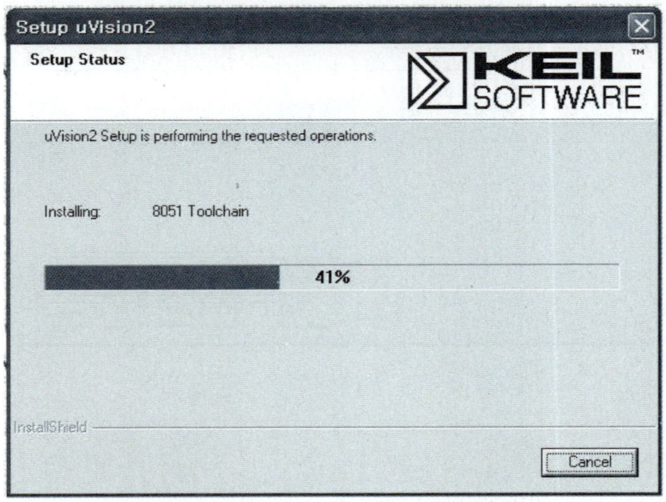

[그림 6-13] 필요 파일 복사

⑩ 파일을 복사하고 나면 [그림 6-14]와 같이 설치가 완료된다.

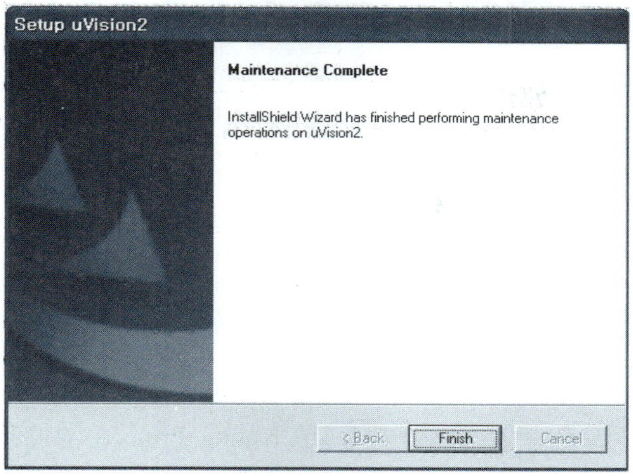

[그림 6-14] 설치 완료

2) Keil C 컴파일 설치 디렉토리

설치가 완료되면 바탕화면에  아이콘과 [표 6-1]과 같은 폴더(Folder)들이 생성된다.

[표 6-1] 디렉토리 구조

폴 더	설 명
C:₩keil₩C51₩ASM	Assembler SFR 정의와 Source 견본 파일
C:₩keil₩C51₩BIN	컴파일러의 실행 파일
C:₩keil₩C51₩EXAMPLES	Sample programs
C:₩keil₩C51₩RTX_TINY	Real Time OS Tiny 파일(16Task)
C:₩keil₩C51₩INC	C의 8051에 관련된 모든 include 파일
C:₩keil₩C51₩LIB	Library, Startup Code, I/O source 파일
C:₩keil₩C51₩MONITOR	Target Board를 모니터할 때 사용하는 Hex 코드 생성 파일
C:₩keil₩C51₩HLP	사용 도움 폴더로 c51lib, DBG51, error, RTX51tiny에 관련된 chm파일과 A51, C51, GS51 PDF 파일을 제공
C:₩keil₩C51₩UV2	통합 개발환경 uVision2 실행 파일

• Note : RTX-51 실시간 운영체계(Real-time operating system)는 8051 계열의 다중작업 커널(Multitasking kernel)이다. 이것은 시스템 설계와 프로그래밍을 간단하게 하고 시간 한계 이벤트(Time critical events)에 빠른 반응이 필요하며 복잡한 응용 프로그램의 디버깅을 간단하게 한다.

07장 uVision2를 이용하여 LED 제어

01 프로젝트 생성

이번 장에서는 새로운 프로젝트를 만들고(Creating Project) 컴파일 / 링크하는 과정에 대해서 설명한다. Keil uVision 2 프로그램을 실행시킨다.

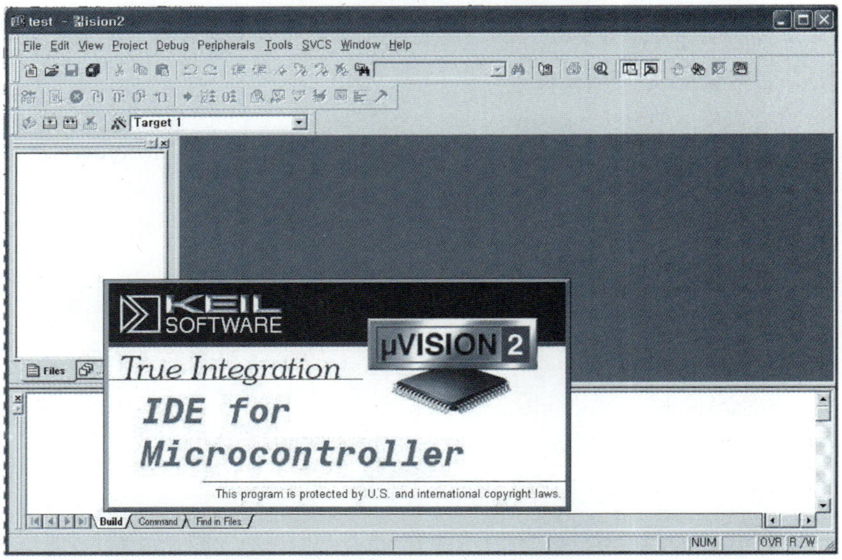

[그림 7-1] uVision의 실행

1) Project

① New Project를 연다.

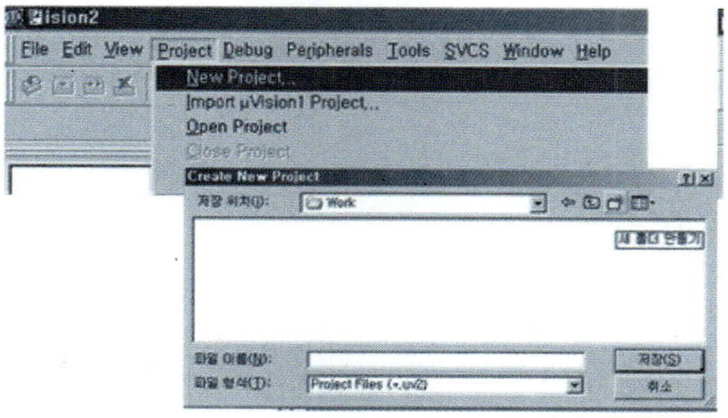

[그림 7-2] Create New Project

② 프로젝트가 담길 폴더를 만들고 그 폴더 안에 프로젝트 이름을 지정한다.
참고로 이 교재는 "C:\work" 폴더를 만들고 LED_Test라는 프로젝트 파일을 만들었다.

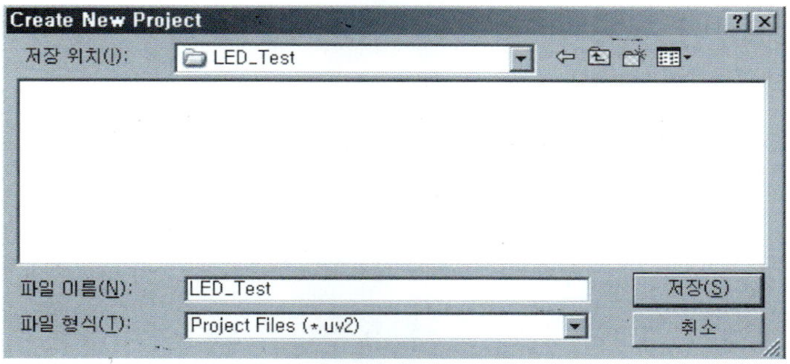

[그림 7-3] 프로젝트 폴더의 선택

Project Name은 확장자가 uv2로 생성되며 uVision2 Tool 왼쪽 상단에 표시되고 나중에 이 Project Name 으로 hex파일이 생성되므로 8자 이상을 넘지 않고 한글을 사용하지 않는 것이 좋다. 그리고 새 폴더 안에 사용자 소스들을 함께 관리하면 편리하다.

③ Target 1을 위한 CPU 설정 윈도우에서 ATmel의 89C51을 선택한다.
이 항목은 각 CPU Vender에서 만들어진 MCU들의 스펙과 특별한 기능이 내장되어 있는 8051을 반영하기 위한 것이므로 자신의 Target에 사용하는 MCU를 선택한다(여기서는 ATmel/89C51 선택한다).

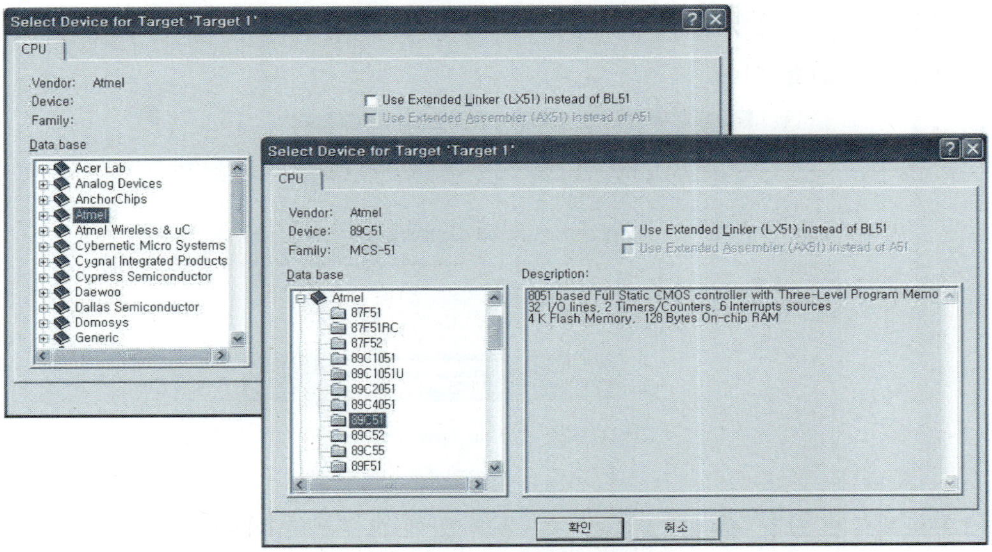

[그림 7-4] CPU의 설정

④ CPU 제조사와 CPU 계열을 선택하고 확인 버튼을 클릭하면 개발 작업창이 [그림 7-5]와 같이 활성화된다.

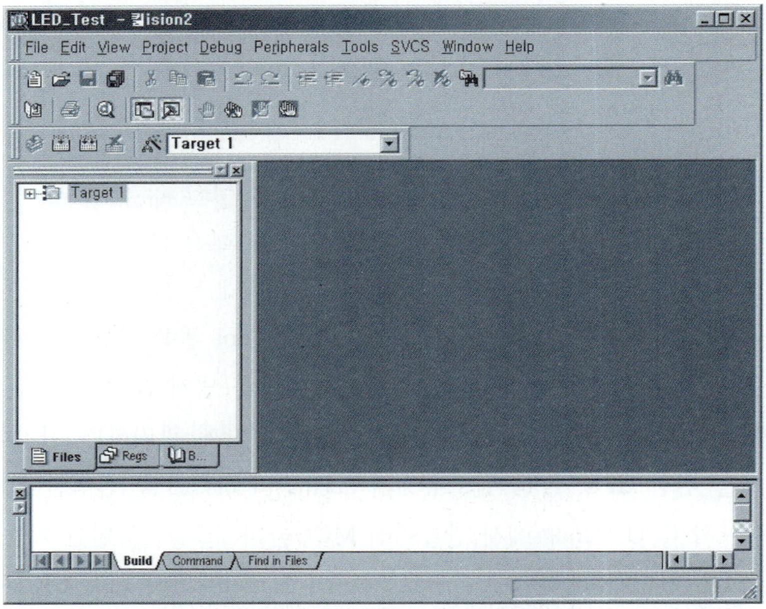

[그림 7-5] 8051 개발 툴

5 File 메뉴의 New를 선택하여 새 편집창을 열고 File - Save As...을 선택하여 프로젝트 이름과 동일한 LED_Test.c라고 기입하고 파일을 저장한다.

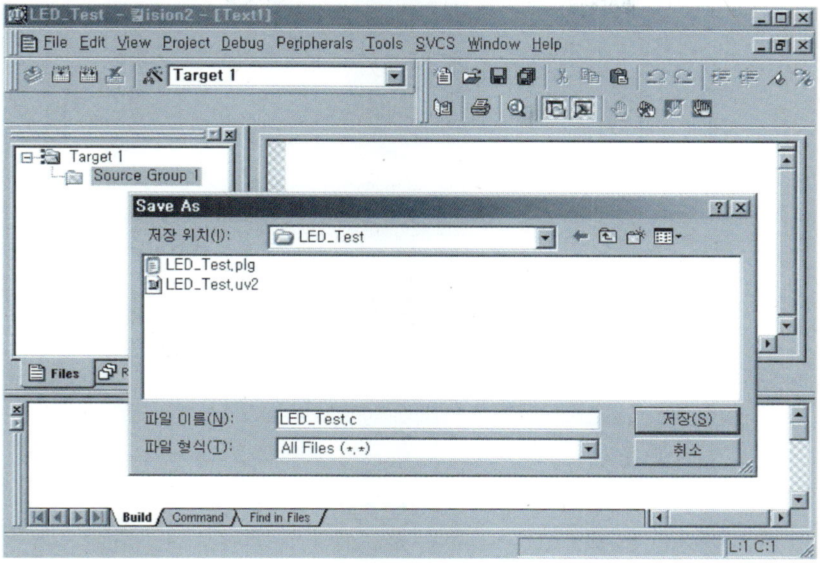

[그림 7-6] 새 파일 저장

이는 작성된 C 파일이 없을 때, 즉 Keil uVision2를 이용하여 소스프로그램까지 작성하고자 할 때 사용한다.

여기에서는 컴파일하여 이미지 파일(.Hex)을 만들어 생성할 수 있도록 컴파일러 환경 변수들을 먼저 잡아주고 프로그램 작성은 마지막 부분에서 작성을 하도록 하겠다.

2) Project Window에 소스 파일 등록

1 왼쪽 작업창의 Source Group1에서 작업하고자 하는 LED_test.c 파일을 등록을 해주어야 한다. 등록하는 방법은 Source Group1에 마우스 오른쪽 버튼을 누르고 Add File to Group 'Source Group1'을 선택해 주면 [그림 7-7]의 아래 그림과 같은 브라우저가 열리며 여기서 전에 만들었던 LED_test.c 파일을 선택하고 Add 버튼을 클릭하고 창을 닫는다.

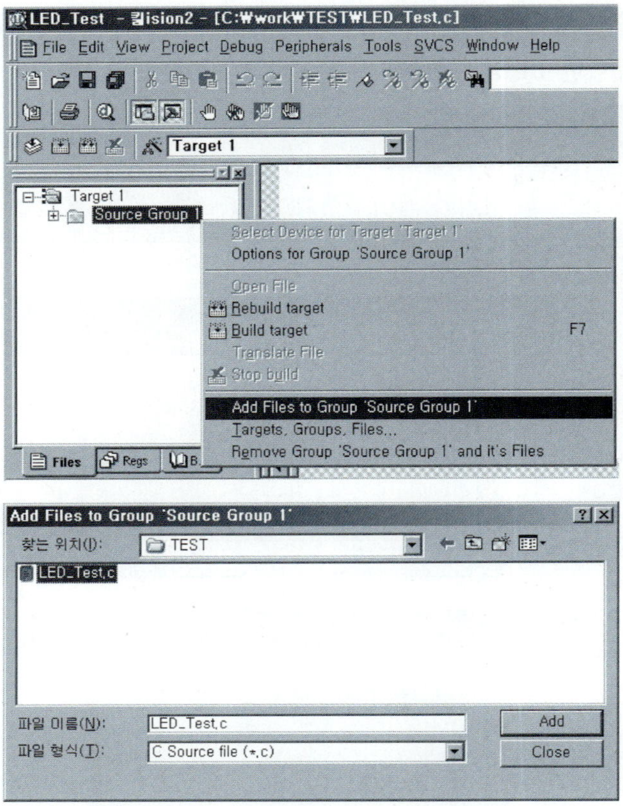

[그림 7-7] 프로젝트에 소스파일 추가

② 파일이 제대로 등록되었는지 Source Group1의 '+' 부분을 마우스로 클릭해 보면 [그림 7-8]과 같이 LED_Test.c 파일이 등록되어 있는 것을 확인할 수 있다.

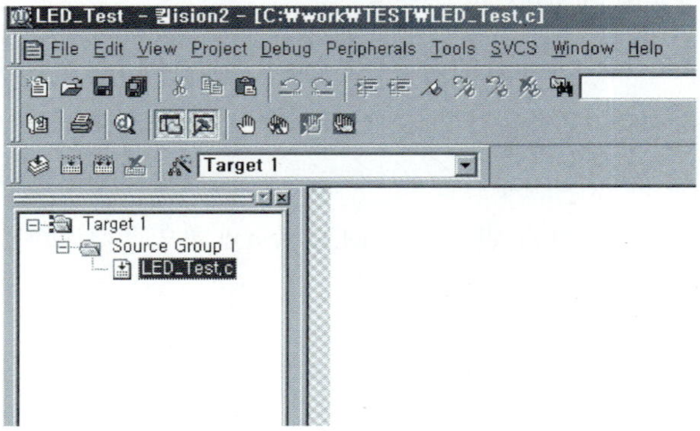

[그림 7-8] 프로젝트 등록 파일 확인

③ 작성된 소스가 있다면 Project에 등록하고 작성된 소스가 없다면 파일메뉴에서 새로운 이름으로 작성한 뒤 확장자를 *.c, *.LIB, *.A51으로 기입하고 저장한 뒤 등록한다.

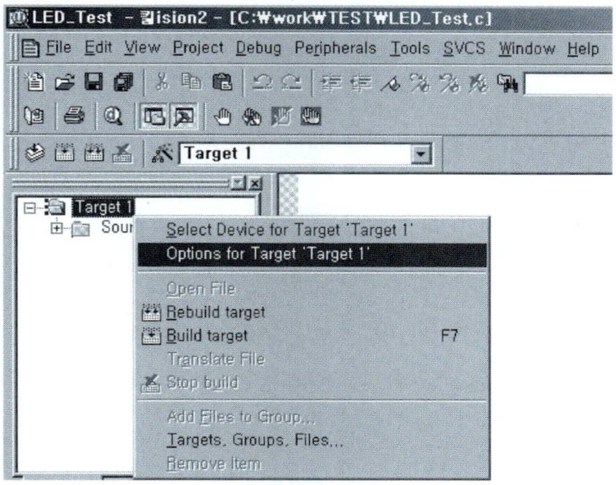

[그림 7-9] Options for Target(1/3)

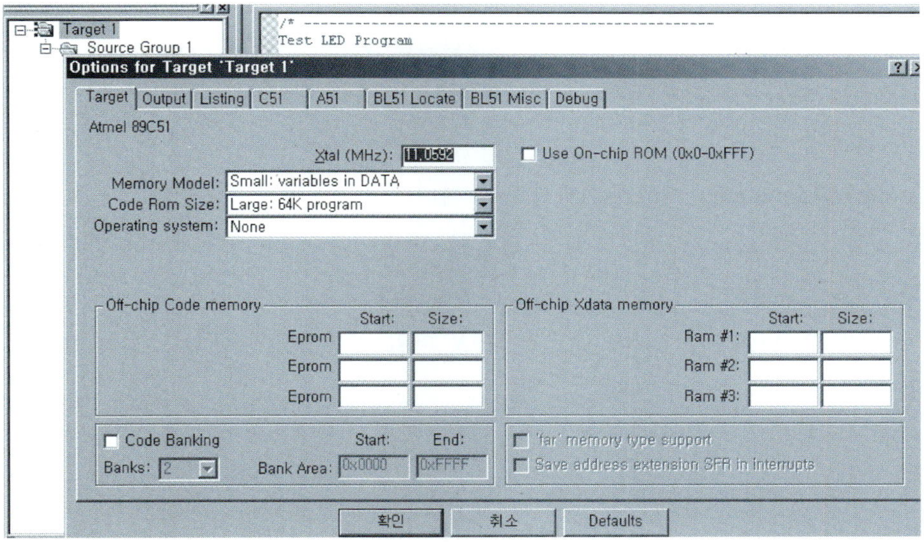

[그림 7-10] Options for Target(2/3)

- Xtal : 사용자의 CPU와 동일한 Clock Frequency를 기입한다. 11.0592MHz이므로 11.0592라 Xtal 에디터 박스에 기입한다.
- Code Banking : 프로그램 사이즈가 64KB이상일 경우 메모리를 확장하기 위해 사용하며 32의 Bank, 2Mbyte확장 가능하다.

④ Options for Target 메뉴의 Output Tab을 선택하여 Create HEX File을 체크한다.

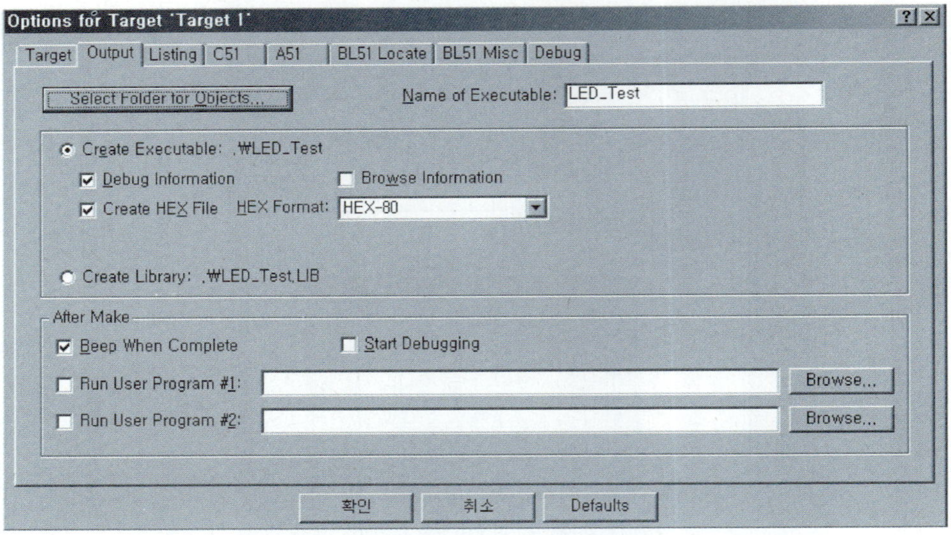

[그림 7-11] Options for Target – Output(3/3)

– Select Folder for Output : 출력되는 소스들을 하나의 폴더로 관리할 수 있도록 한다.

– Name of Executable(*.dbg) : 보통 프로젝트명과 동일하며 사용자가 임의로 변경이 가능하다.

– Debug information : Source 개념으로 디버깅할 수 있는 옵션이다.

– Browse information : 프로그램을 편집할 때 편리한 기능이다. main 함수가 호출한 함수의 정의된 곳을 찾아 볼 수 있다.

– Create HEX File : 체크하지 않으면 HEX 파일을 생성하지 못하므로 꼭 체크해 주어야 한다.

02 LED 제어 프로그램 코딩

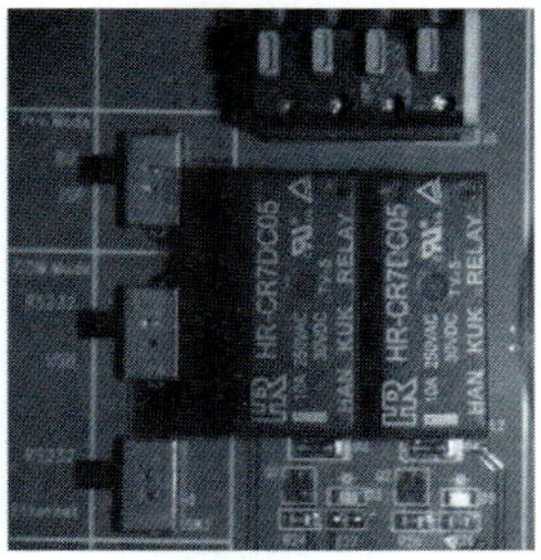

[그림 7-12] ED-3710 LED 제어

[그림 7-13]은 ED-3710 13.56MHz RFID Reader 장비의 회로 중 LED가 연결된 회로 부분이다. LED 제어 시스템 구성은 8051 마이크로프로세서의 Port 3의 3, 7번에 LED D5과 D7를 연결하였다. 하지만 Port IO 방향과 LED의 전원의 방향에 따라 LED 제어하는 신호가 달라진다.

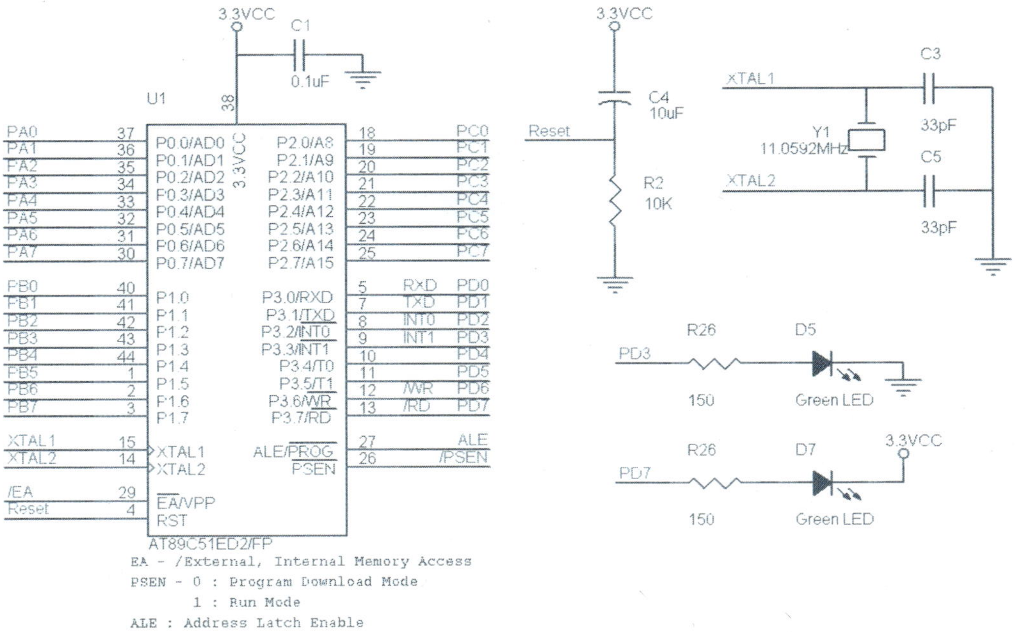

[그림 7-13] LED 회로

지금부터 Port3의 3번 IO의 LED인 D5를 On/Off 제어하도록 소스 프로그램을 코딩하도록 하겠다.

[Source Code 7-1] LED_Test.c

```
#include "at89x51.h"

void Delay_ms(int d_time);

int main(void)
{
    P3 = 0xFF; // port init
    while(1)
    {
          P3_3 = 0;         // LED On
          P3_7 = 0;         // LED On
          Delay_ms(500);    // Time Delay
          P3_3 = 1;         // LED OFF
          P3_7 = 1;         // LED OFF
          Delay_ms(500);    // Time Delay
        }
    return 0;
}

void Delay_ms(int d_time)
{
   int i,j;
   for(i=0;i<d_time;i++)
        for(j=0;j<141;j++);
}
```

[Source Code 7-1] LED_Test.c를 모두 코딩하였으면 컴파일을 수행하여 LED_Test.hex 파일을 생성한다.

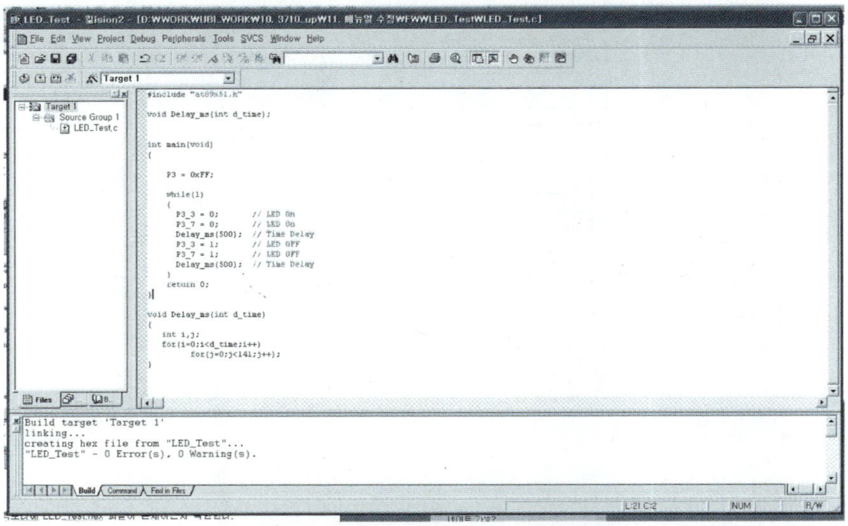

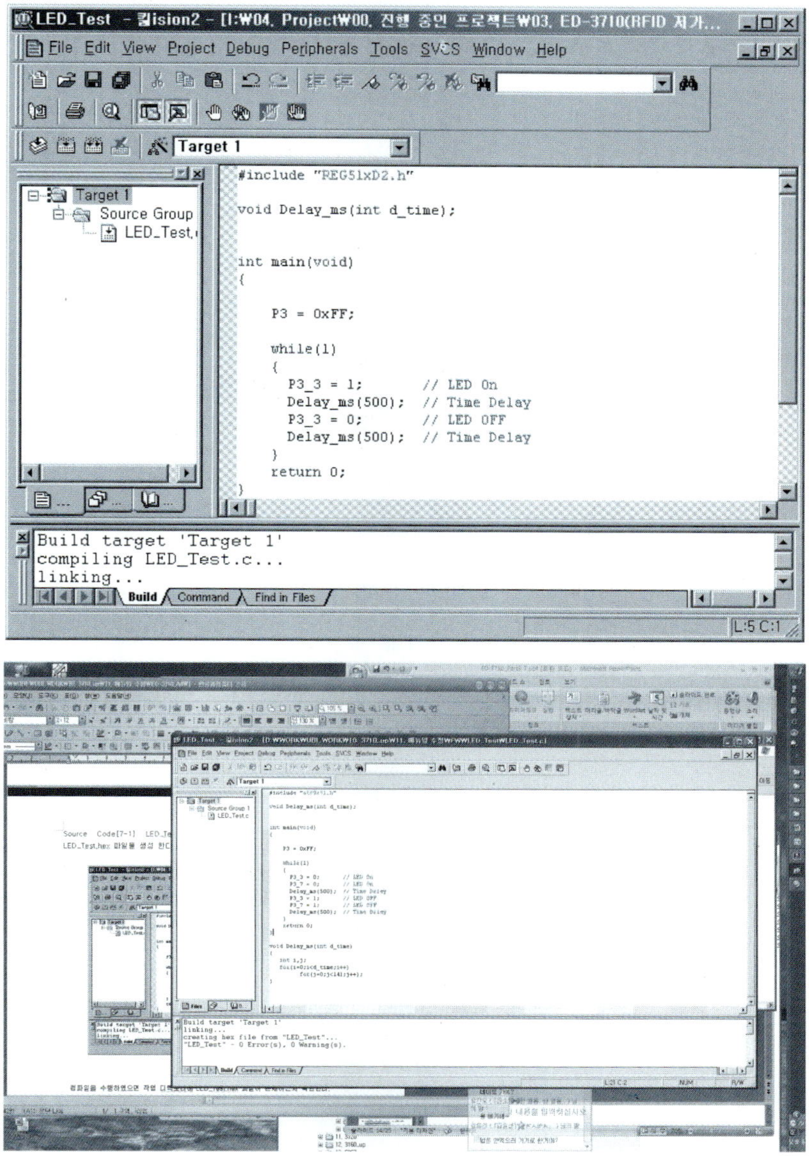

[그림 7-14] 컴파일 수행

컴파일을 수행하였으면 작업 디렉토리에 LED_Test.hex 파일이 존재하는지 확인한다. 필자는 c:/work/LED_Test 디렉토리에 LED_Test.hex가 생성된다.

03 PC와 RFID 시스템 장비간 연결

컴파일을 수행하여 LED_Test.hex 파일을 만들었으면 이제는 RFID 시스템 장비와 PC를 [그림 7-15]와 같이 시리얼 케이블로 연결한다.

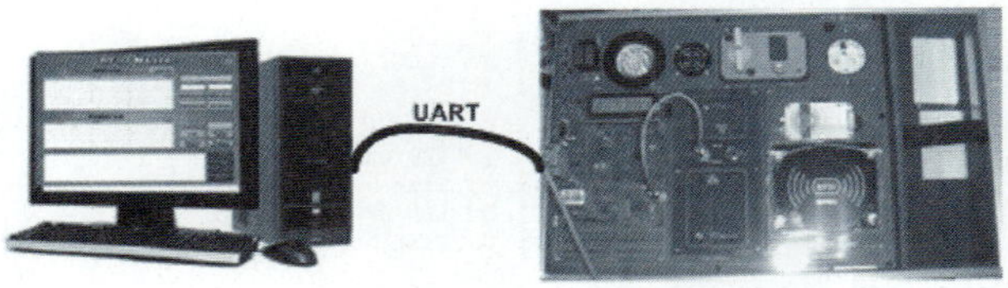

[그림 7-15] 장비 연결

PC와 RFID 시스템 장비를 시리얼 케이블로 연결하였으면 [그림 7-16]의 Pro.Mode 스위치를 ISP 모드로 동작하도록 한다. 이렇게 하는 이유는 시리얼 포트를 통하여 LED_Test.hex 이미지를 8051로 다운로드해주기 위하여 하드웨어를 설정하는 것이다.

[그림 7-16] ISP Mode

여기서 중요한 점은 COM.Mode가 RS-232 케이블로 PC와 연결되어 있으면 스위치를 RS-232쪽으로 USB로 연결이 되어 있으면 USB로 꼭 전환되어 있어야 한다.

04 Flip 프로그램 설치

① Flip Program을 인스톨한다. 인스톨하는 방법은 CD 안의 flip_1-8-8_windows 폴더에 위치해 있으며 폴더안의 SETUP.EXE 설치하면 된다.

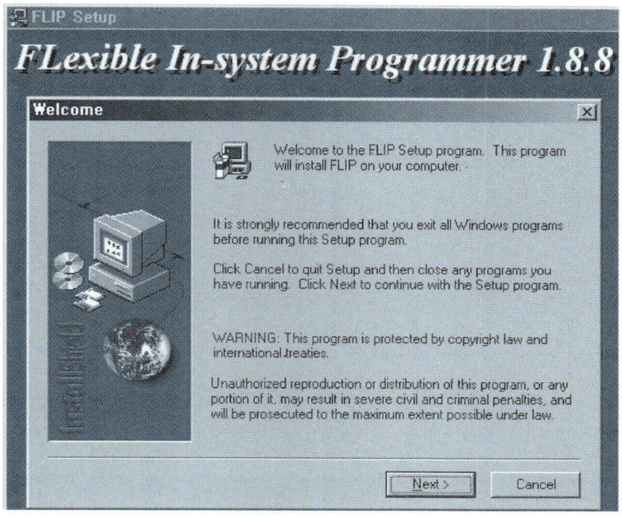

[그림 7-17] Flip 설치

② 라이센스 동의문에서는 Yes 버튼을 클릭한다.

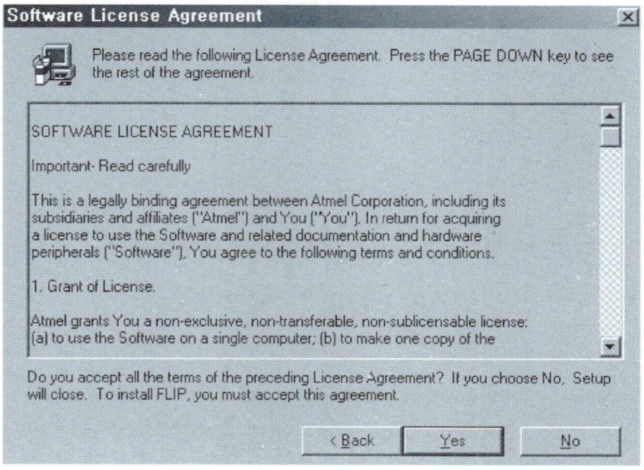

[그림 7-18] 라이센스 동의문

③ 라이센스 동의문에서 Yes를 선택하면 프로그램 설치 위치를 지정해 주는데, Next 버튼을 클릭하여 기본 위치에서 설치하도록 한다. 설치 디렉토리를 지정한다.

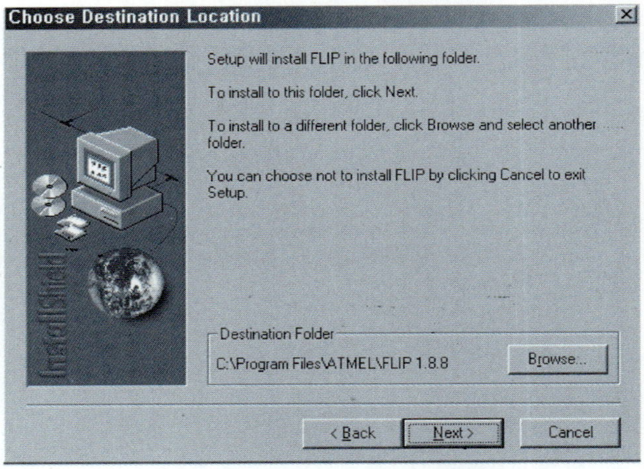

[그림 7-19] 설치 디렉토리 지정

④ Finish를 선택하고 이후에 나오는 메시지창에 대해서도 모두 Next 버튼을 클릭한다.

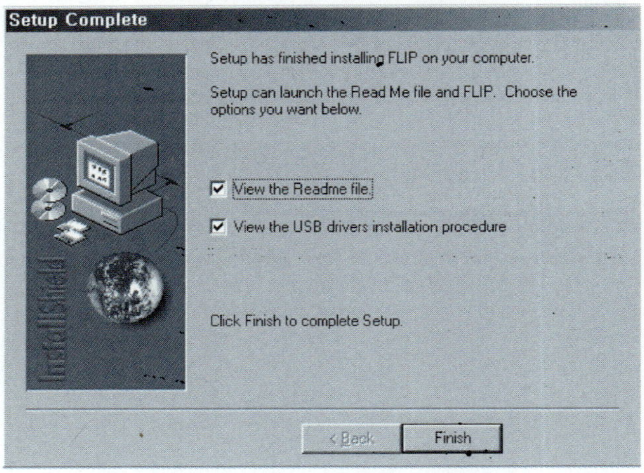

[그림 7-20] 프로그램 종료

1) Atmle Flip 따라하기

FLIP를 이용하여 8051 Program을 Download하도록 한다.

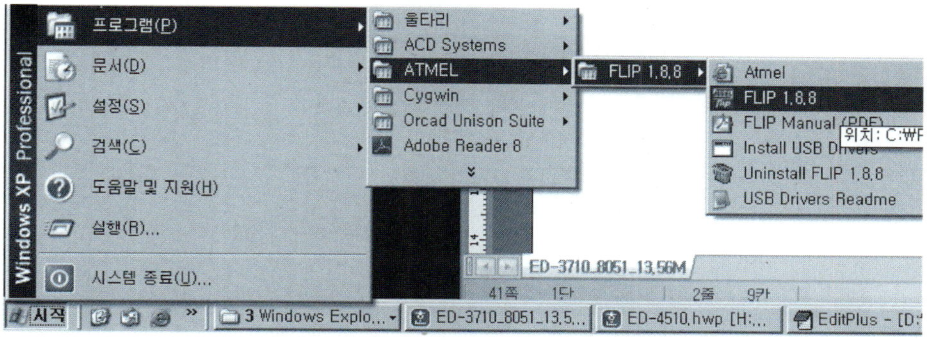

[그림 7-21] 프로그램 실행 초기 화면

① 시작 - 프로그램 - ATMEL - FLIP2.4.2 - FLIP를 실행한다.

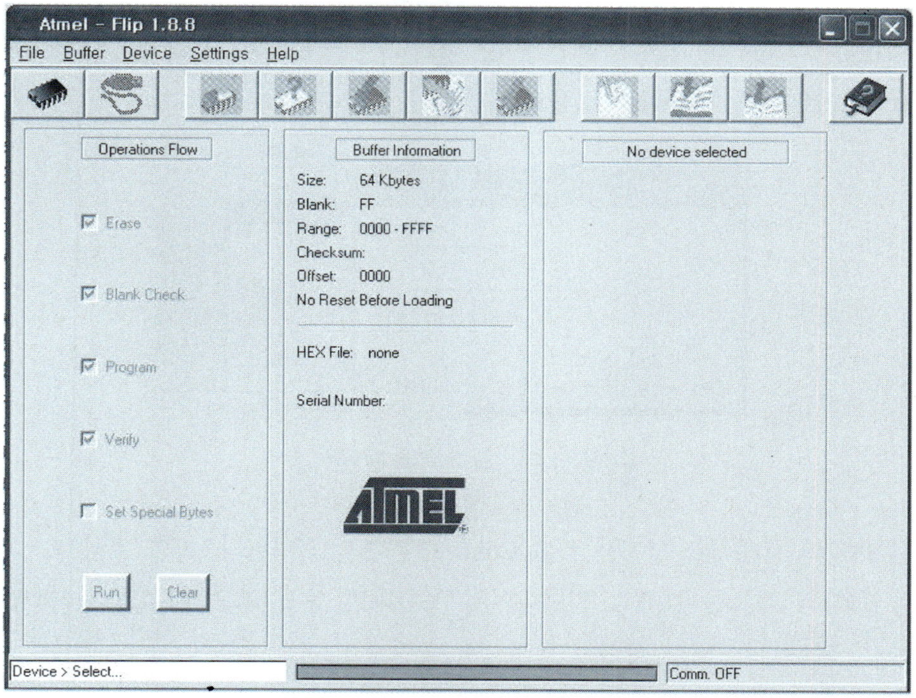

[그림 7-22] 프로그램 실행 초기 화면

② Device - Select 혹은 F2를 눌러 Device를 선택하고 OK 버튼을 클릭한다. (Device의 선택은 "AT89C51ED2"를 선택한다.)

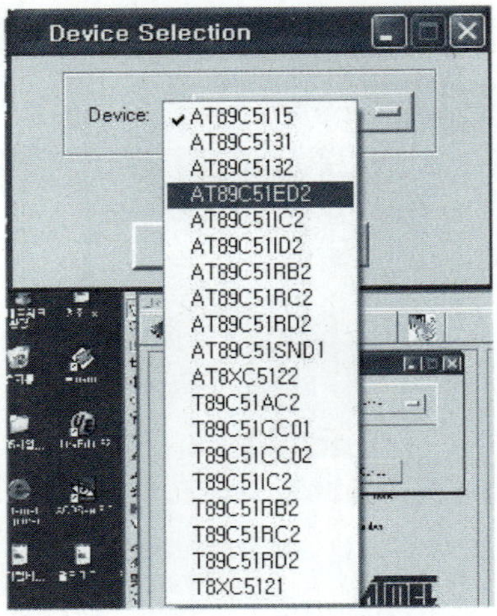

[그림 7-23] 프로세서 선택

③ Setting - Communication 혹은 F3을 클릭하여 사용할 통신 포트를 선정한다. (ED-3710에서는 Serial을 사용한다.)

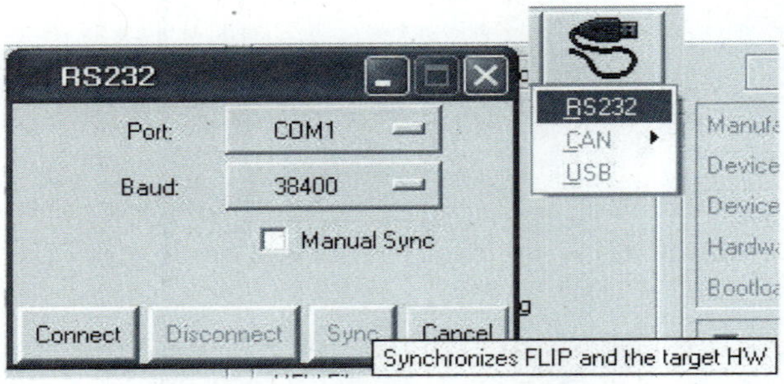

[그림 7-24] 통신 속도 및 포트 선택

통신 포트와 보레이트 설정을 하고 Connect 버튼을 클릭한다. 만일 통신 포트가 맞지 않거나 CPU의 정보를 제대로 읽어들이지 못한다면 통신 포트 재설정 및 보레이트를 9600bps로 조금 낮추어서 작업을 한다.

④ Connect를 클릭하여 장비와 연결되면 CPU 정보를 얻어와 화면에 보여준다. (장비의 Download S/W는 반드시 Download로 되어야 한다.)

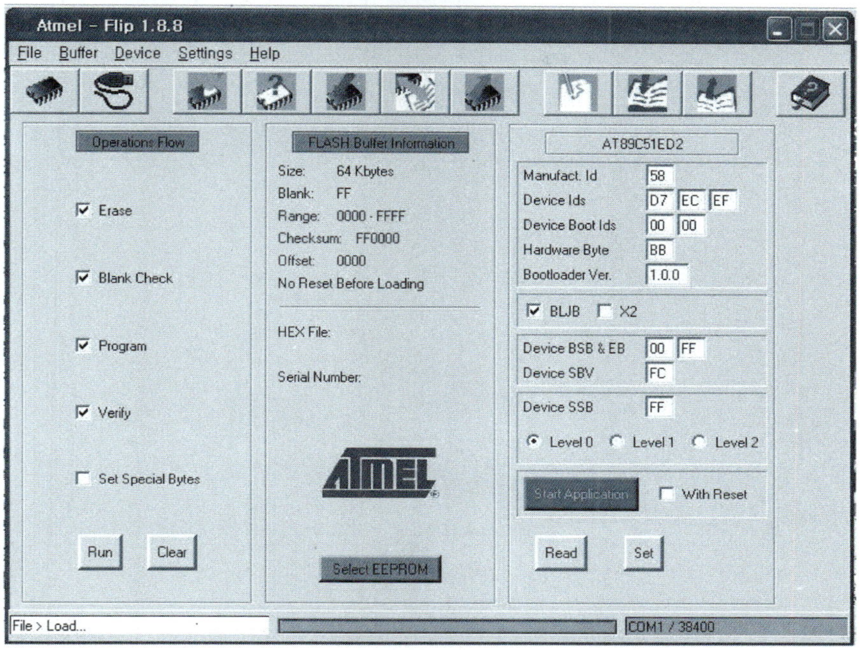

[그림 7-25] 장비와 연결된 상태

⑤ File - Load HEX를 클릭하여 Download할 파일을 선택한다. (c:/work/LED_Test/LED_Test.hex를 선택하고 파일을 읽어들인다.)

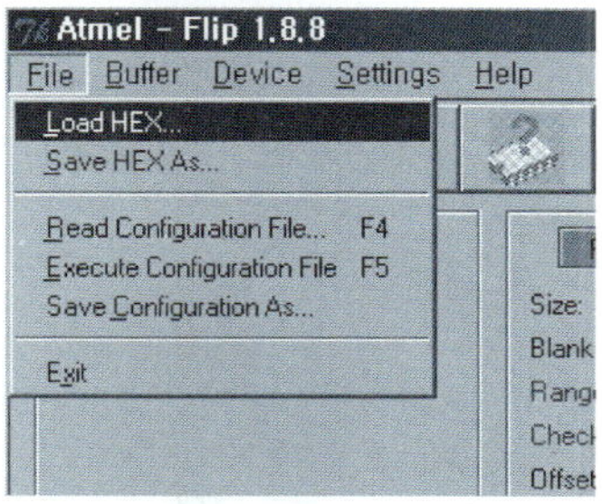

[그림 7-26] 다운로드할 이미지 파일 선택

⑥ Run 을 클릭하여 프로그램을 다운로드한다.

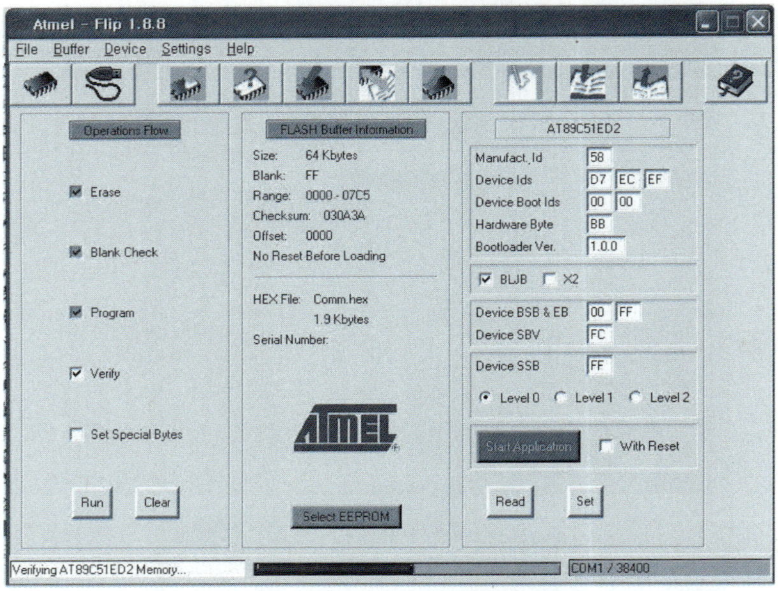

[그림 7-27] 이미지 다운로드

⑦ Pro.Mode 스위치를 RUN Mode로 전환시킨다.

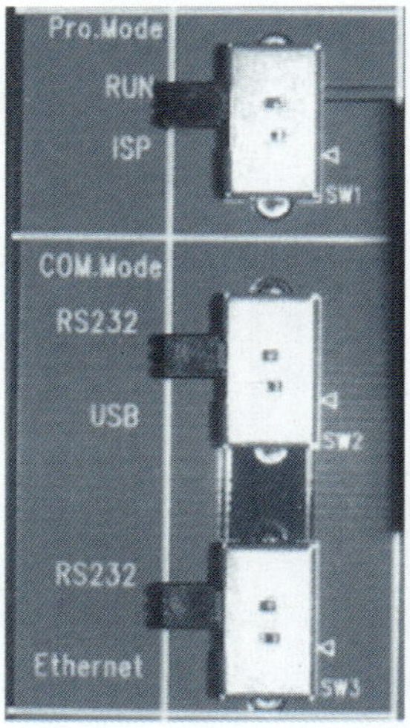

[그림 7-28] RUN Mode

RUN 모드를 전환시키고 Reset 버튼 또는 메인 파워를 Off→On시키면 LED가 깜빡거리는 것을 확인할 수 있다. 여기서 릴레이 접점 소리가 나는 이유는 현재 작업하고 있는

LED는 Relay 동작 확인 표시 LED이기 때문이다.

⑧ RFID 시스템(ED-3710) 장비의 D1 LED를 보면 깜빡거리는 것을 확인할 수 있을 것이다.

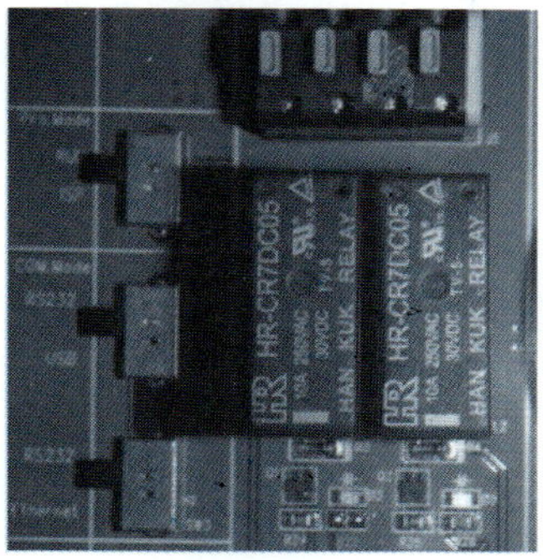

[그림 7-29] 장비 동작

⑨ 같은 방법으로 LED D5를 점멸하도록 LED_Test.c 수정해보자. D7는 앞서서 회로를 보았듯이 Port 3의 7번 핀에 연결되어 있다.

[Source Code 7-2] LED_Test.c

```
#include "REG51xD2.h"

void Delay_ms(int d_time);

int main(void)
{
    P3_6 = 0; // LED Off, Port Init
    P3_7 = 0; // LED Off, Port Init
    while(1)
    {
            P3_3 = 1;       // LED On
            P3_7 = 1;       // LED On
            Delay_ms(500);  // Time Delay
           P3_3 = 0;       // LED OFF
           P3_7 = 0;       // LED OFF
            Delay_ms(500);  // Time Delay
        }
    return 0;
}

...
```

⑩ 소스 코드를 수정하였으면 Build 버튼을 클릭하여 컴파일을 수행한다.

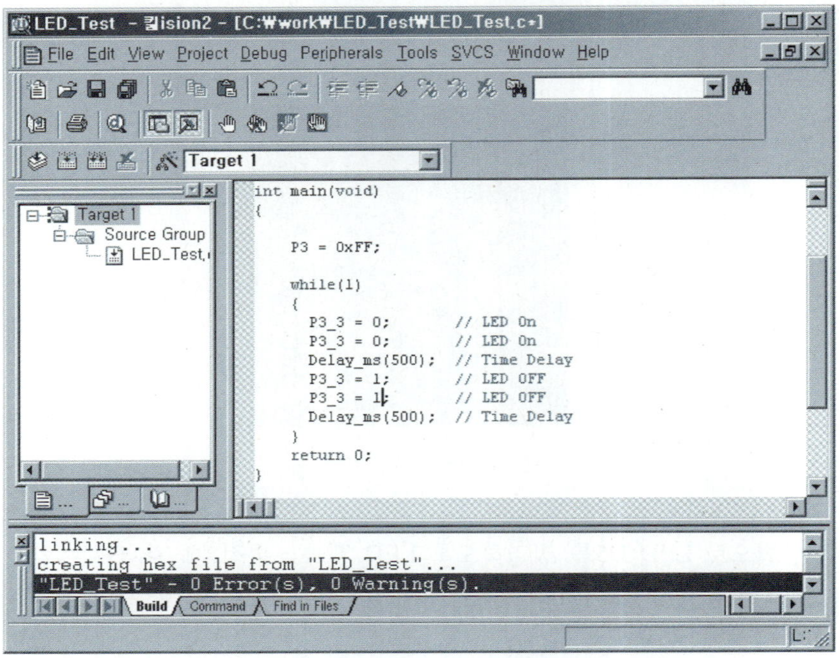

[그림 7-30] 컴파일

⑪ 컴파일을 수행하였으면 Flip을 이용하여 8051 장비에 다운로드한다.

[그림 7-31]의 Pro.Mode 스위치를 ISP 모드로 전환시키고 Reset 버튼 또는 메인 전원을 Off→On시켜준 후 Flip 프로그램을 이용하여 LED_Test.hex 파일을 8051에 다운로드하면 된다.

[그림 7-31] ISP Mode

⑫ Flip 프로그램에서 디바이스와 통신 포트를 설정한 후에 File/Load HEX를 클릭하여 다운로드(Download)할 파일을 선택하고, RUN 버튼을 클릭하여 프로그램을 다운로드한다.

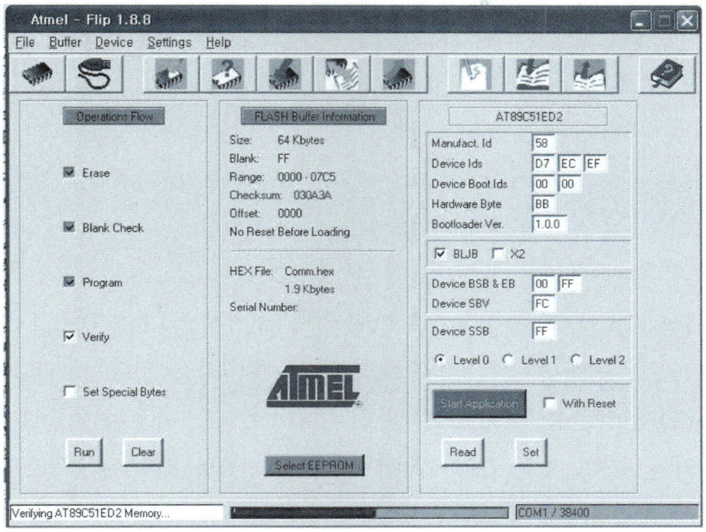

[그림 7-32] 이미지 다운로드

⑬ 다운로드가 끝이 나면 Pro.Mode 스위치를 RUN 모드로 전환시키고 Reset 버튼 또는 메인 전원을 Off→On시켜 장비를 동작시킨다. LED D5, D7이 점멸되는 것을 확인한다.

[그림 7-33] LED D5, D7 동작

CHAPTER 07

08장 uVision2를 이용하여 LCD 제어

01 Text LCD

[그림 8-1]은 Text LCD 회로이다. U1 Port 2에 U6 16×2 Line Text LCD가 연결되어 있는 것을 알 수 있다. 보통 8비트 방식으로 LCD를 제어하는 것과는 다르게 LCD의 데이터 라인(Data Line) 8비트 중 DB0~DB3의 하위 4비트만을 이용하여 LCD를 디스플레이 하도록 설계가 되어 있다. 또한 LCD 제어 신호인 E, RS, RW 신호들도 Port 2에 상위 3비트에 연결되어 있음을 알 수 있다.

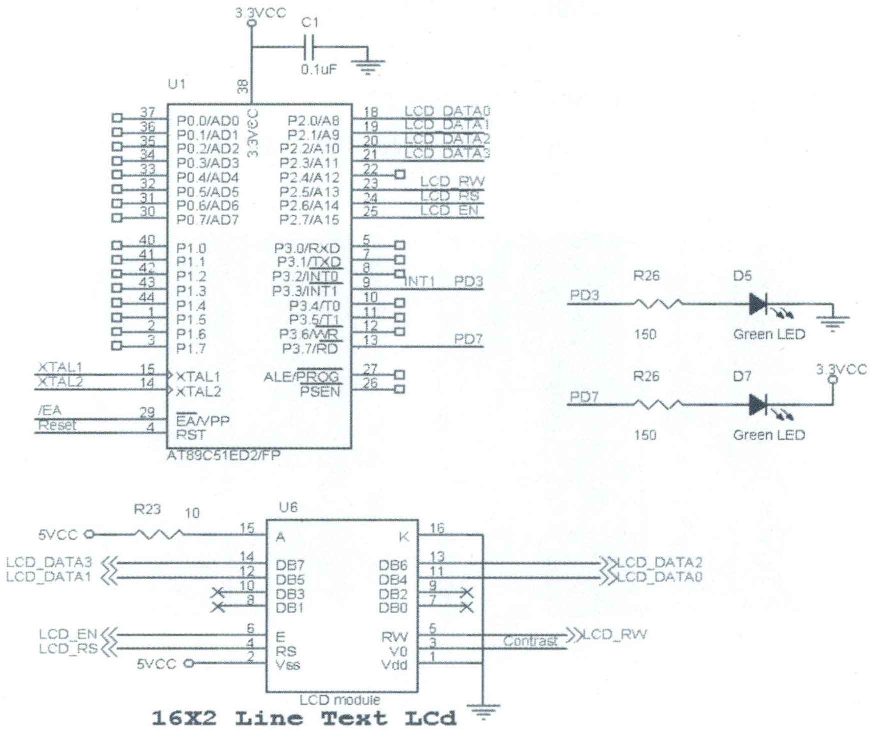

[그림 8-1] Text LCD 회로

02 문자 LCD 모듈의 하드웨어 정보

RFID 시스템(ED-3710) 보드에서 사용된 문자(Character) LCD 모듈은 16*2 문자까지 디스플레이 가능한 LCD 모듈이며, 지금부터 이 모듈에 대한 간략한 하드웨어 설명을 할 것이다.

[표 8-1] 문자 LCD 모듈 핀 설명

핀	심벌	설 명
1	VSS	GND
2	VCC	+5V
3	VL	10kΩ 가변저항을 사용하여 LCD의 화면의 밝기 조정
4	RS	Reister Selection High('1')=>Data Register(DR), Low ('0')=>Instruction Register(IR)
5	R / W	Read / Write High('1')=>Read(LCD->CPU), Low ('0')=>Write(CPU->LCD)
6	E	LCD Module의 Enable 신호 High('1')=>Enable, Low('0')=>Disable
7 - 14	D0 - D7	Bi-directional Data Bus, 8bits data length
15	A	LED Back Light Power (+)
16	K	LED Back Light Power (-)

VSS : 0V(GND), VCC : +5V

- RS(Resister Select)는 데이터 버스(D0-D7)를 통해 주고 받을 값이 명령인지 아니면 디스플레이할 데이터인지를 나타내는 LCD 입력신호이다.
- R/W(Read / Write)는 LCD에 값을 쓸 경우에는 '0'으로 입력, 읽을 경우에는 '1'로 입력하는 LCD 입력신호이다.

[표 8-2] 문자 LCD 모듈의 명령어 테이블(Instruction Table)

Instruction	코드(Code)										설명(Description)
	RS	R/W	DB7	DB6	DB5	DB4	DB3	DB2	DB1	DB0	
Clear Display	0	0	0	0	0	0	0	0	0	1	Clear all display and returns the cursor to the home position (Address 0)s
Cursor at home	0	0	0	0	0	0	0	0	1	*	Returns the cursor to the home position (Address 0). Also return the display being shifted to the original position. DDRAM contents remain unchanged.
Entry mode set	0	0	0	0	0	0	0	1	I/D	S	Sets the cursor move direction and specifies or not to shift the display. These operations are performed during data write and read.
Display on/off Control	0	0	0	0	0	0	1	D	C	B	Sets the ON/OFF of all display (D) cursor ON/OFF(C), and blink of cursor position character (B).
Cursor/display Shift	0	0	0	0	0	1	S/C	R/L	*	*	Moves the cursor and shifts the display without changing the DDRAM contents.
Function set	0	0	0	0	1	DL	N	F	*	*	Moves the cursor and shifts the display without changing the DDRAM contents.

- Clear Display : LCD의 화면을 깨끗이 지우고 커서를 홈으로 이동시킨다.
- Cursor At Home : 커서를 홈으로 이동시킨다.
- Entry Mode Set : 커서의 움직이는 방향을 설정하거나 글자가 표기된 부분을 Shift 할 것인지를 결정한다.
- Display On/Off : 전체 화면의 On/Off, 커서의 On/Off, 커서의 위치가 있는 부분의 글자를 깜빡이는 것을 설정한다.
- Cursor Or Display Shift : 현재 LCD창에 표시된 내용을 좌우로 Shift시키거나 커서를 좌우로 이동시킨다.
- Function Set : LCD Module의 data length, display line number 그리고 font를 설정한다.

03 문자 LCD 소스

프로젝트를 생성하여 컴파일하는 방법은 LED를 제어하면서 만들어 보았다. 지금부터는 제공된 CD의 프로그램 소스의 프로젝트 파일을 열어 컴파일하고 다운로드하는 방법으로 진행하도록 하겠다.

제공된 CD의 13.56MHz\FW 디렉토리에 지금부터 장비를 테스트할 소스들이 들어 있다. 이 소스들을 컴퓨터의 C:\work 디렉토리에 복사를 하도록 한다.

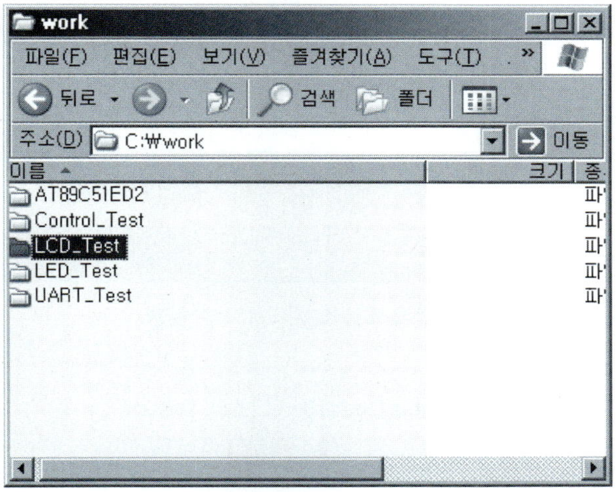

[그림 8-2] 프로그램 소스를 바탕화면에 복사

CD에서 복사 한 work 디렉토리에는 앞으로 작업할 프로그램 소스 디렉토리들이 들어 있다.

여기서는 LCD_Test 디렉토리에 들어가서 LCD_Test.Uv2 파일을 더블클릭하면 Keil 프로그램이 호출되어 소스 파일을 확인할 수가 있다.

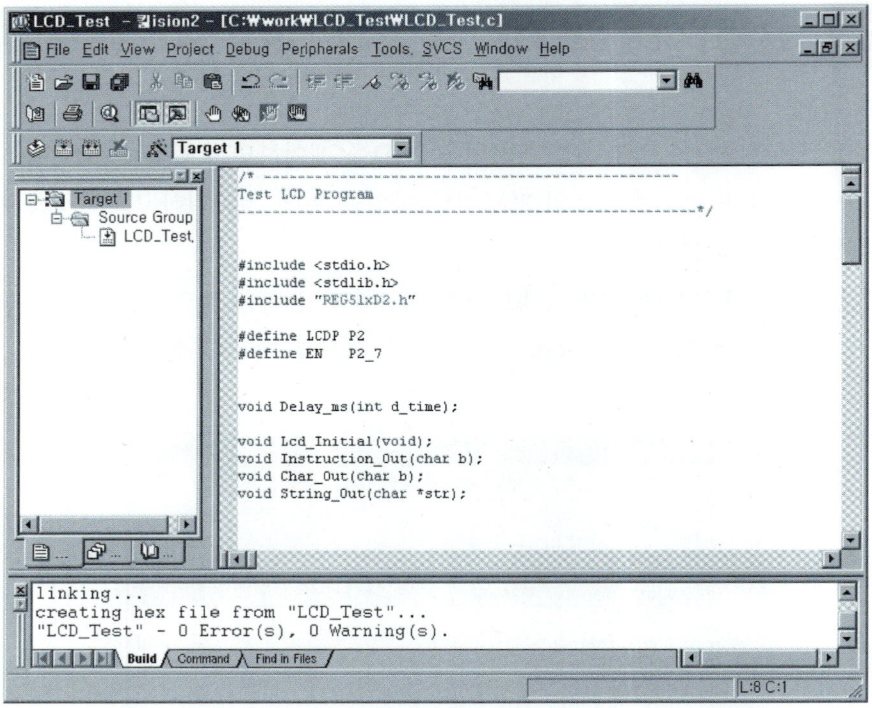

[그림 8-3] Keil 프로그램 실행

[Source Code 8-1] LCD_Test.c

```
#include <stdio.h>
#include <stdlib.h>
#include "REG51xD2.h"

#define LCDP  P2
#define EN    P2_7

void Delay_ms(int d_time);
void Lcd_Initial(void);
void Instruction_Out(char b);
void Char_Out(char b);
void String_Out(char *str);

int main(void)
{
    Lcd_Initial();
    Instruction_Out(0x01);
    Instruction_Out(0x80);
    String_Out("LCD Test Program");
    Instruction_Out(0xC0);
    String_Out("  www.ed.co.kr ");
    while(1);  // 무한 루프
    return 0;
```

```
}

void Lcd_Initial(void)     //LCD 초기화 루틴
{
   EN=0;
   Delay_ms(100);
   Instruction_Out(0x28);
   Delay_ms(100);
   Instruction_Out(0x0c);
   Delay_ms(100);
   Instruction_Out(0x01);
   Delay_ms(100);
   Instruction_Out(0x06);
   Delay_ms(100);
   Instruction_Out(0x02);
}

void Instruction_Out(unsigned char b) //INSTRUCTIN 출력을 위한 함수
{
   LCDP=(b&0xf0)>>4;
   EN=1;
   EN=0;
   LCDP=b&0x0f;
   EN=1;
   EN=0;
}

void Char_Out(unsigned char b)
{

   LCDP=((b&0xf0)>>4)|(0x01<<6);
   EN=1;
   EN=0;
   LCDP=(b&0x0f)|(0x01<<6);
   EN=1;
   EN=0;
}

void String_Out(char *str)   //문자열 출력을 위한 함수
{
  unsigned int i=0;
  do{
     Char_Out(str[i]);
     }while(str[++i]!='\0');
}

void Delay_ms(int d_time)
{
 int i,j;
 for(i=0;i<d_time;i++)
  {
   for(j=0;j<141;j++);
  }
}
```

프로그램을 살펴보면 앞의 LED 제어에 비하여 프로그램이 조금 복잡해졌다. LED 제어는 8051 포트를 이용하여 하나의 포트에 1 또는 0을 출력하여 LED를 On/Off 제어한 것에 비해 Text LCD는 제어신호에 맞는 데이터를 전송하여 LCD의 기능을 호출하거나 문자를 디스플레이해주기 때문이다.

먼저 main() 함수를 살펴보면 LCD 초기화 루틴 후에 LCD에 Instruction_Out() 함수의 기능을 호출하여 화면 클리어 또는 LCD 라인을 변경하고, String_Out() 함수를 통하여 문자를 출력하도록 프로그램이 구현되어 있다. String_Out() 함수의 문자열을 바꾸어서 컴파일하여 장비를 실행하면 문자열이 바뀐 것을 확인할 수 있을 것이다.

```
int main(void)
{
    Lcd_Initial();
    Instruction_Out(0x01);              //LCD CLEAR
    Instruction_Out(0x80);              // Position : 1st Line
    String_Out("LCD Test Program");
    Instruction_Out(0xC0);              // Position : 2nd Line
    String_Out("  www.ed.co.kr ");
    while(1);  // 무한루프
    return 0;
}
```

다음은 LCD 초기화 루틴 기능인 Lcd_Initial() 함수이다. 이 순서는 꼭 지켜야만 LCD를 통하여 정상적인 기능 호출과 문자를 출력할 수 있다.

```
void Lcd_Initial(void)      //LCD초기화 루틴
{
   EN=0;

   //LCD FUNCTION SET(16*2LINE, 4BIT, 5*8DOT)
   Instruction_Out(0x28);
   Delay_ms(100);

   //LCD DISPLAY ON,CURSOR OFF,BLINK OFF
   Instruction_Out(0x0c);
   Delay_ms(100);
   Instruction_Out(0x01);    //LCD CLEAR
   Delay_ms(100);
   Instruction_Out(0x06);    //LCD ENTRY MODE SET
   Delay_ms(100);
   Instruction_Out(0x02);    //RETURN HOME
}
```

Instruction_Out() 함수는 LCD의 기능을 호출하는 함수이며, LCD Clear, LCD Cursor 좌표 이동, LCD Cursor 상태 등의 기능을 호출하는 함수이다.

```
void Instruction_Out(char b)    //INSTRUCTION 출력을 위한 함수
{
   LCDP=(b&0xf0)>>4                //상위 4BIT 출력
   EN=1;                           //ENABLE
   EN=0;                           //DISABLE
   LCDP=b&0x0f;                    //하위 4BIT 출력
   EN=1;                           //ENABLE
   EN=0;                           //DISABLE
   Delay_ms(2);
}
```

Char_Out() 함수는 LCD에 문자를 출력하는 함수이다. 문자열을 출력하려면 String_Out() 함수에 문자열을 넣어주고 Char_Out() 함수가 LCD에 한 문자씩 출력해 주도록 설계되어 있다.

```
void Char_Out(char b)          //LCD에 한 문자 출력하는 함수
{
   LCDP=((b&0xf0)>>4)|(0x01<<6);     //상위 4BIT 출력
   EN=1;                           //ENABLE
   EN=0;                           //DISABLE
   LCDP=(b&0x0f)|(0x01<<6);          //하위 4BIT 출력
   EN=1;                           //ENABLE
   EN=0;                           //DISABLE
   Delay_ms(2);
}

void String_Out(char *str)    //문자열 출력을 위한 함수
{
  unsigned int i=0;
  do{
     Char_Out(str[i]);
     }while(str[++i]!='\0');
}
```

CHAPTER 08

04 LCD 프로그램 컴파일 및 다운로드

Build 버튼을 클릭하여 컴파일을 수행한다. 컴파일을 수행하면 LCD_Test.Hex 파일이 생성된다.

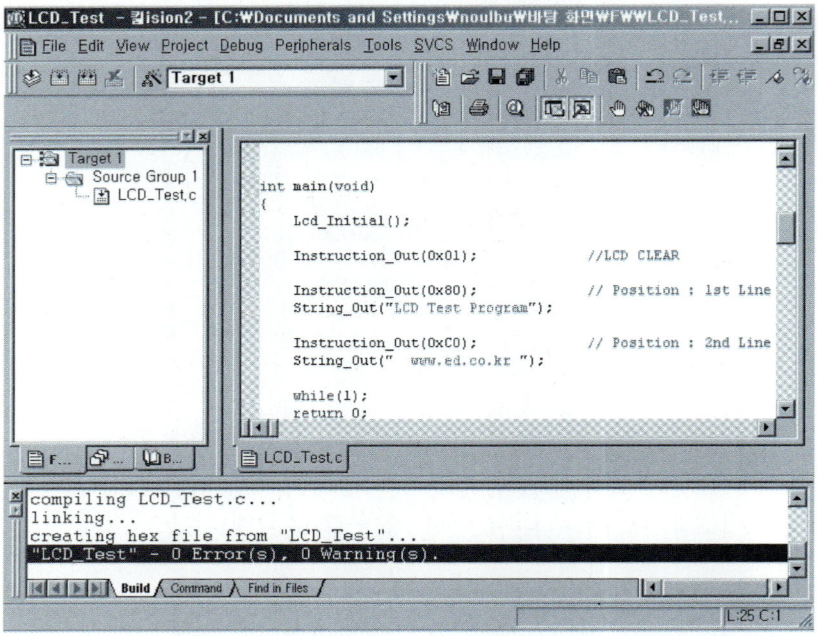

[그림 8-4] Keil Program 실행

CD에 제공된 LCD_Test 디렉토리에도 LCD_Test.Hex 파일이 생성되어 있으나 컴파일을 하면 .Hex 파일이 컴파일된 날짜로 변경된 것을 확인할 수 있다.

컴파일을 수행하였으면 Flip을 이용하여 8051 장비에 다운로드한다. 다운로드하는 방법은 먼저 장비의 동작 모드를 ISP 모드로 설정해 주고 Reset 버튼 또는 메인 전원을 Off →On시켜 준 후 Flip 프로그램을 이용하여 LCD_Test.hex 파일을 8051에 다운로드하면 된다.

[그림 8-5] ISPMode

Flip 프로그램에서 디바이스와 통신 포트를 설정한 후에 File/Load HEX를 클릭하여 다운로드할 파일을 선택하고, RUN 버튼을 클릭하여 프로그램을 다운로드한다.

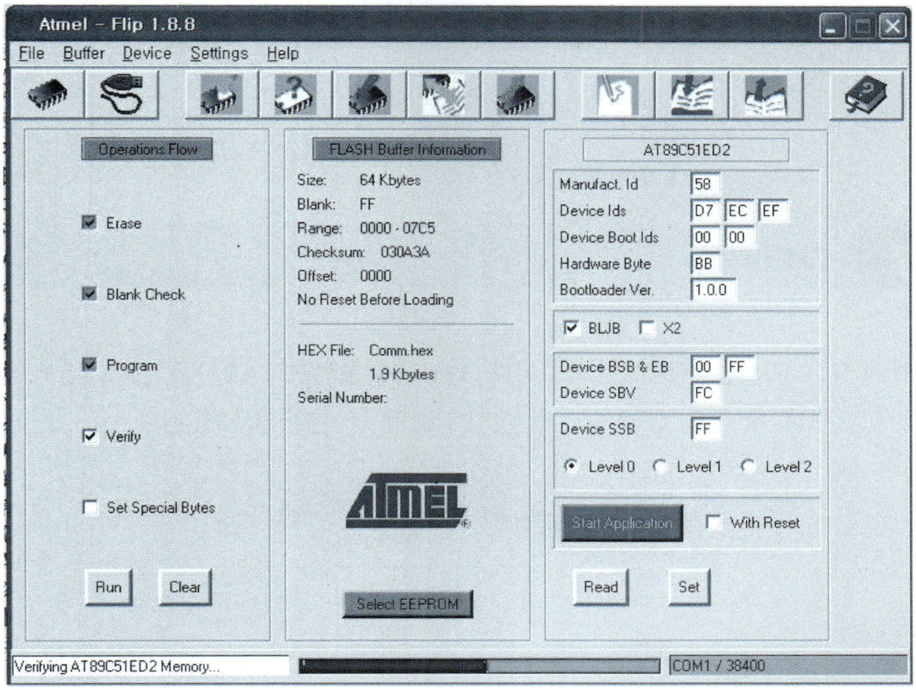

[그림 8-6] 이미지 다운로드

다운로드가 끝이 나면 8051을 RUN 모드로 설정하고, Reset 버튼을 클릭하거나 메인 전원을 Off→On하여 장비를 동작시킨다.

LCD에 첫 번째 라인에 "LCD Test Program", 두 번째 라인에 "www.ed.co.kr"이라는 문자열이 출력된다. 그러면 이 문자열을 프로그램 소스에서 변경하고 컴파일한 후 장비를 동작시켰을 때 문자열이 변경되는지 확인해 본다.

09장 uVision2를 이용하여 장비 제어

01 제어회로

[그림 9-1]은 Fan을 제어하는 회로이다. Port 3의 4번으로 제어를 하며, 입력에 NOT Gate가 있으므로 '0'이면 동작하고 '1'이면 Fan의 동작이 멈추게 된다.

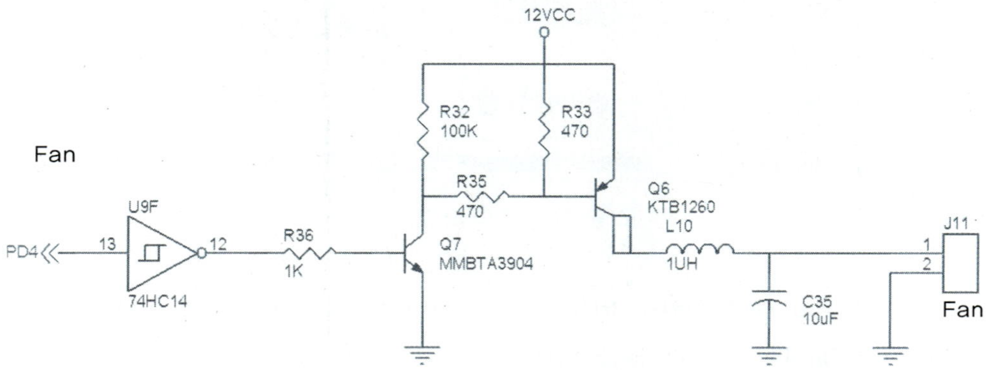

[그림 9-1] Fan 제어회로

[그림 9-2]는 히팅 밸브(Heating Valve) 제어회로이다. Heating Valve는 J7 2번핀 Signal Line에 LS1 Relay에서 GND로 붙여주면 Open되고 GND의 연결을 끊어주면 Valve가 Close된다. 즉, '0'을 Port 3의 6번핀에 '0'을 출력시키면 Q5 TR이 ON되어 Relay를 동작시켜 접점을 GND 처리되고 '1'이면 반대 동작을 한다.

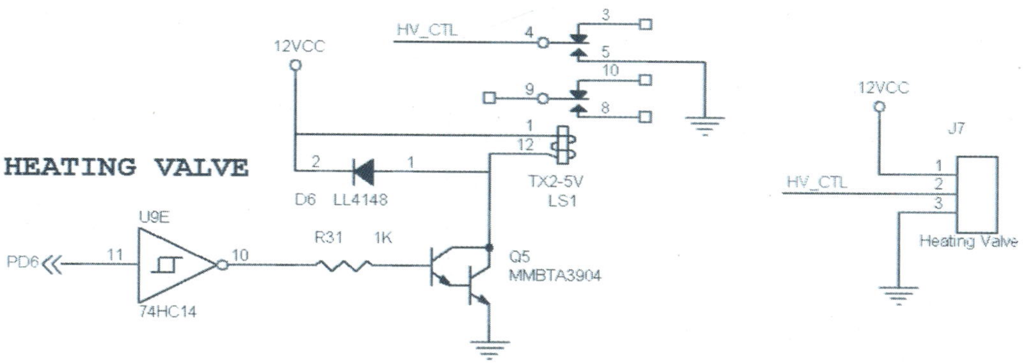

[그림 9-2] Heating Valve Control 회로

[그림 9-3] Power Control 회로이다. Port 3의 7번을 '0'으로 하면 MOC3021 Photo Coupler를 동작시키고 Q8 BAT08 트라이액을 On시켜 AC 220V를 On시켜 준다. AC 220V 전원을 차단할 때는 Port 3의 7번을 '1'로 된다.

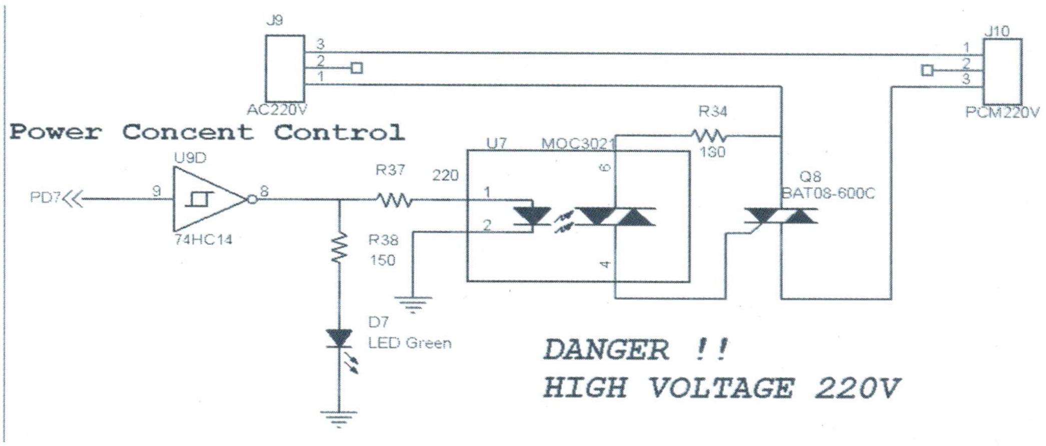

[그림 9-3] Power Control 회로

이 외에도 Lamp와 Relay Control도 같은 방법으로 회로가 구성되어 있으며 제어하는 방법도 이와 동일한 방법으로 제어한다.

[표 9-1]은 ED-3710 제어장치에 연결된 포트의 번호를 보여주고 있다.

[표 9-1] 장비 제어 포트

핀	Port I/O	설 명
P3.3	Output	Relay(0:On, 1:Off)
P3.4	Output	FAN(0:On, 1:Off)
P3.5	Output	LED Lamp(0:On, 1:Off)
P3.6	Output	Heating Valve(0:On, 1:Off)
P3.7	Output	AC 220V Control(0:On, 1:Off)

02 제어 장비 소스

제공된 CD의 13.56MHz\FW 디렉토리의 소스(Source)를 보거나 앞 절에서 미리 CD의 내용을 복사하여 C:\work\Control_Test 디렉토리로 이동을 한다.

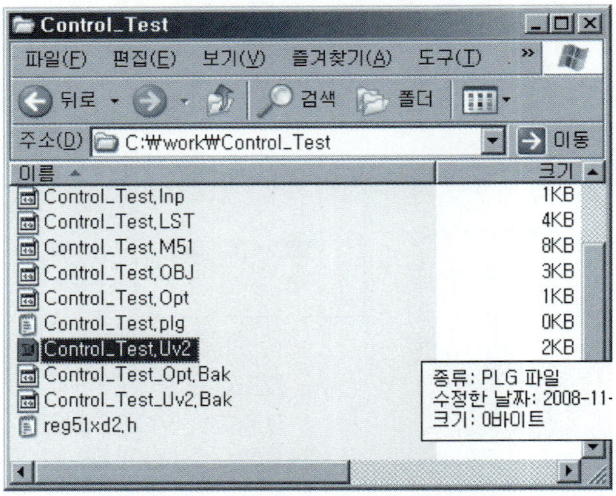

[그림 9-4] 프로그램 소스를 바탕화면에 복사

Control_Test.Uv2 파일을 더블클릭하면 Keil 프로그램이 호출되어 소스 파일을 확인할 수가 있다.

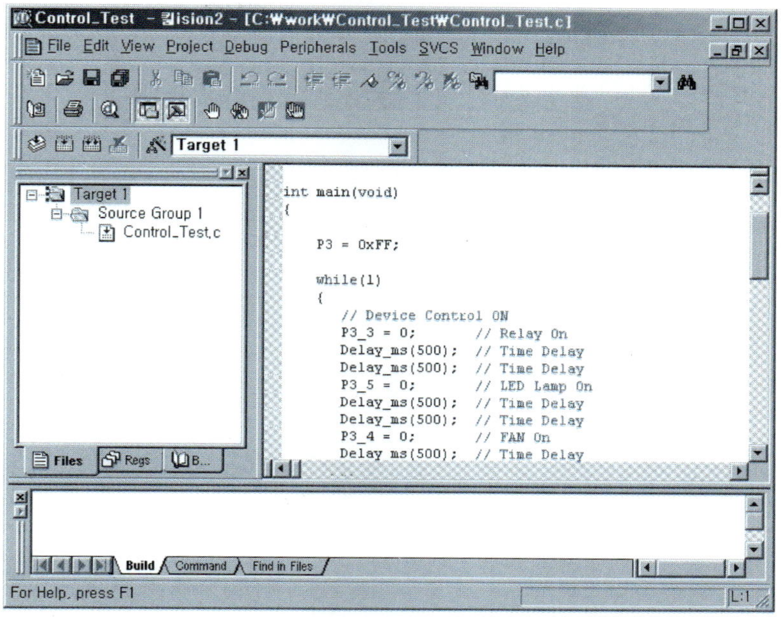

[그림 9-5] Keil 프로그램 실행

[Source Code 9-1] Control_Test.c

```
#include "REG51xD2.h"

void Delay_ms(int d_time);

int main(void)
{
    P3 = 0xFF;
    while(1)
    {
        // Device Control ON
        P3_3 = 0;       // Relay On
          Delay_ms(500);  // Time Delay
          Delay_ms(500);  // Time Delay
        P3_5 = 0;       // LED Lamp On
          Delay_ms(500);  // Time Delay
          Delay_ms(500);  // Time Delay
        P3_4 = 0;       // FAN On
          Delay_ms(500);  // Time Delay
          Delay_ms(500);  // Time Delay
          P3_6 = 0;       // Heating Valve  On
          Delay_ms(500);  // Time Delay
          Delay_ms(500);  // Time Delay
          P3_7 = 0;       // AC 220V  On
          Delay_ms(500);  // Time Delay
          Delay_ms(500);  // Time Delay
```

```
        // Device Control Off
         P3_3 = 1;        // Relay off
           Delay_ms(500);   // Time Delay
           Delay_ms(500);   // Time Delay
        P3_5 = 1;        // FAN off
           Delay_ms(500);   // Time Delay
           Delay_ms(500);   // Time Delay
        P3_4 = 1;        // LED Lamp off
           Delay_ms(500);   // Time Delay
           Delay_ms(500);   // Time Delay
        P3_6 = 1;        // Heating Valve off
           Delay_ms(500);   // Time Delay
           Delay_ms(500);   // Time Delay
        P3_7 = 1;        // AC 220V off
           Delay_ms(500);   // Time Delay
           Delay_ms(500);   // Time Delay
        }
    return 0;
}
```

main() 함수를 살펴보면 while()에 들어가기 전에 P3=0xFF로 초기화시켜 주었다. P3에 NOT Gate는 회로상에서 연결되어 있기 때문에 0x00으로 초기화시켜주면 연결된 Relay, Lamp, Fan, Heating Valve, Power Control 장비들이 모두 동작을 하게 된다. 그래서 초기화에 0x00이 아닌 0xFF로 설정을 한 것이다.

```
P3 = 0xFF;
```

다음은 ED-3710에 연결된 장비들을 일정 시간을 두고 On시키는 동작이다.
먼저 Relay가 On되고 LED Lamp On순으로 장비가 동작된다.

```
   while(1)
    {
        // Device Control ON
        P3_3 = 0;        // Relay On
           Delay_ms(500);   // Time Delay
           Delay_ms(500);   // Time Delay
        P3_5 = 0;        // LED Lamp On
           Delay_ms(500);   // Time Delay
           Delay_ms(500);   // Time Delay
         ...
```

앞서 장비를 일정시간마다 On시킨 것을 반대로 Off하는 동작이다.

```
        // Device Control Off
        P3_3 = 1;        // Relay off
```

```
        Delay_ms(500);  // Time Delay
        Delay_ms(500);  // Time Delay
      P3_5 = 1;       // FAN off
        Delay_ms(500);  // Time Delay
        Delay_ms(500);  // Time Delay
      }
   return 0;
}
```

무한 루프(while(1))로 구성되어 있기 때문에 다시 각 장치들을 일정시간마다 On시키고 Off시키는 동작을 반복 수행하게 된다.

03 제어 프로그램 컴파일 및 다운로드

① Build 버튼을 클릭하여 컴파일을 수행한다. 컴파일을 수행하면 Control_Test.Hex 파일이 생성된다.

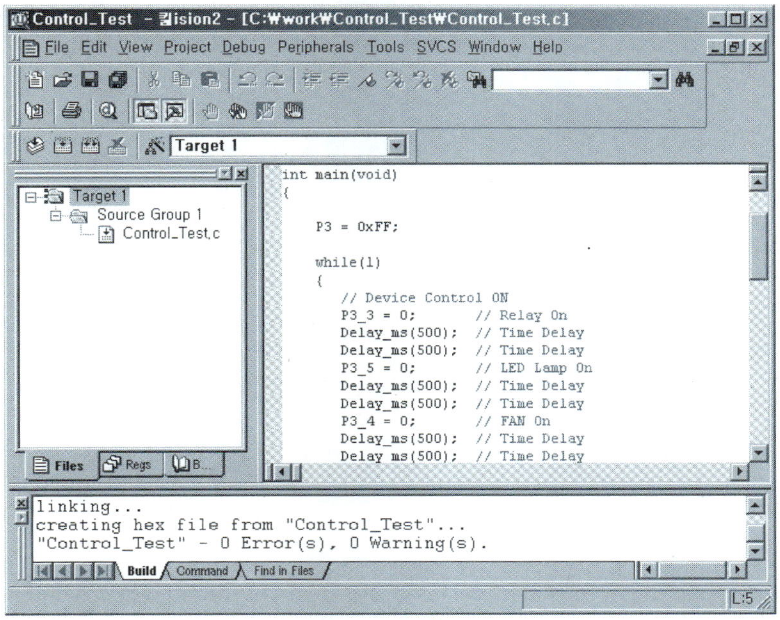

[그림 9-6] Keil 프로그램 실행

② 컴파일을 수행하였으면 Flip을 이용하여 8051 장비에 다운로드한다. 먼저 장비의 동작 모드를 ISP 모드로 설정해 주고 Reset 버튼 또는 메인 전원을 Off→On시켜 준 후 Flip 프로그램을 이용하여 LCD_Test.hex 파일을 8051에 다운로드하면 된다.

[그림 9-7] ISP Mode

③ Flip 프로그램에서 디바이스와 통신 포트를 설정한 후에 File/Load HEX를 클릭하여 다운로드할 파일을 선택하고, Run 버튼을 클릭하여 프로그램을 다운로드한다.

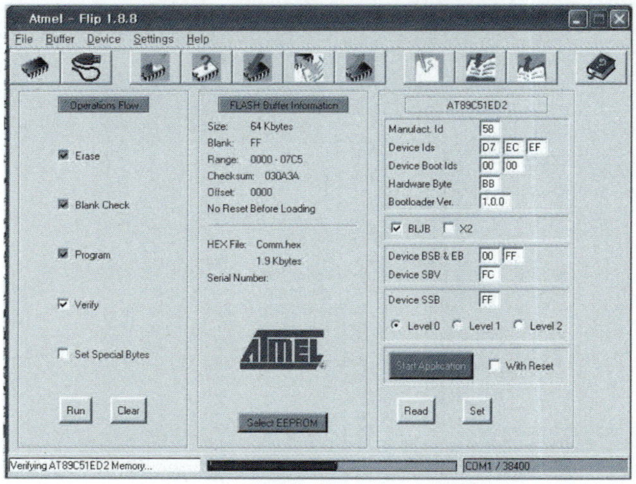

[그림 9-8] 이미지 다운로드

④ 다운로드가 끝이 나면 8051을 RUN 모드로 설정하고, Reset 버튼을 누르거나 메인 전원을 Off→On하여 장비를 동작시킨다. 장비가 Relay, Lamp, Fan, Heating Valve, AC 220V Power Control순으로 동작되고 정지되는 것이 순서대로 반복 수행된다.

10장 UART 프로그램

01 UART 회로

표준 인터페이스의 하나로서 데이터를 직렬로 전송하며 대부분의 PC나 마이크로프로세서에 기본으로 장착되어 있다. RS-232C 인터페이스 규격은 본래 데이터 단말장치와 모뎀(Modulator/Demodulator : 변복조기)을 접속하기 위한 것으로 마이크로프로세서에서는 RS-232C 규격의 일부를 사용하여 그 접속을 간략화하고 있다.

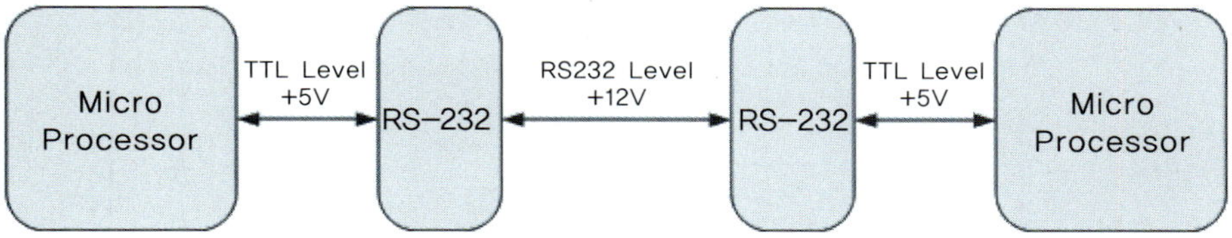

[그림 10-1] RS-232 전송방식

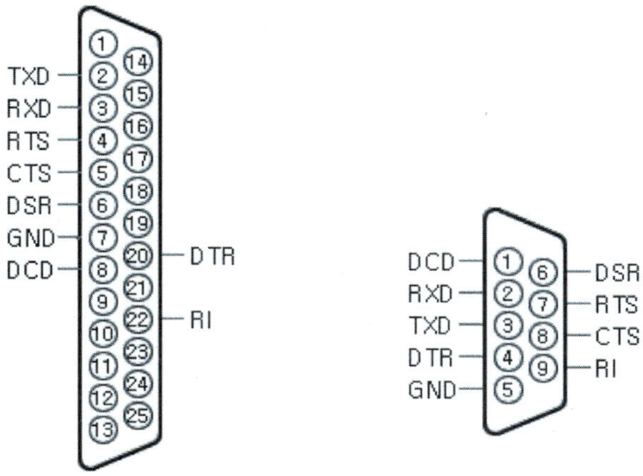

(a) DB-25 RS-232 커넥터 (b) DB-9 RS-232 커넥터

[그림 10-2] RS-232 커넥터

RS-232 통신의 장점은 신호 라인이 Rx, Tx 두 라인만 있어도 통신이 가능하며 F/W로 통신 프로그래밍 구현이 다른 통신방식에 비해 매우 간단하다는 것이다. 이에 반해 다른 통신방식에 비해 전송속도가 빠르지 못하다는 것과 일 대 일 통신만 가능하며 거리에도 15m 이내로 제한적인 통신을 한다는 단점이 있다.

각 신호 라인의 기능은 다음과 같다.

- TX(데이터 송신) : 데이터를 보내는 신호선. 출력은 전압이다.
- RX(데이터 수신) : 데이터를 받는 신호선. 입력은 전압이다.
- RTS(송신요구) : 데이터 송신을 요구하기 위한 제어선이다.
- CTS(송신허가) : RTS에 대한 응답 신호선이다.
- DSR : 기기의 전원이 ON인지의 여부와 같은 기기의 준비상태를 조사한다.
- DTR : 데이터 터미널이 DSR과 마찬가지로 OK인가를 조사한다.

[그림 10-3]은 AT89C51ED2 마이크로프로세서의 Port 3의 0번과 1번이 Rx와 Tx로 동작을 하며, 이 신호라인에 RS-232 라인드라이버를 연결하여 데이터를 주고받는다.

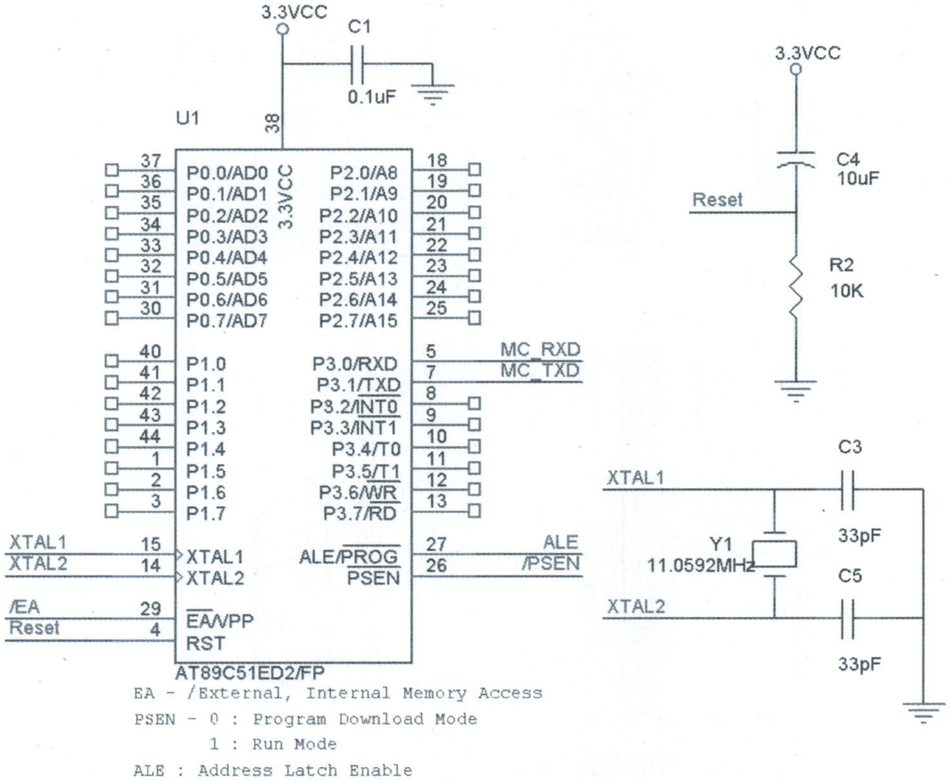

[그림 10-3] 마이크로프로세서의 UART 통신 포트

[그림 10-4] UART 통신회로이다. MAX3232 RS-232 라인 드라이버를 붙여서 PC나 다른 RS-232 통신을 할 수 있는 장비와 서로 연결할 수 있는 기능을 갖는다.

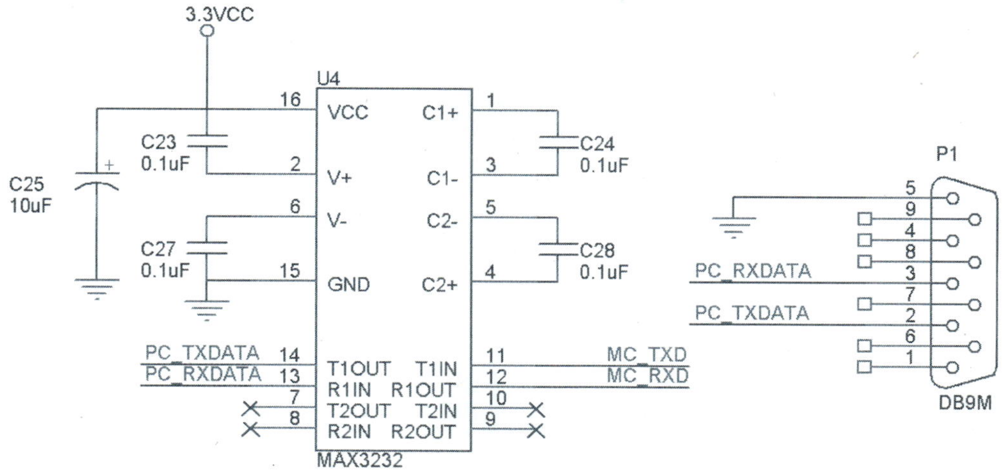

[그림 10-4] UART 통신회로

UART측과 RS-232 통신라인의 신호를 오실로스코프와 같은 계측기를 이용해 비교해 보면 다음과 같은 결과를 확인할 수 있다.

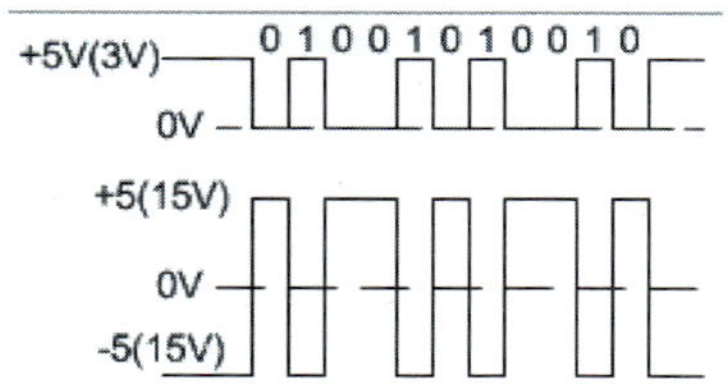

[그림 10-5] RS232 Level

TTL Level(+3V~+5V) 전압 레벨을 증폭하여 RS-232 Level(−15V~+15V)로 변환하여 원거리까지 데이터를 전송하고 데이터를 전송받는 곳에서는 다시 TTL Level로 변환하여 데이터를 처리할 수 있도록 한다.

02 13.56MHz RFID 리더기 프로그램

① C:\work 디렉토리를 보면 UART_Test 디렉토리가 있으며 이 디렉토리안에 UART 통신 프로그램 소스가 있다.

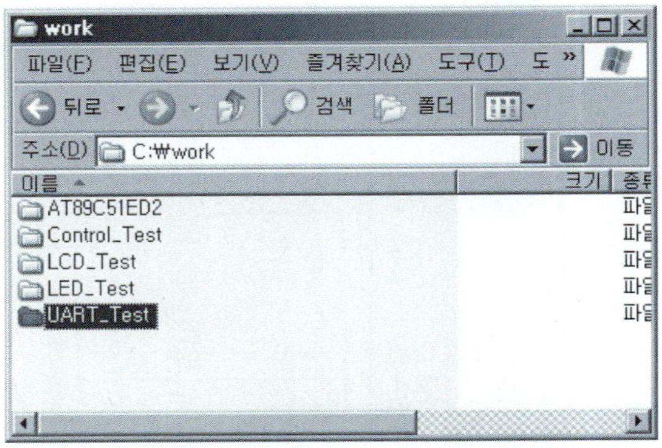

[그림 10-6] 프로그램 소스를 바탕 화면에 복사

② 여기서는 UART_Test 디렉토리에 들어가서 UART_Test.Uv2 파일을 더블클릭하면 Keil 프로그램이 호출되어 소스 파일을 확인할 수가 있다.

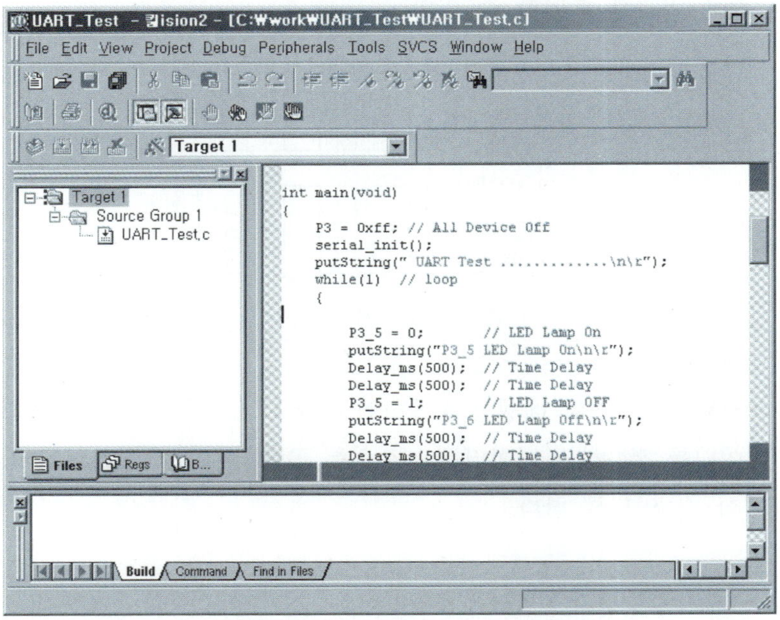

[그림 10-7] Keil 프로그램 실행

UART 통신 프로그래밍 소스이다.

- main() 함수가 Serial 포트 초기화 함수인 serial_init() 함수를 호출하고 "UART Test ...."를 출력해준다. 그런 후, while문을 수행하여 LED Lamp가 점등되면서 점등상태를 UART를 통하여 출력해 주는 프로그램이다.

[Source Code 10-1] main.c

```
int main(void)
{
    P3 = 0xff; // All Device Off
    serial_init();
    putString(" UART Test .............\n\r");
    while(1)  // loop
    {
          P3_5 = 0;        // LED Lamp On
          putString("P3_5 LED Lamp On\n\r");
          Delay_ms(500);  // Time Delay
             Delay_ms(500);  // Time Delay
          P3_5 = 1;        // LED Lamp OFF
          putString("P3_6 LED Lamp Off\n\r");
             Delay_ms(500);  // Time Delay
             Delay_ms(500);  // Time Delay
    }
    return 0;
}

void serial_init(void)
{

    long int BD_RATE=9600,FREQ=11059200; // Baud rate Setting
    SCON = 0x52;
    PCON |= 0x80;
    TMOD |= 0x20;
    TH1 = 256 - ((2 * FREQ) / (32 * 12 * BD_RATE));
    TR1 = 1;       // Turn on Timer 1
    ES = 1;        // Enable SIO0 (UART) interrupt
    SBUF = 0;
}

void PutByte(unsigned char c)
{
         SBUF = c;
         while(!TI);
         TI = 0;
}

void putString(char *s)
{
         while (*s){
                  PutByte(*s++);
         }
}
```

CHAPTER 10

- UART Port 초기화 함수이다. 이 함수를 통하여 UART의 보레이트를 설정한다.

BD_RATE 변수는 통신속도를 지정을 해주고, FREQ는 현재 사용하고 있는 CPU의 메인 클럭 주파수의 값을 설정하면 된다.

[그림 10-3] 마이크로프로세서의 UART 통신회로를 보면 메인 주파수가 11.0592MHz로 설계된 것을 확인할 수 있다.

```
void serial_init(void)
{

    long int BD_RATE=9600, FREQ=11059200; // Baud rate Setting
    SCON = 0x52;
    PCON |= 0x80;
    TMOD |= 0x20;
    TH1 = 256 - ((2 * FREQ) / (32 * 12 * BD_RATE));
    TR1 = 1;       // Turn on Timer 1
    ES = 1;        // Enable SIO0 (UART) interrupt
    SBUF = 0;
}
```

- PutByte() 함수는 한 바이트 UART 통신을 통하여 전송하는 함수이고, putString() 함수는 문자열을 출력해주는 함수이다.

```
void PutByte(unsigned char c)  // 1Byte out
{
        SBUF = c;
        while(!TI);
        TI = 0;
}


void putString(char *s)         // String out
{
        while (*s){
                PutByte(*s++);
        }
}
```

03 UART 프로그램 컴파일 및 다운로드

① Build 버튼을 눌러 컴파일을 한다. 컴파일을 수행하면 UART_Test.hex 파일이 생성된다.

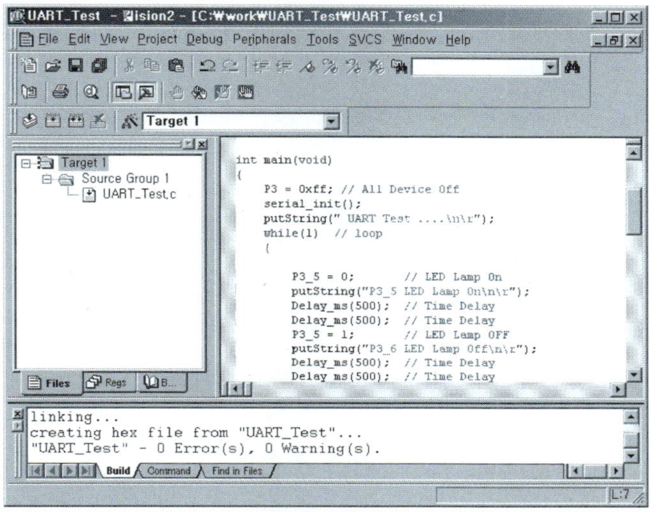

[그림 10-8] 컴파일

① 컴파일을 수행하였으면 Flip을 이용하여 8051 장비에 다운로드한다. 다운로드하는 방법은 앞에서 설명했듯이 먼저 장비의 동작 모드를 ISP 모드로 설정해 주고 Reset 버튼 또는 메인 전원을 Off→On시켜 준 후 Flip 프로그램을 이용하여 UART_Test.hex 파일을 8051에 다운로드하면 된다.

[그림 10-9] ISP Mode

③ Flip 프로그램에서 디바이스와 통신 포트를 설정한 후에 File/Load HEX를 클릭하여 다운로드할 파일을 선택하고, Run 버튼을 클릭하여 프로그램을 다운로드한다.

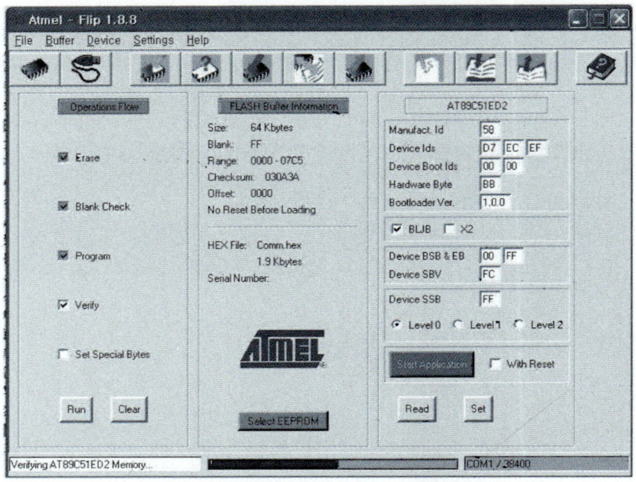

[그림 10-10] 이미지 다운로드

④ 다운로드가 끝이 나면 Flip 프로그램을 종료한다. 그리고 제공된 CD의 13.56MHz\Serial Pro의 디렉토리에 Terminal.exe 파일을 실행한다. 통신 포트를 자신의 PC의 번호와 맞추고 Baud rate는 9600으로 설정을 한 후 Connect 버튼을 클릭한다.

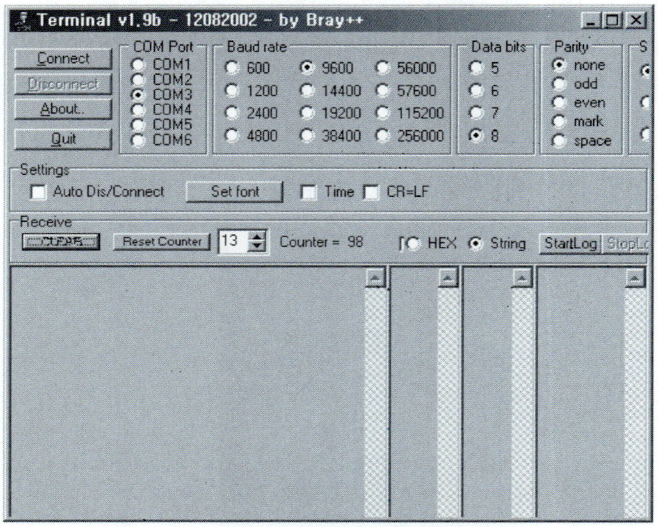

[그림 10-11] 통신 프로그램 실행

5 마지막으로 8051을 RUN 모드로 설정하고, Reset 버튼을 클릭하거나 메인 전원을 Off → On하여 장비를 동작시키면 [그림 10-12]와 같이 UART 포트를 통해 데이터가 나타나고, ED-3710 장비의 LED Lamp가 점멸되는 것을 확인할 수 있다.

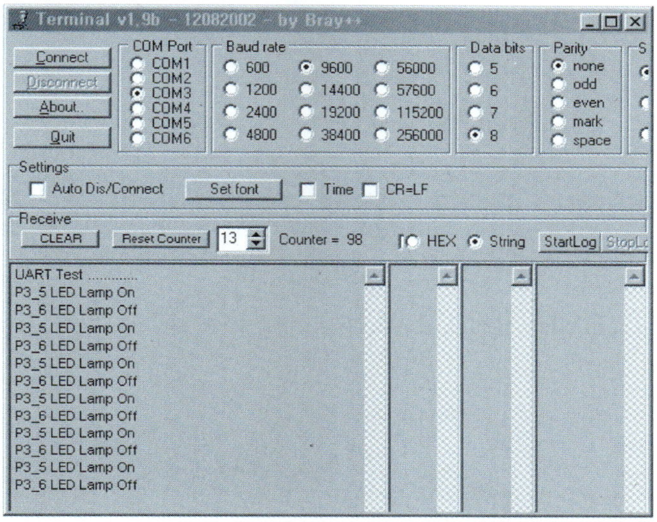

[그림 10-12] 장비 동작

11장 uVision2를 이용한 RFID 프로그램

01 13.56MHz RFID 시스템 리더기

[그림 11-1]은 13.56MHz RFID Reader의 회로를 보여주고 있다.

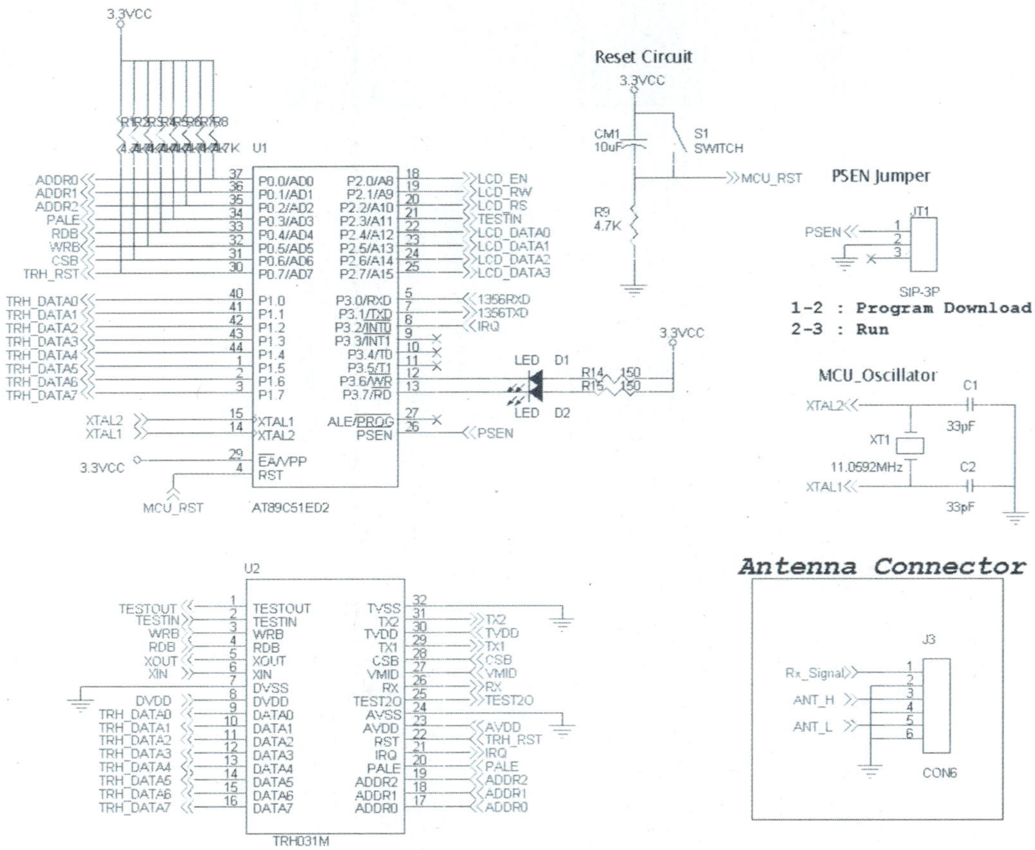

[그림 11-1] 13.56MHz RFID Reader 회로

8051 마이크로프로세서는 보드 전체를 통제하는 기능을 수행하며 LCD와 13.56MHz RFID Chip 모두 마이크로프로세서의 명령을 받아서 동작하도록 되어 있다. LCD 영역은 5V에서 동작하고 나머지 부분들은 3.3V에서 동작한다.

AT89C51ED2 마이크로프로세서를 사용한다. AT89C51ED2는 64kbyte Flash ROM와 256byte RAM을 가지고 있고 RS-232를 통하여 프로그래밍이 가능하다.

02 13.56MHz RFID 리더기 프로그램

1. C:\work 디렉토리를 보면 AT89C51ED2라는 디렉토리가 있으며 이 디렉토리안에 RFID 프로그램 프로젝트 파일인 SDK.Uv2 파일이 있다.

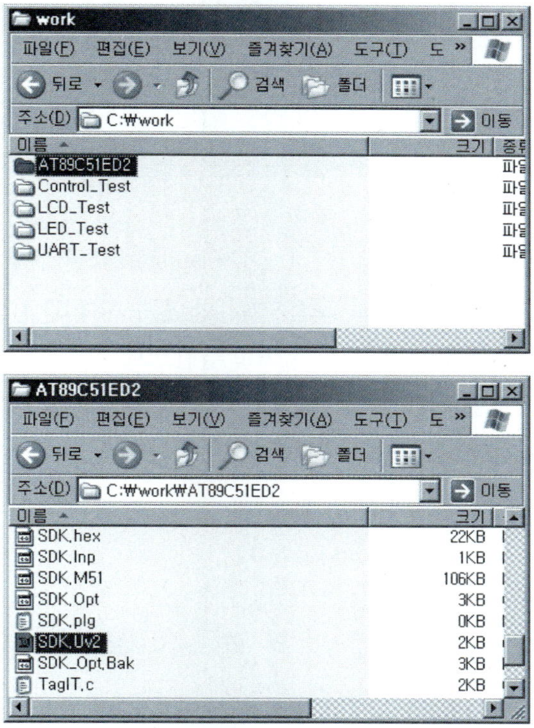

[그림 11-2] 프로그램 소스를 바탕화면에 복사

② AT89C51ED2 디렉토리의 SDK.Uv2 파일을 더블클릭하면 Keil 프로그램이 호출되어 소스 파일을 확인할 수가 있다.

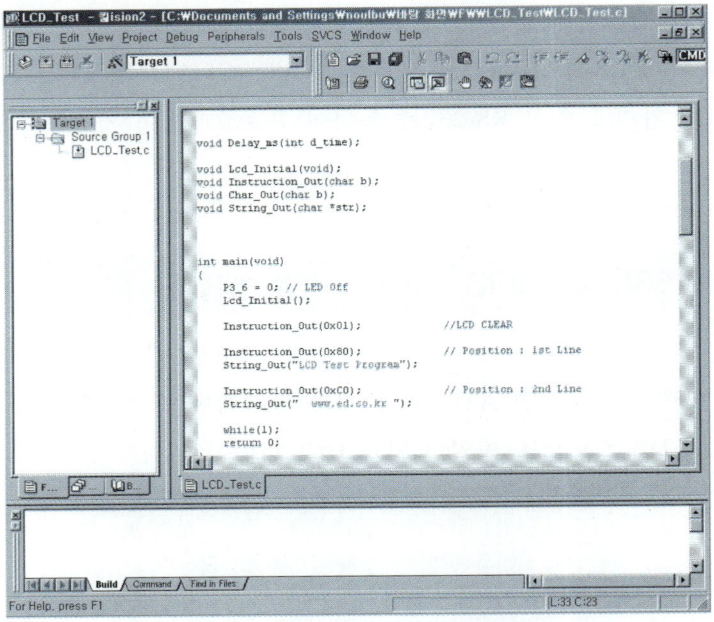

[그림 11-3] Keil 프로그램 실행

- 13.56MHz RFID 프로그래밍 소스이다. 먼저 main.c 파일안에 main() 함수가 위치해 있으며 LCD 초기화 함수, Serial 포트 초기화 함수, RFID Chip인 TRH031 초기화 함수 등이 있으며 각각의 디바이스 초기화 루틴으로 구성되어 있다. 그리고 while문을 무한 루프로 구성하여 RFID 값을 계속 읽어들일 수 있다. RFID Tag를 읽어들일 때마다 LED가 점등되도록 프로그램이 구성되어 있다.

[Source Code 11-1] main.c

```
void main(void)
{
    unsigned char comp=0;
    ReadStatus = 0;
    Lcd_Initial();
    serial_init();
    TRH031M_Init(); // Interface set : Dummy Read
    Reset_TRH031M();
    AREG_Set();
    RFOFF();
    RFON();
```

```
    Delay(20);

    Instruction_Out(0x01);  //LCD CLEAR
    Instruction_Out(0x80);  // Position : 1st Line
    String_Out(" ED-RFID Reader ");
    Instruction_Out(0xC0);  // Position : 2nd Line
    String_Out("  www.ed.co.kr ");
     ...
     ...
    while(1) // 무한루프
    {
        if(ReadStatus == 1) // RFID Read Timming Setting
        {
            Delay_ms(300);  // Time Delay
            Delay_ms(700);
            ReadStatus = 0;
        }
        Instruction_Out(0x80);  // Position : 1st Line
        String_Out(" ED-RFID Reader ");
        if(RI==1) FunctionRun();
        else if (AutoMode == 0xAA) {
      ...
}
```

- RFID Chip의 레지스터를 Read/Write하는데 사용되는 기본 함수들과 RF On/Off 함수로 구성되어 있다. RFID Chip 초기화 및 레지스터를 설정해주는 역할을 해준다.

[Source Code 11-2] Basic_Function.c

```
void Reset_TRH031M (void)
{
        RST = 0;
        Delay_ms(100);
        RST = 1;
        Delay_ms(100);
        RST = 0;
        Delay_ms(100);
}

void Write(BYTE Address, BYTE Command)
{
        CSB = 0;
        ADBus = Address;
        PALE = 1;
        PALE = 0;
        ADBus = Command;
        WRB = 0;
        WRB = 1;
        CSB = 1;
}

BYTE Read(BYTE Address)
{
        BYTE temp;
```

```
        CSB = 0;
        ADBus = Address;
        PALE = 1;
        PALE = 0;
      ADBus = 0xFF;
        RDB = 0;
        temp = ADBus;
        RDB = 1;
        CSB = 1;
        return(temp);
}

void RFon(void)
{
        Write(0x11, 0x5B);    // TxControl Setting 5B → On
        return;
}

void RFoff(void)
{
        Write(0x11, 0x58);    // TxControl Setting 58 → Off
        return;
}
```

- serial_init() 함수는 UART 설정하는 기능을 수행한다. Source Code를 보면 Baud rate는 9600bps로 설정하였으며, BD_RATE는 원하는 Baud rate를 기입해 주고 FREQ는 8051 CPU의 메인 클럭의 주파수를 기입해 주면 수식에 의해 Baud rate가 설정된다. 시리얼 포트를 통하여 PC로 데이터를 전송하여 여러 가지 애플리케이션 프로그램과 연동하여 장비를 운용할 수 있다.

[Source Code 11-3] Interrupt.c

```
void serial_init(void)
{
    long int BD_RATE=9600,FREQ=11059200·;
    SCON = 0x52;
    PCON |= 0x80;
    TMOD |= 0x20;
    TH1 = 256 - ((2 * FREQ) / (32 * 12 * BD_RATE));
    TR1 = 1;     // Turn on Timer 1
    ES = 1;      // Enable SIO0 (UART) interrupt
    SBUF = 0;
}
```

LCD_Fucntion.c 파일에는 LCD 제어 루틴이 들어 있다. Lcd_Initial() 함수 외에도 Instruction_Out(), Char_Out(), String_Out() 등의 함수들이 구성되어 16×2 Line Text LCD를 제어한다. 이 LCD를 통하여 RFID Tag 정보를 디스플레이한다.

[Source Code 11-4] LCD_Fucntion.c

```
void Lcd_Initial(void)                 //LCD초기화 루틴
{
  EN=0;
  Delay_ms(100);
  Instruction_Out(0x28);  //LCD FUNCTION SET(16*2LINE, 4BIT, 5*8DOT)
  Delay_ms(100);
  Instruction_Out(0x0c);  //LCD DISPLAY ON,CURSOR OFF,BLINK OFF
  Delay_ms(100);
  Instruction_Out(0x01);  //LCD CLEAR
  Delay_ms(100);
  Instruction_Out(0x06);  //LCD ENTRY MODE SET
  Delay_ms(100);
  Instruction_Out(0x02);  //Cursor HOME
}
```

03 13.56MHz RFID 프로그램 컴파일 및 다운로드

① Build 버튼을 클릭하여 컴파일을 한다. 컴파일을 수행하면 SDK.hex 파일이 생성된다.

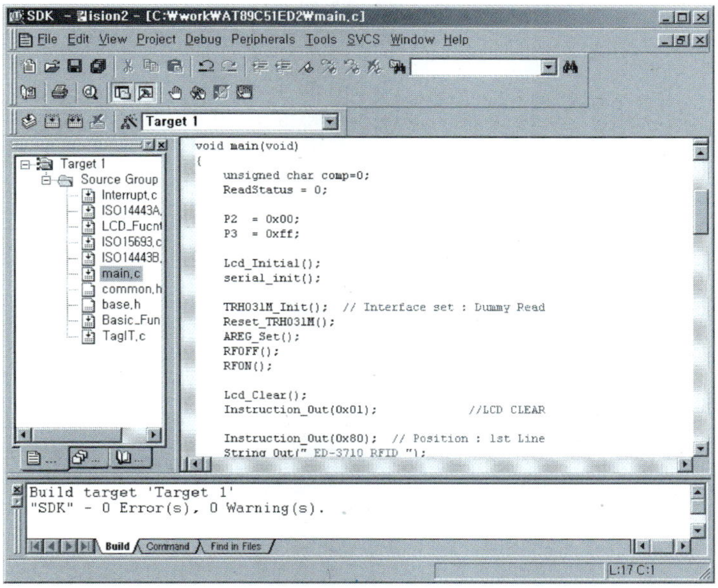

[그림 11-4] 컴파일

② 컴파일을 수행하였으면 Flip을 이용하여 8051 장비에 다운로드한다. 장비의 동작 모드를 ISP 모드로 설정해 주고 Reset 버튼 또는 메인 전원을 Off→On시켜 준 후 Flip 프로그램을 이용하여 SDK.hex 파일을 8051에 다운로드하면 된다.

[그림 11-5] ISP Mode

③ Flip 프로그램에서 디바이스와 통신 포트를 설정한 후에 File/Load HEX를 클릭하여 다운로드할 파일을 선택하고, Run 버튼을 클릭하여 프로그램을 다운로드한다.

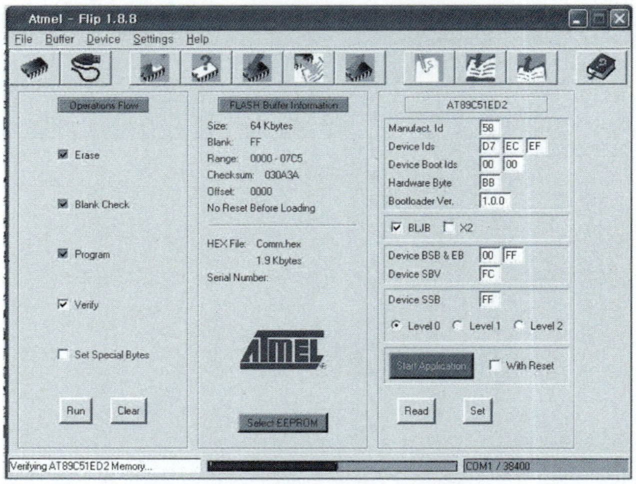

[그림 11-6] 이미지 다운로드

다운로드가 끝이 나면 RUN Mode로 스위치를 설정하고 Reset 버튼을 클릭하거나 메인 전원을 Off→On하여 ED-3710 장비를 동작시키면 LCD에 문자열이 디스플레이되는 것을 확인할 수 있다.

④ LCD에 첫 번째 라인에 "ED RFID Reader", 두 번째 라인에 "www.ed.co.kr"이라는 문자열이 출력된다.

[그림 11-7] LCD 문자 표시

⑤ 13.56MHz RFID Tag를 인식시켜 보면 LCD에 Tag ID 정보가 디스플레이된다.

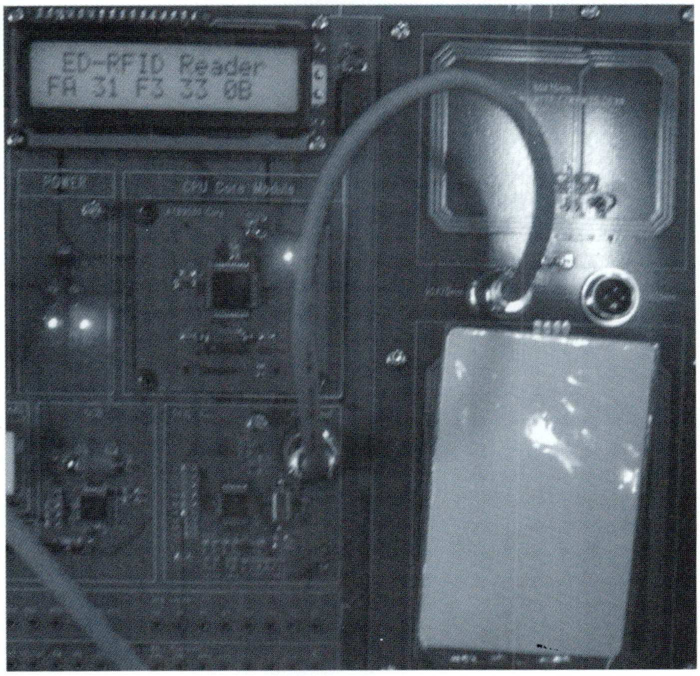

[그림 11-8] RFID Tag 동작

3.56MHz와 900MHz용의 RFID 응용 시스템

IV부

RFID 시스템 응용 프로그램

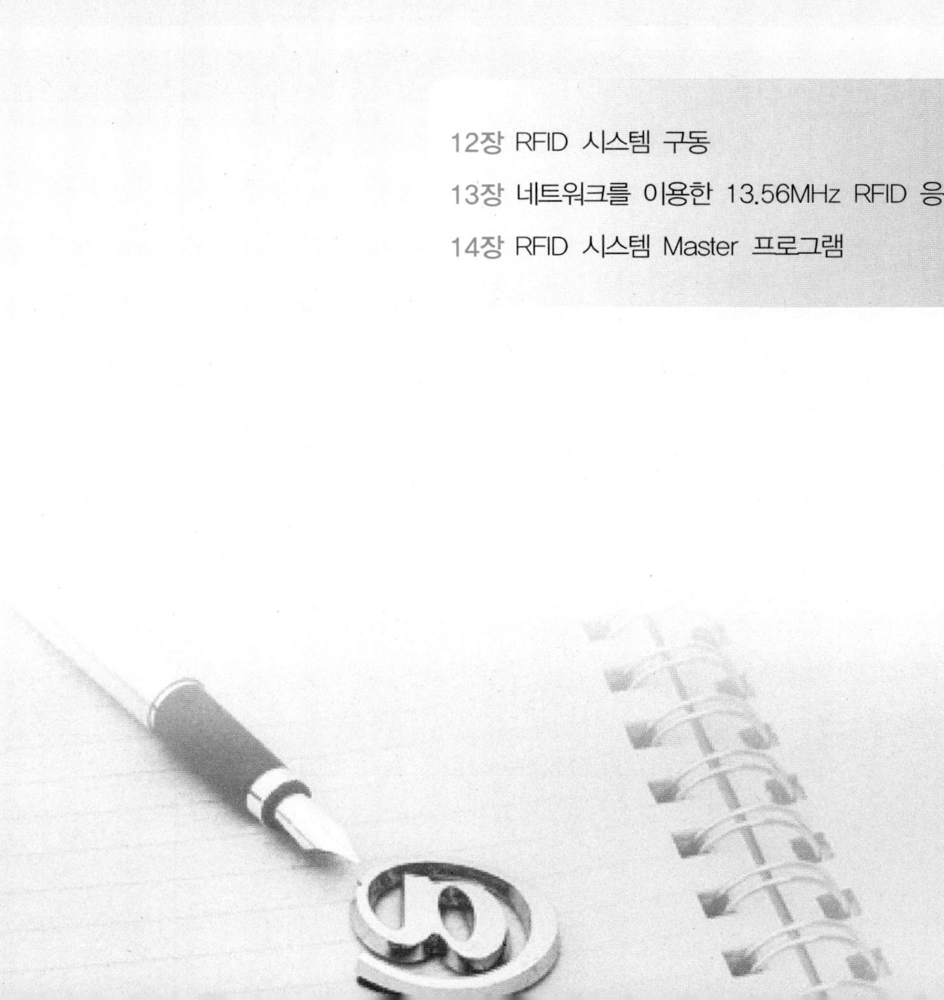

12장 RFID 시스템 구동

01 RFID 시스템(ED-3710) 제어 프로그램

RFID 시스템(ED-3710) 제어 프로그램을 이용하여 [그림 12-1]과 같이 Relay, Lamp, Fan, Heating Valve, AC220V 파워 컨트롤 등을 제어할 수 있는 프로그램을 제공하여 RFID Tag를 이용해 장비를 PC에서 제어할 수 있도록 하였다.

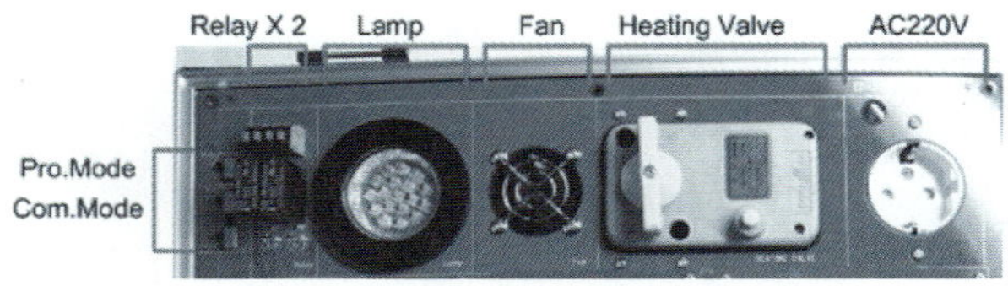

[그림 12-1] 제어장치

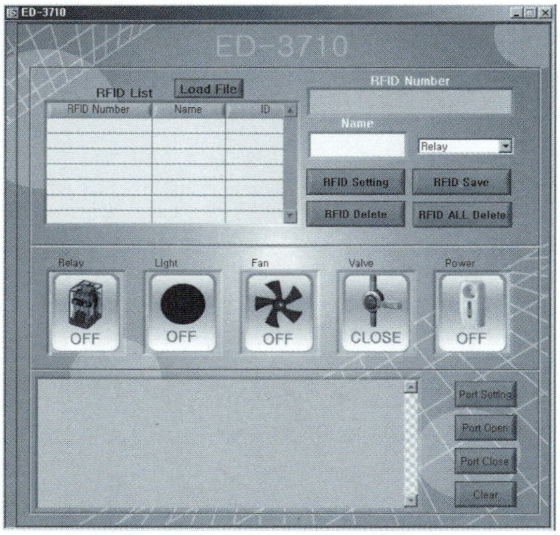

[그림 12-2] RFID 시스템(ED-3710) 제어 프로그램

[그림 12-2] RFID 시스템(ED-3710) 제어 프로그램을 PC에 인스톨하여 RFID 장비를 제어한다.

① 제공된 CD의 RFID Application Program\13.56MHz Device Control 디렉토리에 보면 인스톨 파일인 Setup.exe 파일이 있으며 이것을 실행한다.

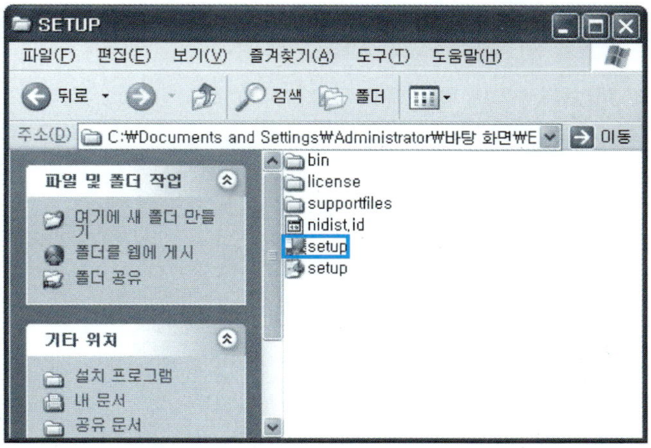

[그림 12-3] 인스톨 파일(Setup.exe)

② setup.exe를 실행하면 다음과 같은 설치 프로그램 초기화 화면이 나온다.

[그림 12-4] 설치 프로그램 초기화

③ 초기화가 끝나면 프로그램 설치 경로설정 화면이 나타나며 디폴트로 다음 버튼을 클릭한다.

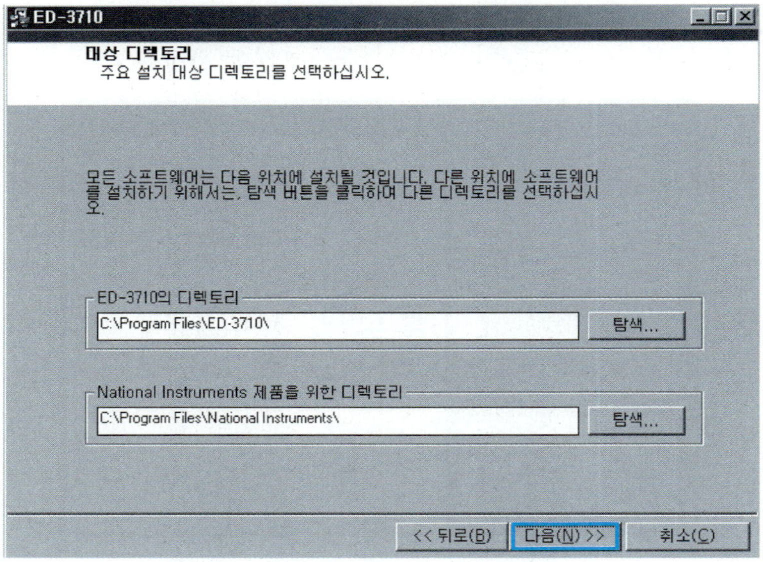

[그림 12-5] 설치 경로설정

④ 라이센스 협약에 동의를 하고 다음 버튼을 클릭한다.

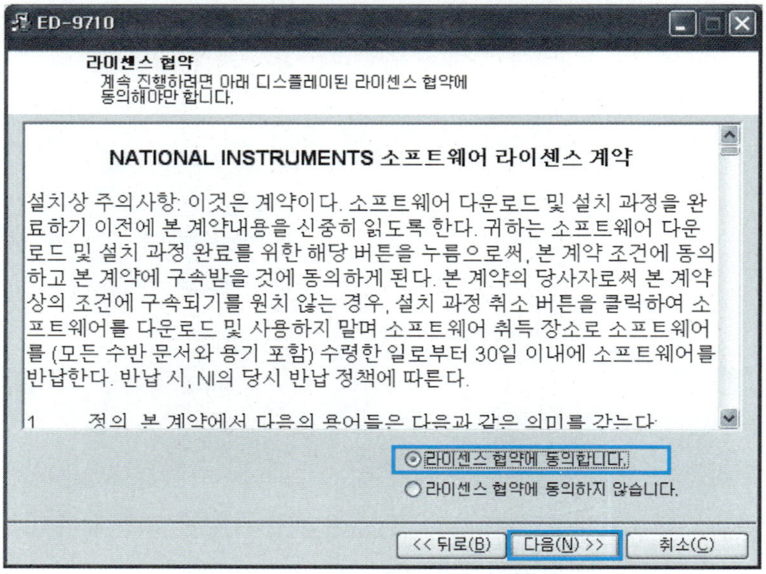

[그림 12-6] 라이센스 협약 동의

⑤ 설치 요약을 확인하고 다음 버튼을 클릭한다.

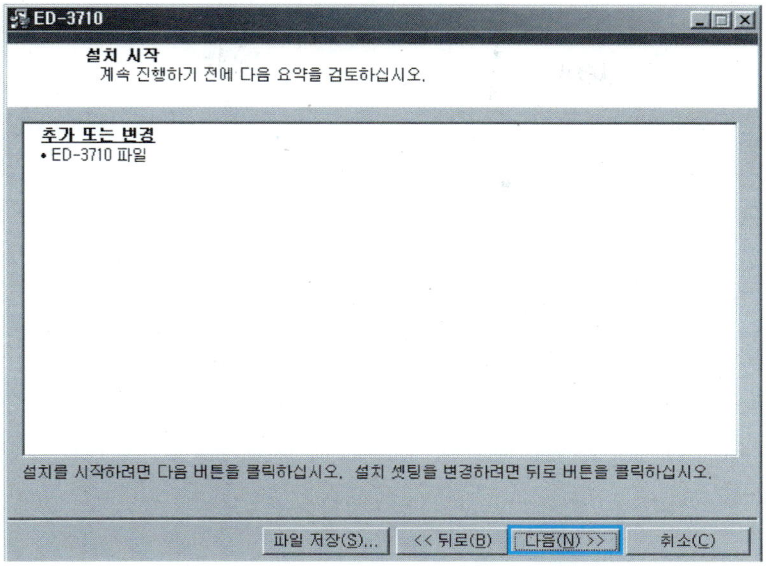

[그림 12-7] 설치 요약 확인

⑥ ED-3710 프로그램 설치진행 화면이 보여준다. 설치가 완료될 때까지 대기한다.

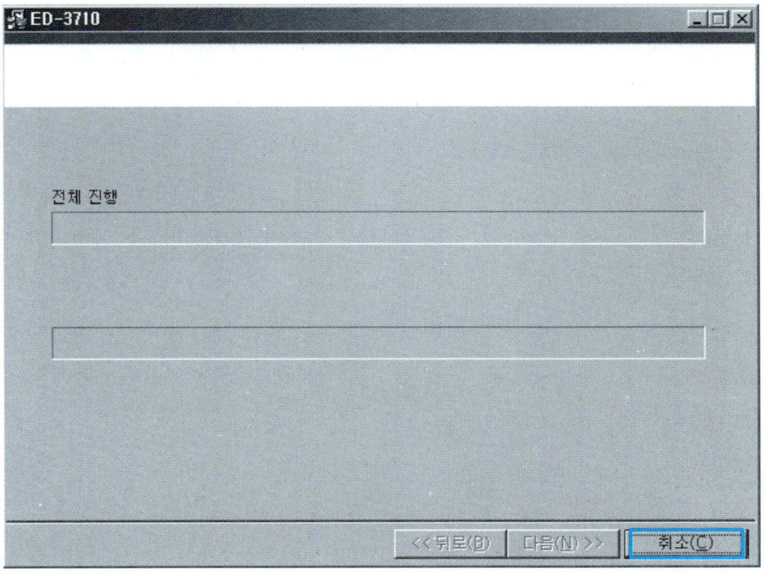

[그림 12-8] 프로그램 설치

7 설치 진행이 모두 끝이 났으면 종료 버튼을 클릭한다.

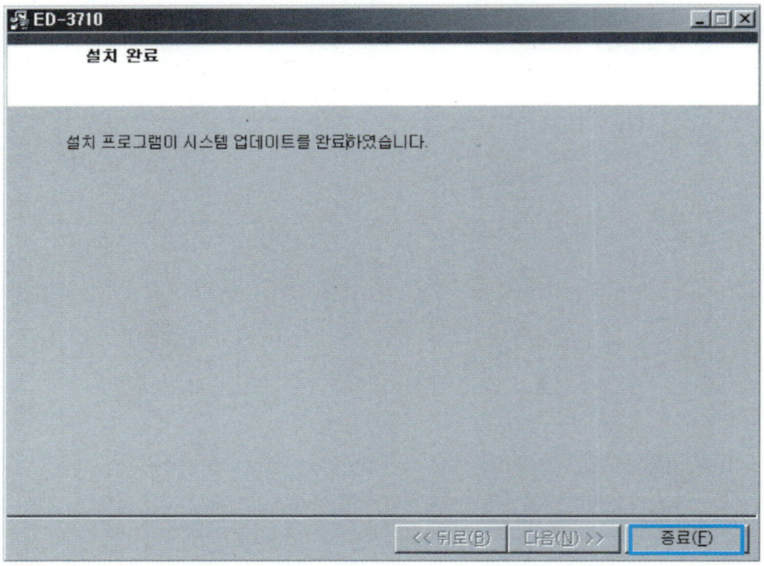

[그림 12-9] 프로그램 설치 완료

8 설치가 완료되면 시작/프로그램/ED-3710/ED-3710에 실행 아이콘이 생성되어 있다.

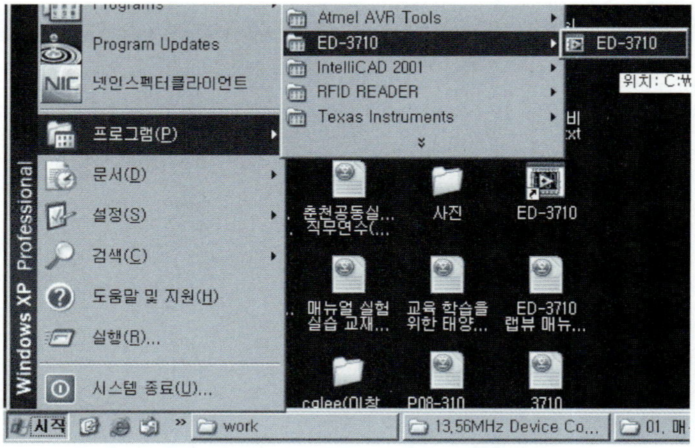

[그림 12-10] 시작 아이콘

02 RFID 시스템(ED-3710) 사용방법

① 시작 → 프로그램 → ED-3710 → ED-3710을 실행시키면 [그림 12-11]과 같은 화면이 디스플레이된다.

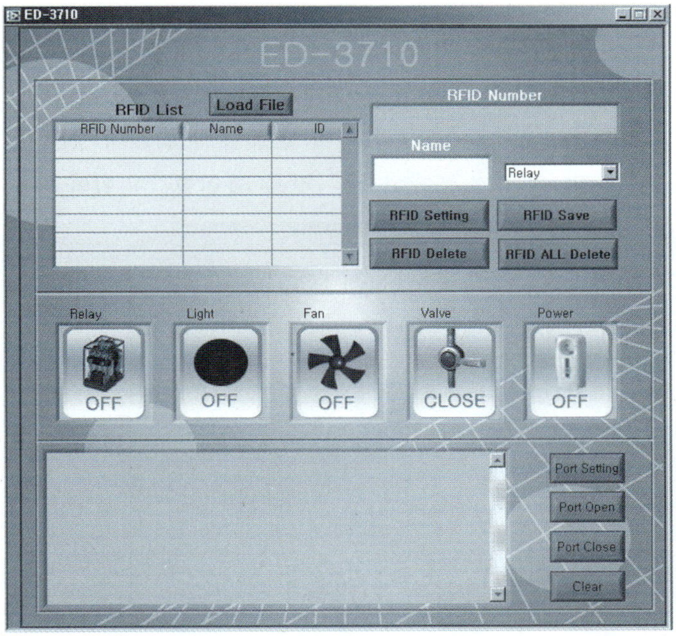

[그림 12-11] 시작 아이콘

② Port Setting을 클릭하여 ED-3710 장비와 통신할 수 있도록 통신 포트를 설정한다.

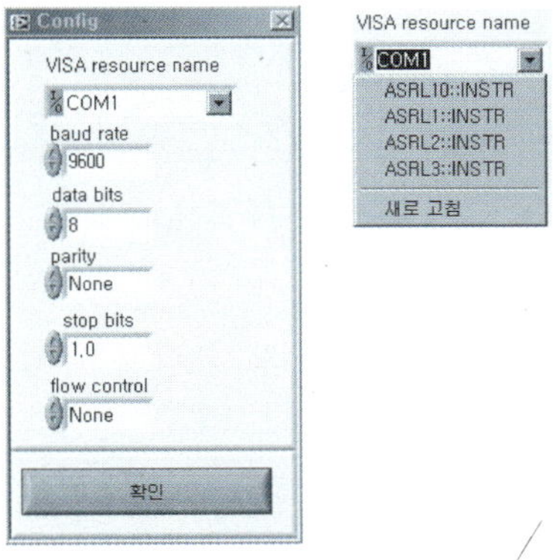

[그림 12-12] 통신 포트 설정

- baud rate, data bits, parity, stop bits, flow control은 default 상태로 해 놓고 VISA resource name은 pc에 연결된 포트로 설정한다.
- default는 COM1으로 되어 있으며, 프로그램에서는 COM1= ASRL1::INSTR로 나타낸다. 예를 들어 PC상에서 COM2를 선택하고 싶다면 목록에서 ASRL2::INSTR을 선택한다. 통신 포트 설정이 끝이 났으면 확인 버튼을 클릭해 준다.

③ Port Open을 클릭하면 이제 설정한 포트에 연결이 된다.

④ 13.56MHz RFID Tag를 ED-3710 장비의 안테나에 접근시키면 태그의 프로토콜과 RFID Number가 PC에 디스플레이되는 것을 확인할 수 있다.

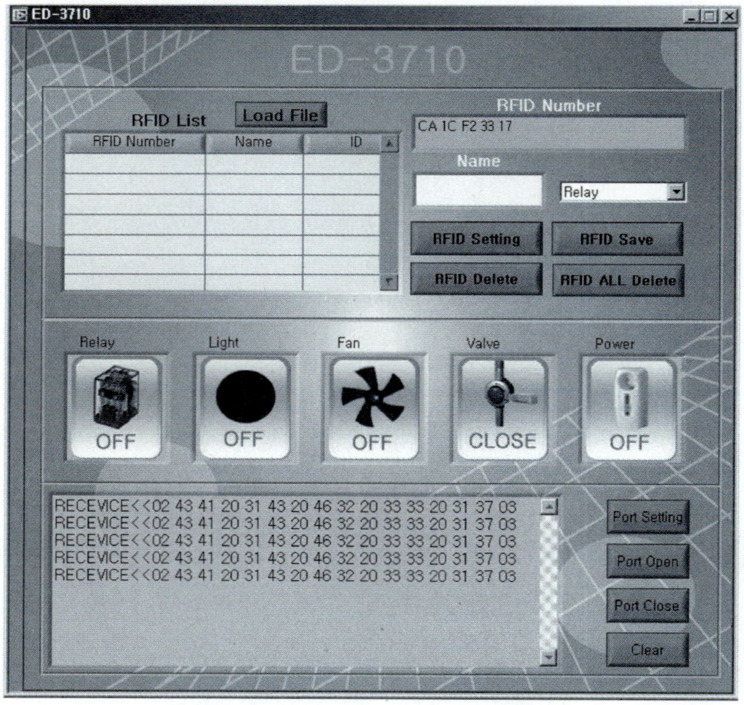

[그림 12-13] RFID Tag 입력

⑤ Name에 이름을 기입해주고 제어하려는 센서의 ID를 리스트 박스에서 선택하고 RFID Setting 버튼을 클릭하여 RFID List에 입력시킨다.
(교재에서는 Relay Name을 “TEST01”이라고 입력했다.)

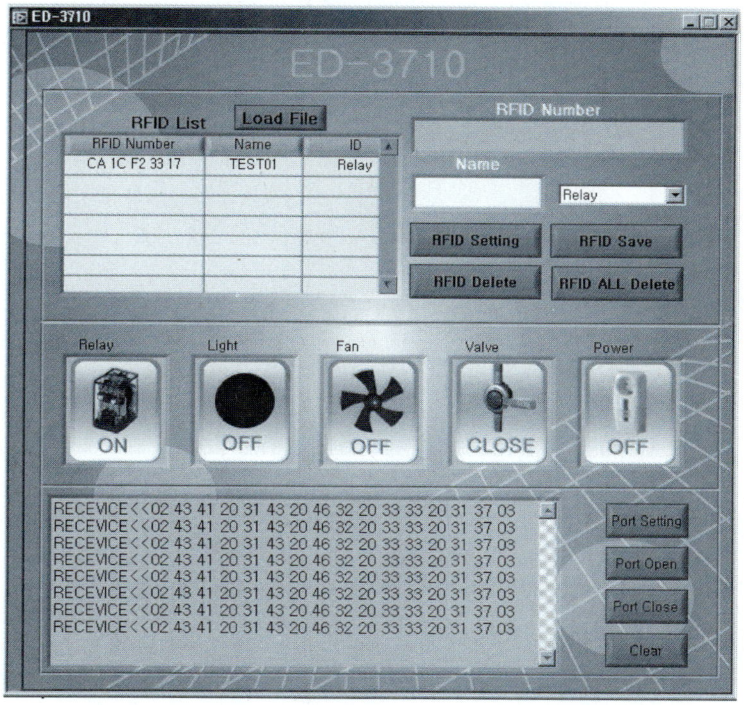

[그림 12-14] RFID Tag Name 부여(TEST01)

⑥ 위에선 ID를 Relay를 선택했으므로 입력시킨 RFID 태그를 다시 안테나에 갖다 대면 Relay가 ON/OFF 제어된다.

⑦ RFID List에 있는 특정 RFID Number를 지우고 다시 Name와 ID를 설정하려면 RFID List에서 지우려는 RFID Number를 선택하여 RFID Delete 버튼을 클릭하면 선택한 RFID List만 지워지게 된다.

⑧ ③번과 같은 방법으로 다른 RFID Tag를 안테나에 접근시키고 Light Name을 TEST02로 입력한다.

CHAPTER 12

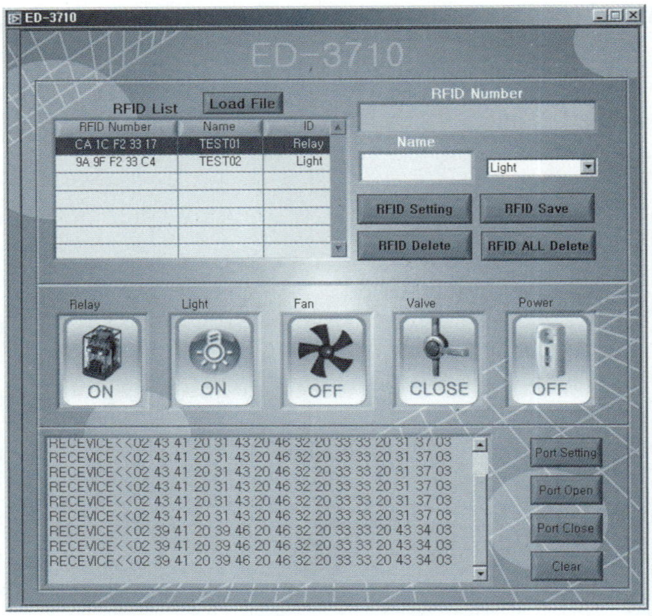

[그림 12-15] RFID Tag Name 부여(TEST02)

⑨ 반복하여 FAN, Heating Valve, AC 220V Power Control을 RFID Tag를 바꾸어 가면서 프로그램에 등록시킨다.

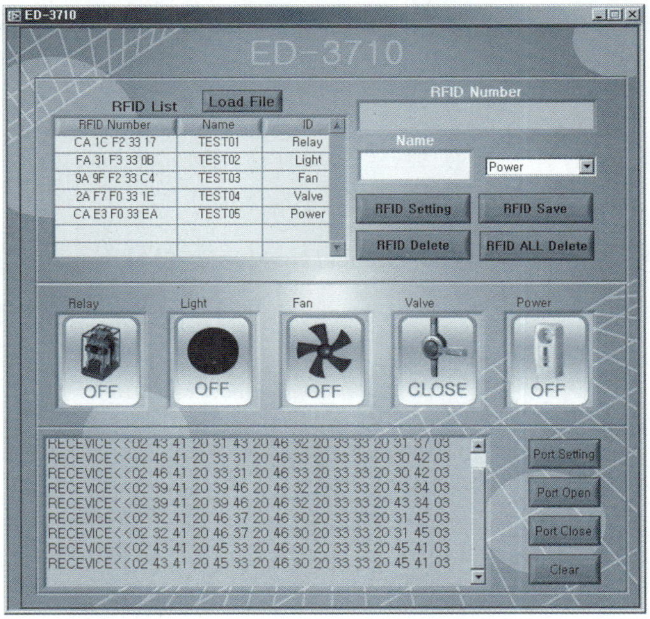

[그림 12-16] RFID Tag Name 부여(TEST03~05)

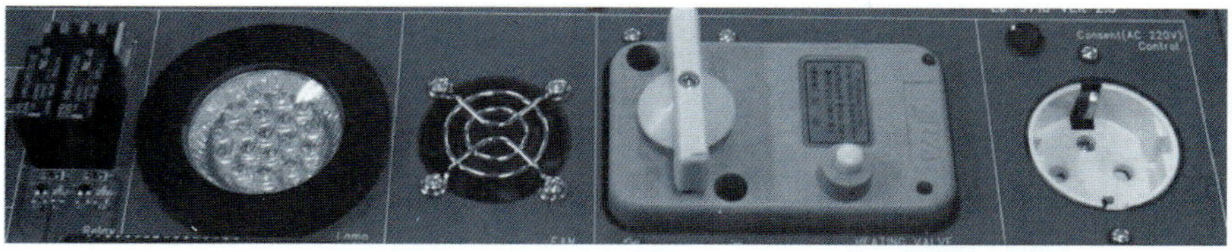

[그림 12-17] RFID Tag 등록 전 상태(정지상태)

⑩ RFID Tag를 PC 제어 프로그램에 모두 등록을 했으면 등록된 TAG를 하나씩 차례로 RFID Reader에 TAG를 읽도록 한다. 그러면 등록된 RFID Tag에 부여된 장치들이 동작을 한다.

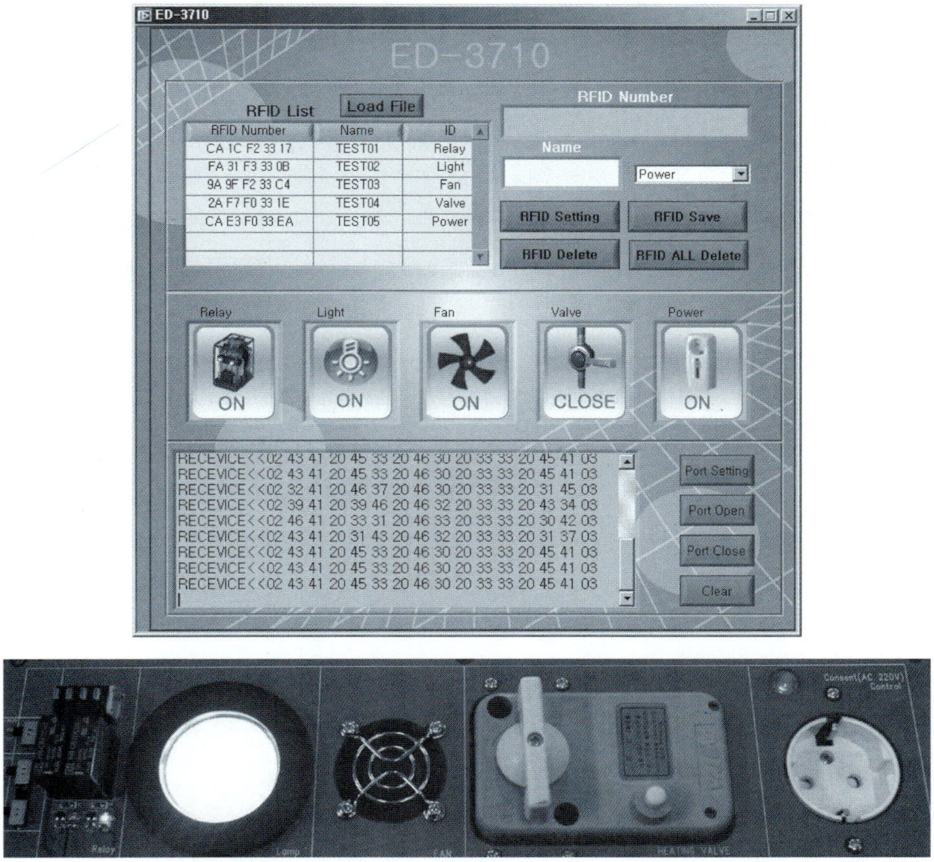

[그림 12-18] ED-3710 장치의 동작모습

⑪ 현재의 등록된 Tag 정보를 저장하려면 [RFID Save] 버튼을 클릭하여 저장시킬 경로 및 파일 이름을 기입하고 확인 버튼을 클릭한다.

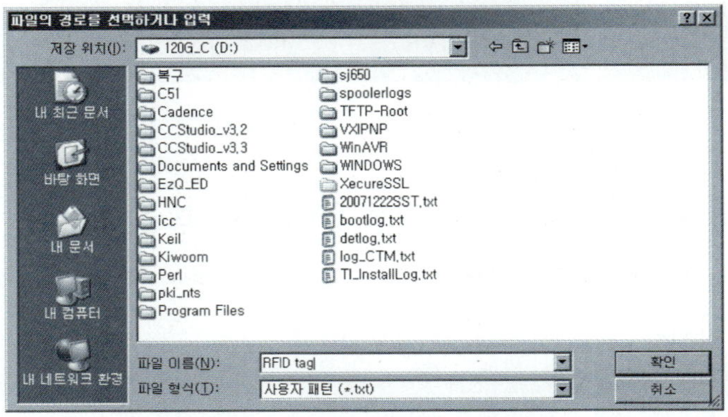

[그림 12-19] 현재 상태 저장

⑫ 저장된 파일을 불러오려면 [Load File]을 클릭하여 저장된 경로에 있는 파일을 불러오면 RFID List에 디스플레이가 되어 원하는 기능을 구현할 수 있다.

⑬ RFID List에 있는 것들을 다 지우고 다시 등록시키려면 [RFID ALL Delete]를 클릭하면 초기화가 된다.

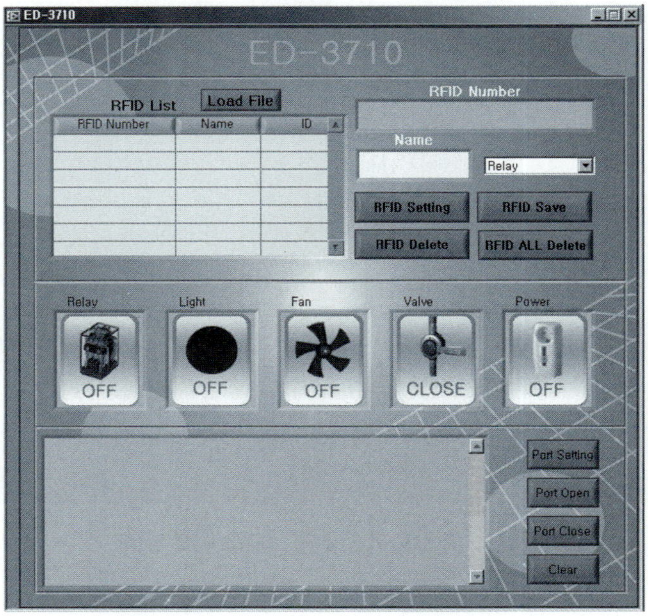

[그림 12-20] All Clear

⑭ [Clear] 버튼을 클릭하면 디스플레이되어진 프로토콜창을 초기화할 수 있다.

⑮ 통신을 끊고 싶으면 [Port Close] 버튼을 클릭하여 연결을 끊는다.

⑯ 프로그램을 종료하고 싶으면 우측 위에 있는 박스 중 [_□×] ×표시를 클릭하여 프로그램을 종료한다.

13장 네트워크를 이용한 13.56MHz RFID 응용

Network을 이용하여 13.56MHz RFID Reader를 운용해 보도록 한다.

ED-3710 장비에는 네트워크를 지원하기 위해 XPORT라는 작고 강력한 기능을 가진 이더넷 접속 모듈을 사용하였다.

XPORT는 커넥터형 케이스안에 CPU와 MEMORY 그리고 RTOS, PHY칩 등을 내장하고 있으며 단순한 RS-232 To Ethernet 변환을 해주는 모듈이다. AXPORT의 특징은 아래와 같다.

- 이더넷을 통한 RS-232접속
- 커넥터형의 작고 컴팩트한 사이즈
- TCP/IP, HTTP, EMAIL 지원
- Lantronix사 제품
- 크기(W×H×D) 34×16×16mm

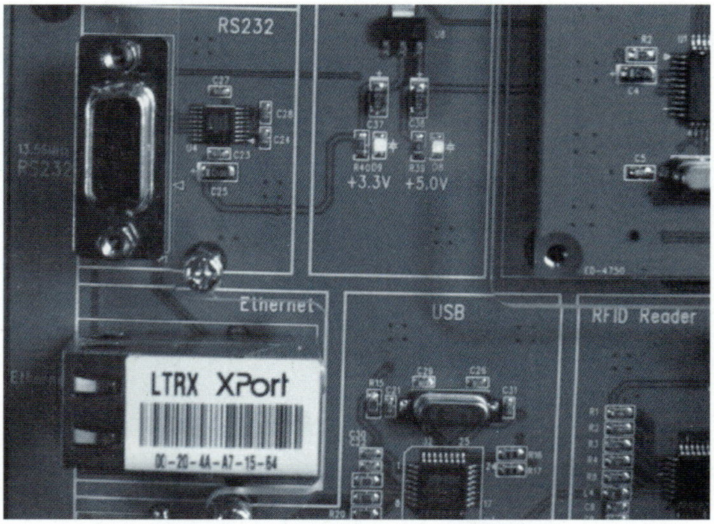

[그림 13-1] Lantronix XPORT(TCP/IP)

01 Lantronix Device Installer 프로그램 설치

① Etnernet을 통하여 RFID 장비를 응용하기 위해서는 COM.Mode 스위치를 [그림 13-2]와 같이 Ethernet으로 설정을 해준다. RS-232 통신에서 Ethernet 통신으로 변경하기 위해서이다.

[그림 13-2] COM.Mode 스위치 Ethernet으로 변경

② XPORT에 Ethernet 커넥터를 꽂고 장비 전원을 On시킨다.

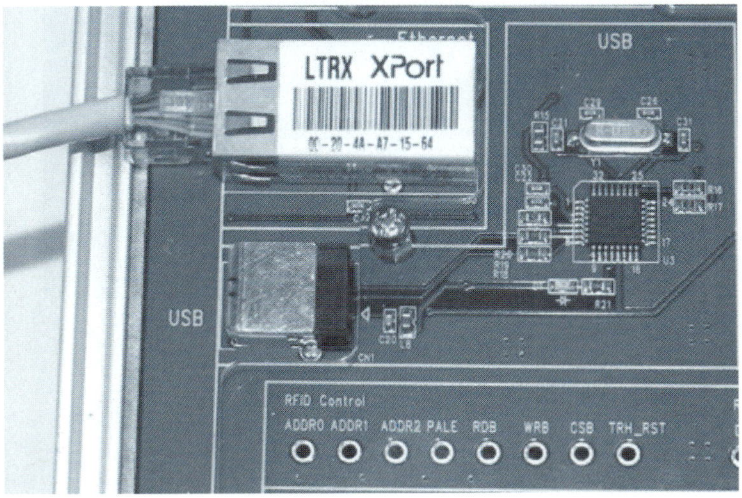

[그림 13-3] XPORT에 Ethernet 커넥터 연결

③ 제공된 CD의 Utility\Xport 디렉토리를 보면 XPORT의 IP 및 시리얼 통신을 설정하게 해주는 도구인 setup.exe 파일이 있다.

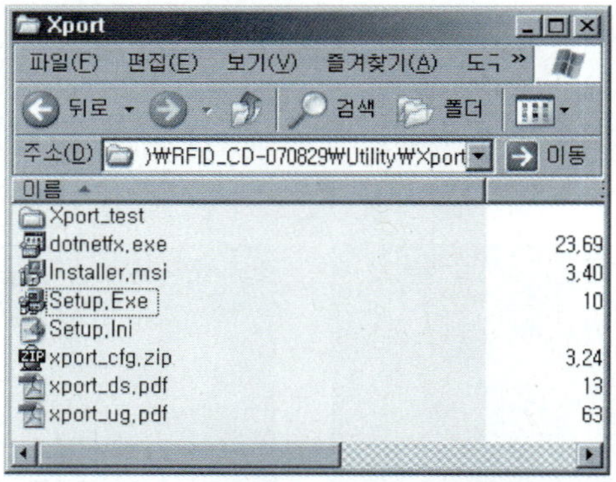

[그림 13-4] Lantronix Device Installer Setup File

④ setup.exe. 파일을 실행시키면 Lantronix Device Installer 화면이 화면에 나타나며 여기서 Next 버튼을 클릭하여 프로그램 설치를 진행한다.

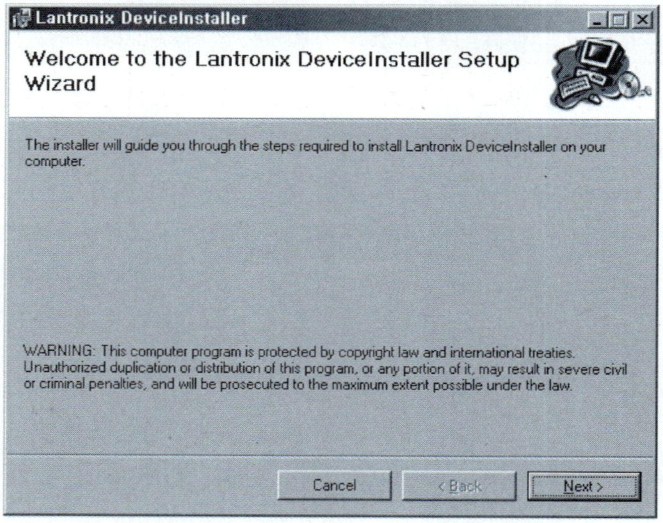

[그림 13-5] Lantronix Device Installer 설치

⑤ Lantronix Device Installer 설치 경로를 설정한다. 기본 경로에 설치를 하려면 Next 버튼을 클릭한다.

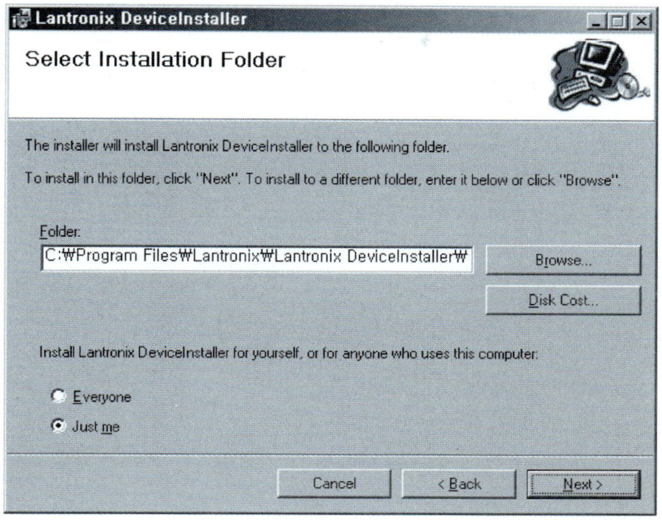

[그림 13-6] Lantronix Device Installer 설치 경로

⑥ Lantronix Device Installer 설치 여부를 재확인하는 창이며 Next 버튼을 클릭하여 프로그램 설치를 시작한다.

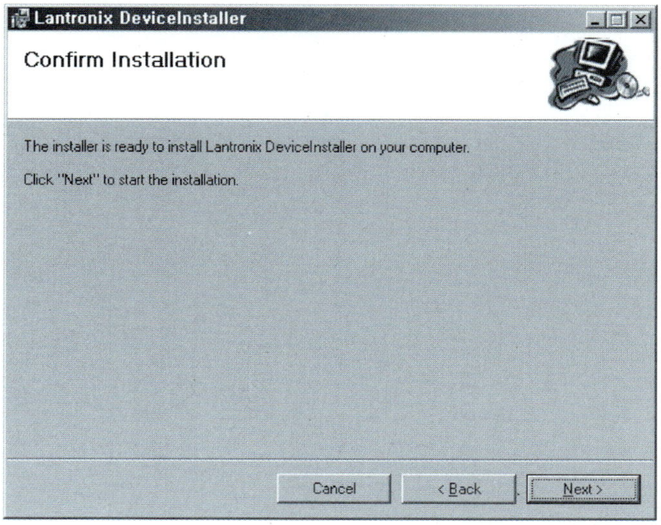

[그림 13-7] Lantronix Device Installer 설치 여부 재확인

7 Lantronix Device Installer 설치의 진행상황을 보여준다.

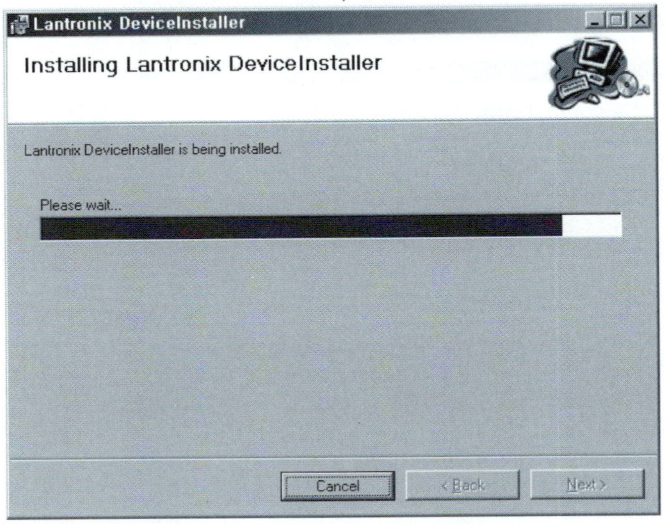

[그림 13-8] Lantronix Device Installer 설치 진행

8 Lantronix Device Installer 설치 종료 메시지이며 Close 버튼을 클릭하여 종료한다.

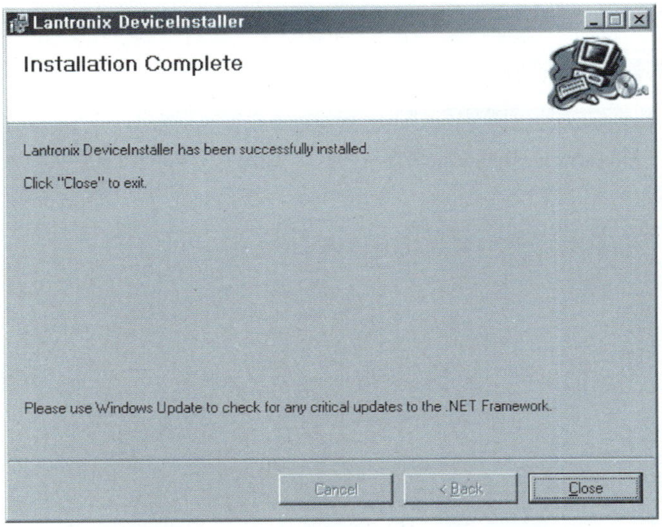

[그림 13-9] Lantronix Device Installer 설치 종료

02 Lantronix Device Installer 프로그램 시작

① 시작 메뉴에서 Lantronix → DeviceInstaller → DeviceInstaller를 선택하여 XPORT 응용 프로그램을 시작한다.

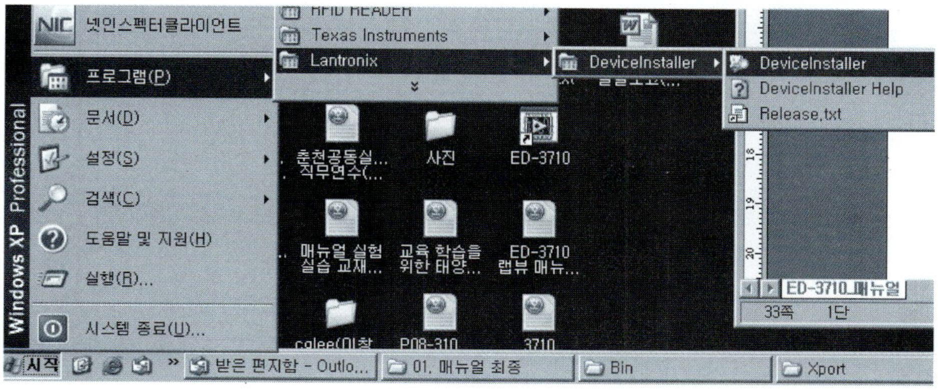

[그림 13-10] Lantronix Device Installer 실행

② Lantronix DeviceInstaller 실행 화면이다. ED-3710 메인 전원이 켜진 상태이고 Ethernet 커넥터에 LAN선이 꼭 연결되어 있다면 Search 아이콘을 클릭한다.

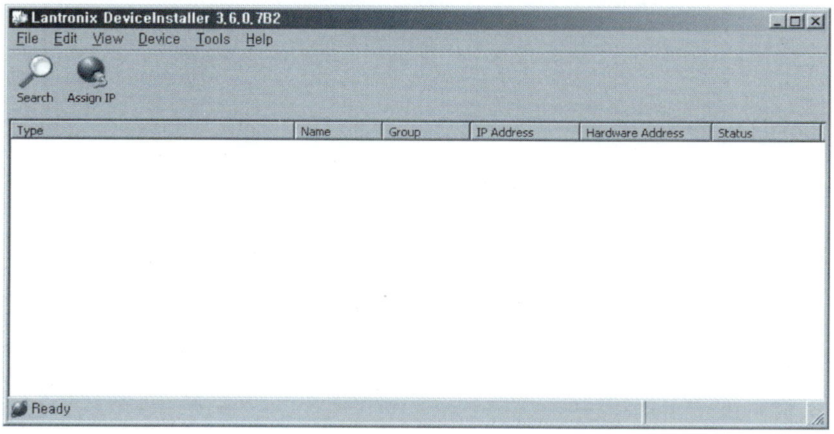

[그림 13-11] Lantronix 실행

CHAPTER 13

③ Search 아이콘을 클릭하면 네트워크에서 검색된 XPORT들의 리스트와 상태를 보여준다.

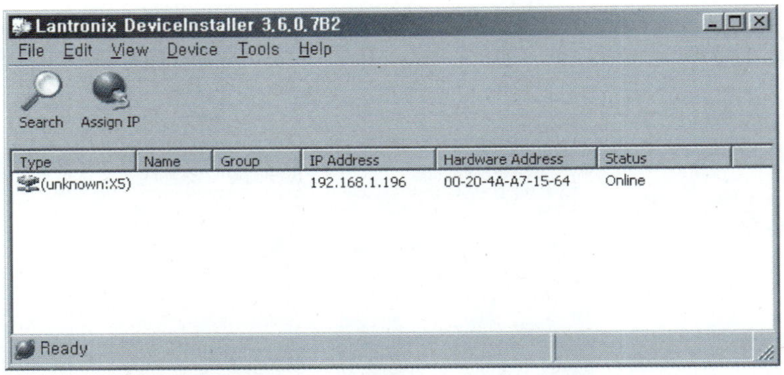

[그림 13-12] DeviceInstaller Search 수행

⑤ Assign IP 아이콘을 클릭하여 IP와 시리얼 포트 등의 설정값들을 변경할 수 있다. 여기서 중요한 것은 XPORT 커넥터 상단에 기술된 MAC Address를 꼭 확인을 하여야 한다. 이 MAC Address를 이용하여 Lantronix DeviceInstaller 프로그램이 XPORT로 접속하여 IP나 Port 번호, 시리얼 통신의 Baud rate 값 등을 변경할 수가 있기 때문이다.

[그림 13-13] XPORT의 MAC Address 확인

⑥ Assign IP 아이콘을 클릭하면 [그림 13-14]와 같이 MAC Address 주소 입력창이 열리면 에디터 박스에 XPORT 상단에 인쇄된 MAC Address 주로를 입력한다. 입력시 주의점은 두 자리를 입력하고 '-'를 기입하여야 한다.

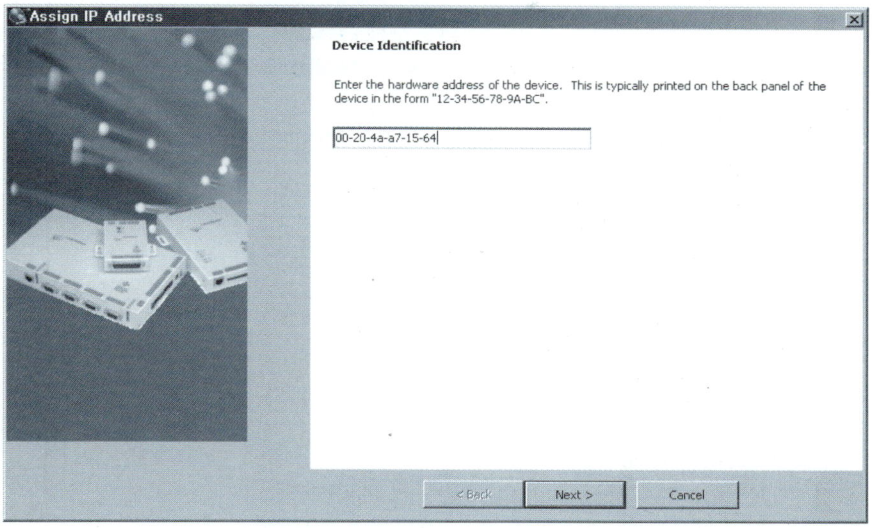

[그림 13-14] MAC Address 기입

⑦ Assign a specific IP address를 선택하여 직접 IP 주소를 입력하도록 한다.

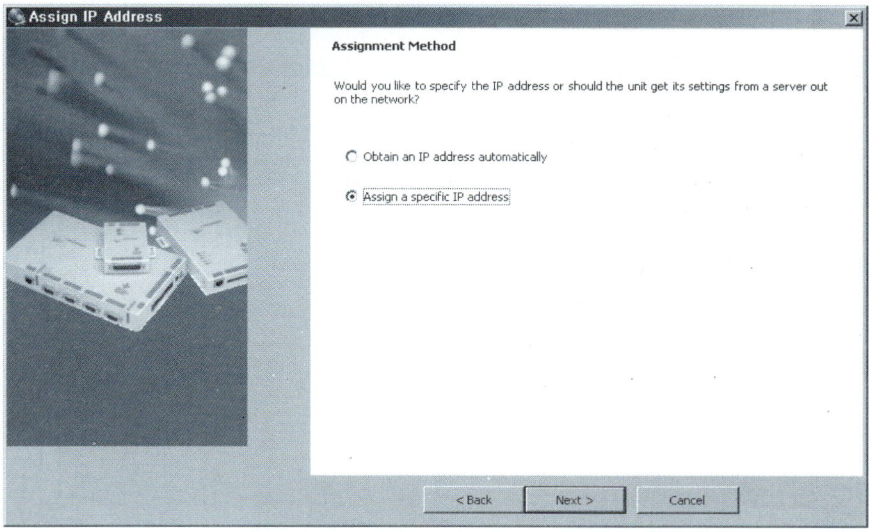

[그림 13-15] MAC Address 기입

⑧ IP address, Subnet mask, Default gateway를 각각 자신의 PC 또는 네트워크 환경에 맞게 설정을 한다. 현재 설정되는 값은 필자의 환경에 맞게 설정하는 것이다. 만일 PC와 ED-3710 장비와 1:1 Cross Cable로 연결이 되었다면 교재와 같이 설정하여도 된다.

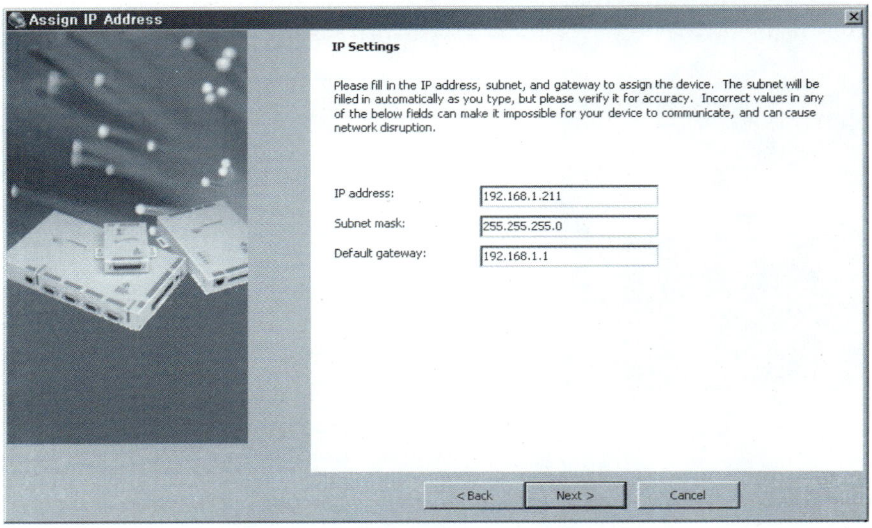

[그림 13-16] IP 주소설정

⑨ 설정된 IP 주소를 할당한다.

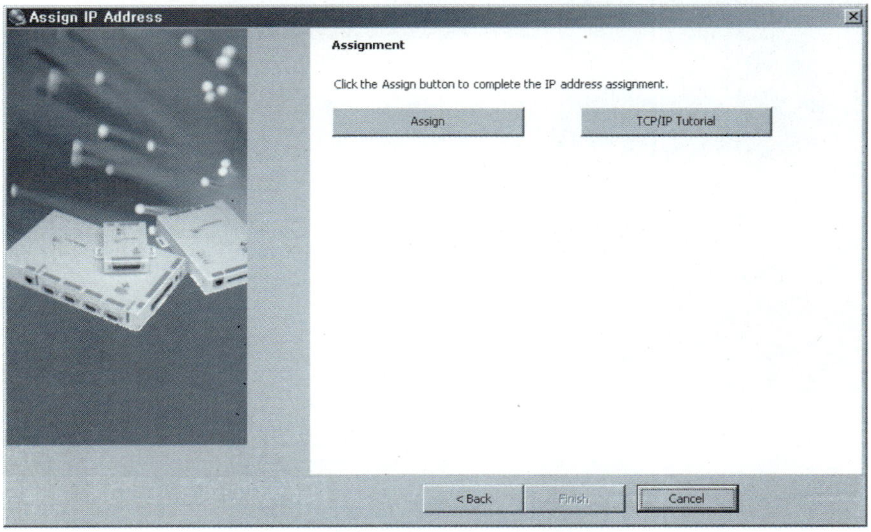

[그림 13-17] 설정된 IP 주소저장

⑩ IP 주소를 XPORT에 설정한다.

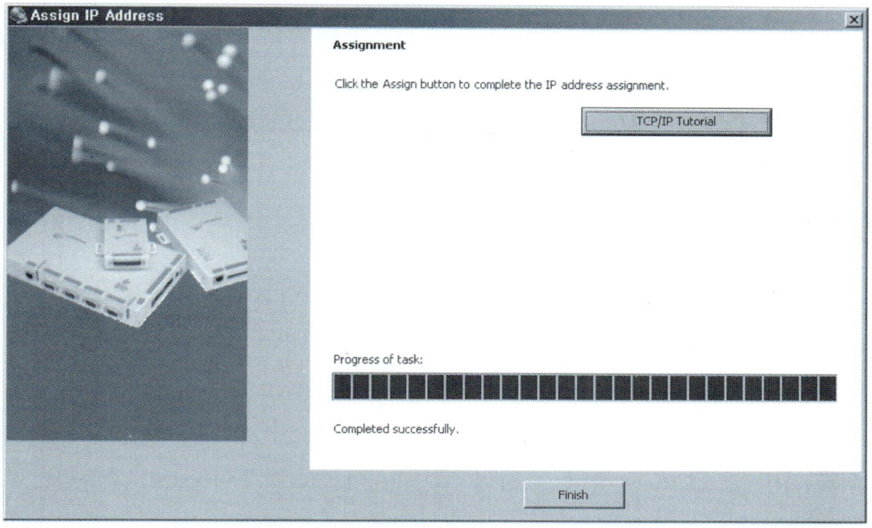

[그림 13-18] 설정된 IP 주소설정 진행

⑪ [그림 3-19]와 같이 IP 주소가 설정된 것을 확인할 수 있다.

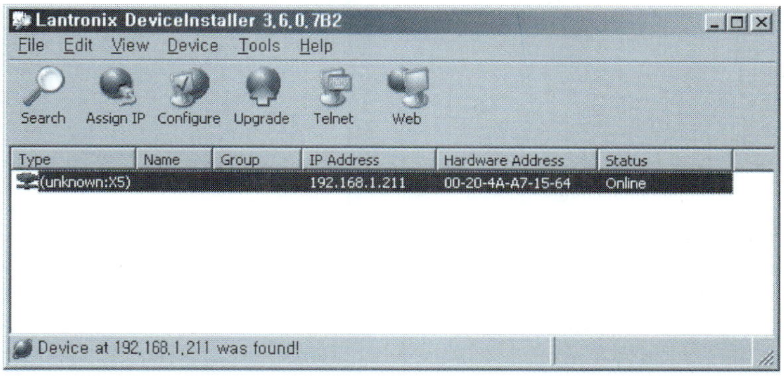

[그림 13-19] IP 주소 확인

⑫ 시리얼 통신속도를 설정한다. ED-3710 13.56MHz RFID 장비는 기본 9600bps로 설정되어 있으므로 XPORT의 시리얼 통신속도도 9600bps로 설정해 주어야 한다. Configure 아이콘을 클릭하면 XPORT 환경설정창이 열린다.

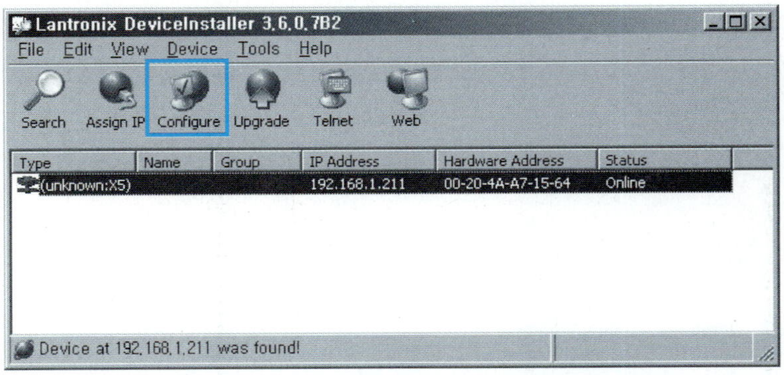

[그림 13-20] Configure 선택

⑬ Configure 아이콘을 클릭하면 Configure Device창이 열리며 Port Tab을 선택한다. 그러면 시리얼 포트 설정하는 창이 열린다(디폴트로 384bps로 설정됨).

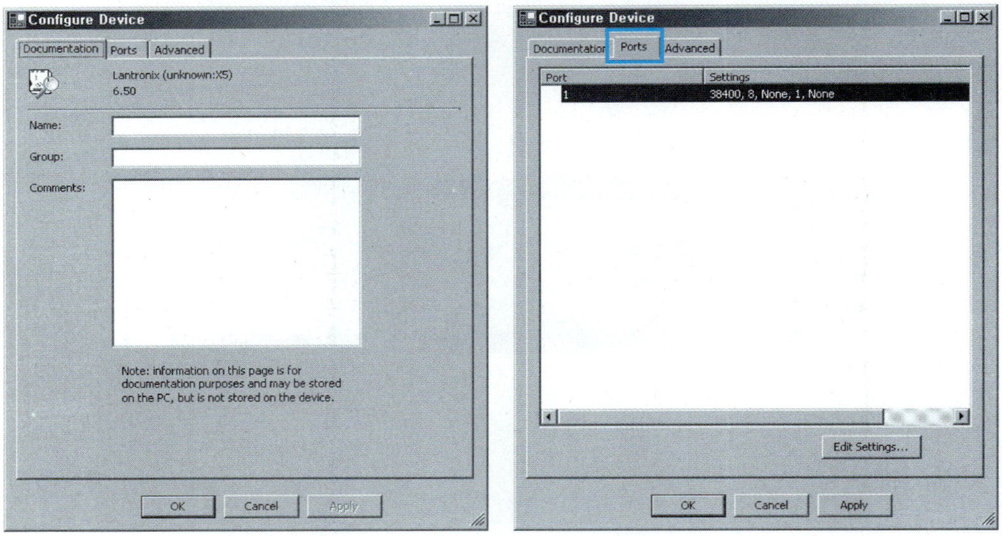

[그림 13-21] Configure/Port Tab 선택

⑭ ED-3710 13.56MHz RFID의 통신속도에 맞도록 9600bps로 설정하고 OK 버튼을 클릭한다.

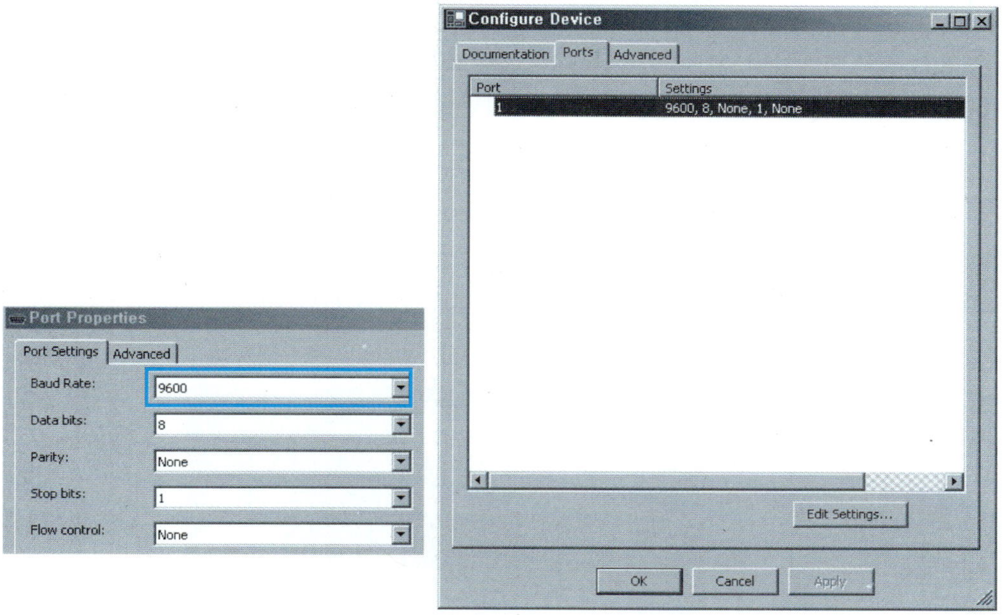

[그림 13-22] Configure/Port Tab 선택

⑮ 설정이 완료되었다.

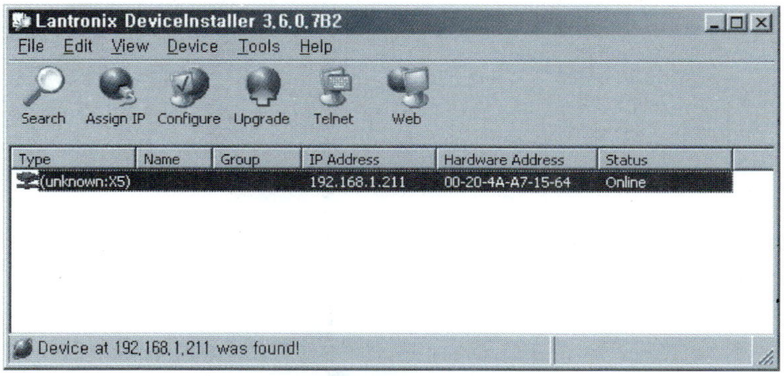

[그림 13-23] 설정 완료

03 XPORT 통신 테스트

설정이 완료되었으면 XPORT를 통하여 네트워크 통신이 정상적으로 이루어지는지 확인을 해 보도록 한다. PC가 윈도우즈 환경이라면 하이퍼터미널이라는 통신 프로그램이 있으며 시리얼 통신을 주로 하는 것으로 알려져 있지만 네트워크 통신도 가능하다. 보통 소켓 통신이라 말한다.

1 ED-3710 Ethernet Port에 LAN Cable을 연결하고 COM.Mode 스위치를 Ethernet으로 설정한 후 장비의 전원을 On시킨다.

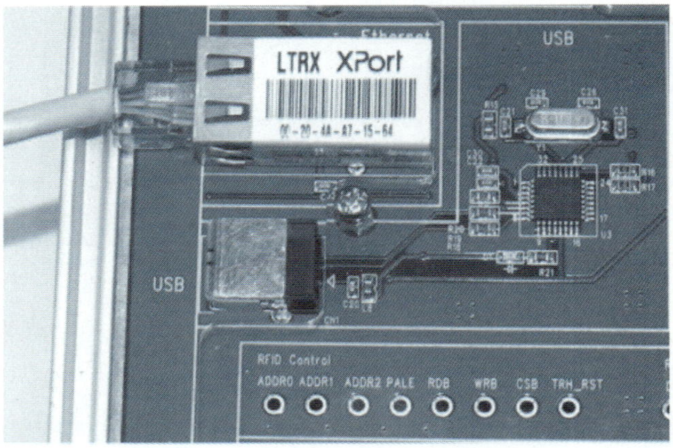

[그림 13-24] XPORT에 Ethernet 커넥터 연결

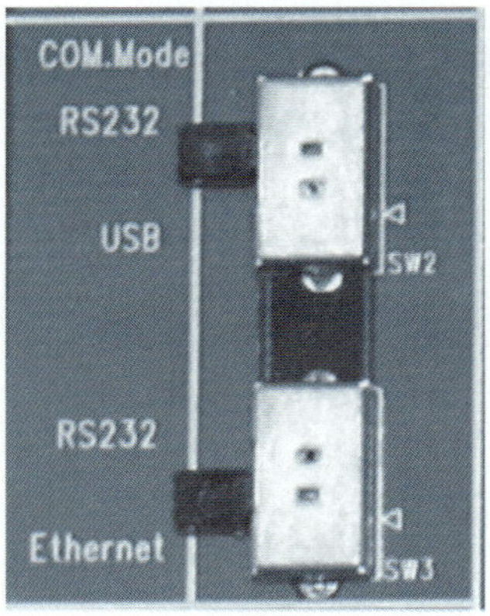

[그림 13-25] COM.Mode 스위치 Ethernet으로 변경

② 하이퍼터미널을 시작한다. 시작/프로그램/보조프로그램/통신 메뉴로 들어가면 하이퍼터미널 시작 아이콘이 있다. 하이퍼터미널 시작 아이콘을 클릭하여 프로그램을 실행한다.

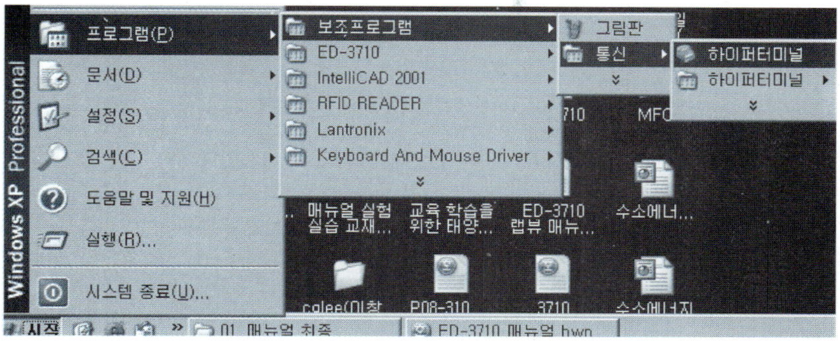

[그림 13-26] 하이퍼터미널 시작 메뉴 위치

③ 시작 메뉴에서 하이퍼터미널을 실행시키면 연결 설명창이 열리며, 이름(N)에 Socket이라고 기입한다. 프로그램과 상관없이 대표 이름이므로 다른 이름으로 기입하여도 상관없다.

[그림 13-27] 하이퍼터미널 새 연결

④ 연결 대상 창이 열리면 연결에 사용할 모뎀은 TCP/IP(Winsock)을 선택한다. 그러면 호스트 주소(IP) 입력창과 포트 번호(M) 입력창이 표시되고, ED-3710의 설정된 IP를 호스트 주소 입력창에 기입한다. 또 포트 번호는 “10001”이라 기입하고 확인 버튼을 클릭한다.

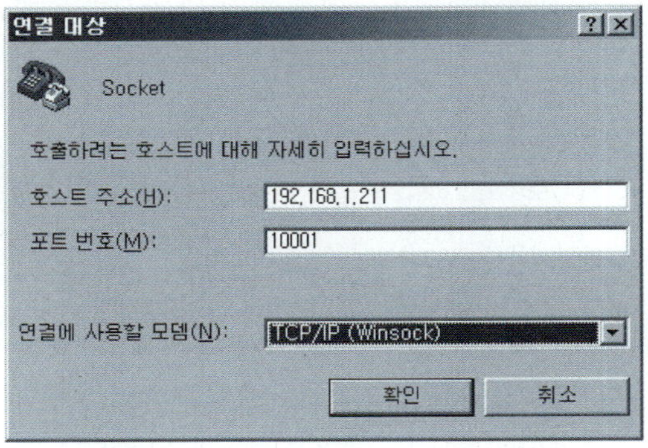

[그림 13-28] 하이퍼터미널 연결 대상(TCP/IP(Winsock))

⑤ ED-3710 13.56MHz RFID Reader에 Tag를 접근시키면 [그림 13-29]와 같이 네트워크로 데이터가 들어오는 것을 확인할 수 있다.

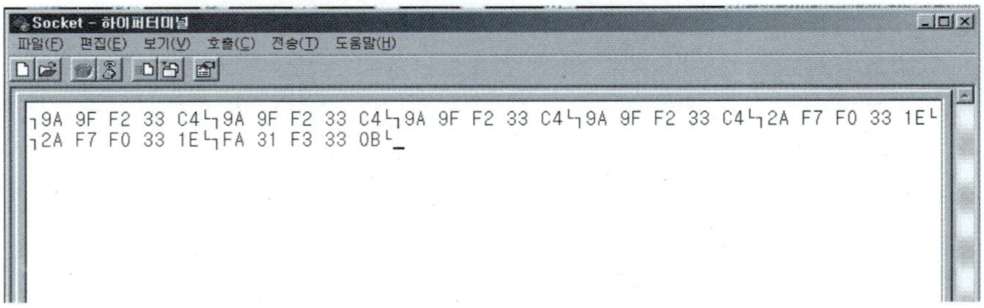

[그림 13-29] 하이퍼터미널 새 연결

04 TCP / IP Auto Calculation

제공된 CD의 RFID Application Program\13.56MHz Application 디렉토리를 보면 13.56MHz RFID Reader 응용 프로그램들이 있으며 ClientMaster.exe 프로그램을 실행시켜 TCP/IP 네트워크를 이용하여 자동 계산 프로그램 운용해 보도록 한다.

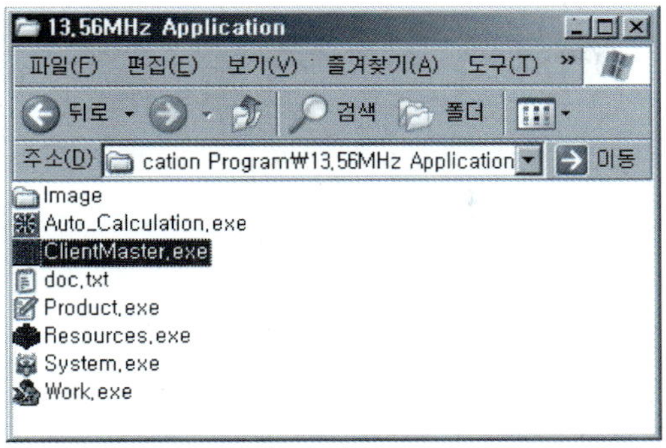

[그림 13-30] ClientMaster 실행 파일

1 ClientMaster.exe 파일을 실행시킨다.

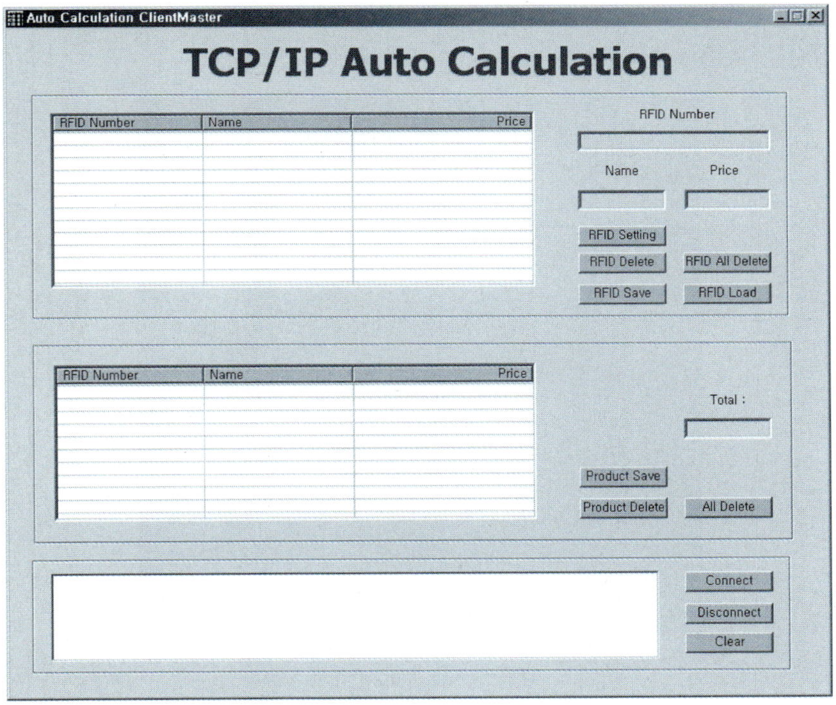

[그림 13-31] ClientMaster 실행

② 커넥터 버튼을 클릭하고 접속하고자 하는 ED-3710 장비의 호스트 주소(IP)를 기입한다(앞 절에서 이미 192.168.1.211로 설정했었다).

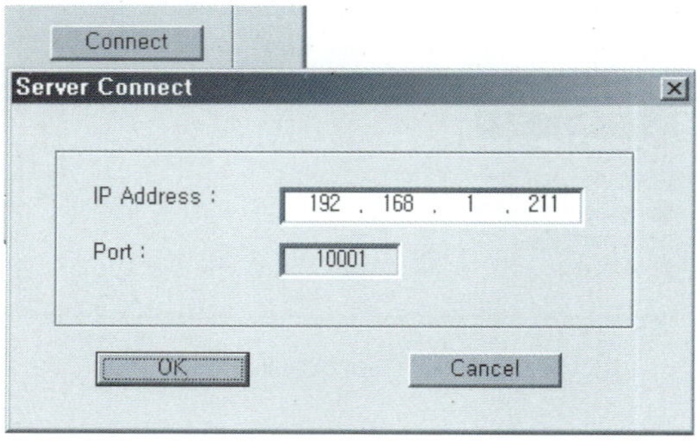

[그림 13-32] 호스트 IP 입력

③ 13.56MHz RFID Reader에 Tag를 근접시켜 인식한다.

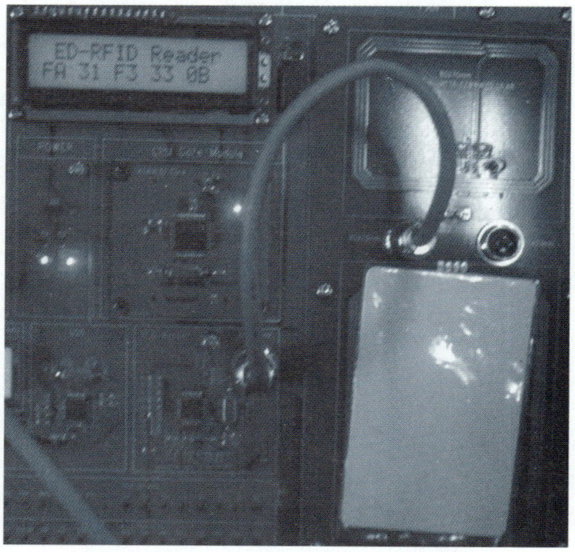

[그림 13-33] RFID Tag 입력

④ TCP/IP Auto Calculation 프로그램을 보면 아래와 같이 읽어들인 Tag 정보를 확인 할 수 있다.

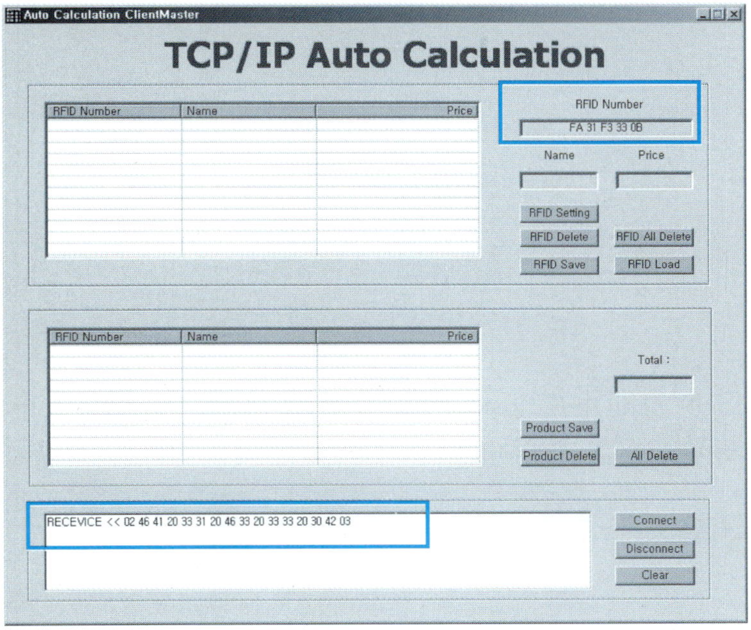

[그림 13-34] RFID Tag 입력

⑤ Name과 Price를 기입하고 RFID Setting 버튼을 클릭하면 데이터가 메모리에 저장된다.

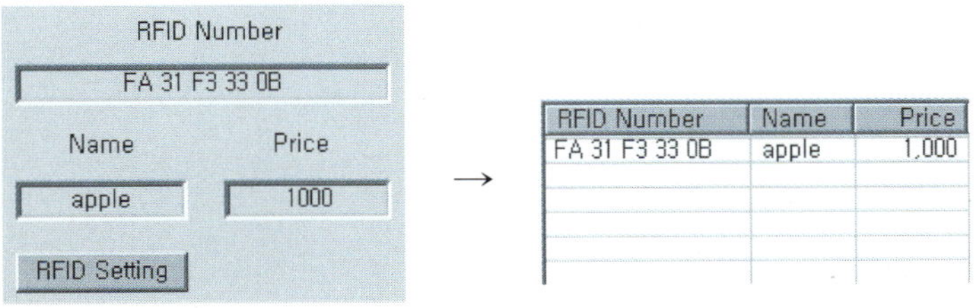

[그림 13-35] Tag 정보 입력

⑥ ⑤번과 같은 방법으로 Tag 정보를 입력한다.

RFID Number	Name	Price
FA 31 F3 33 0B	apple	1,000
2A F7 F0 33 1E	banana	3,000
9A 9F F2 33 C4	Strawberries	5,000
CA 1C F2 33 17	carrot	2,500

[그림 13-36] Tag 정보 입력

⑦ Tag 정보 입력을 완료했으면 RFID Save 버튼을 클릭하여 현재까지의 상태를 파일로 저장한다. 다른 RFID Tag를 입력하고 다시 저장을 하여도 된다.

[그림 13-37] Tag 정보 저장

⑧ 입력된 Tag를 다시 RFID Reader에 근접시키면 가운데 메시지창에 등록된 정보 이름과 가격(Price)을 표시해주며 Total 에디터 박스에는 현재까지의 총합을 보여준다.

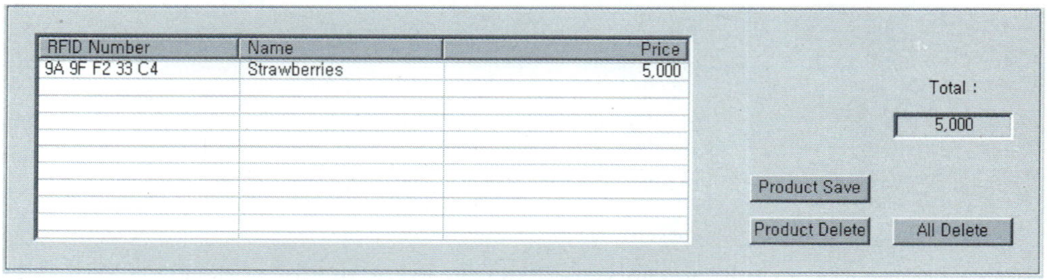

[그림 13-38] 자동 계산

⑨ 다른 여러 개의 RFID Tag를 하나씩 근접시키면 자동으로 계산이 되는 것을 확인할 수 있다.

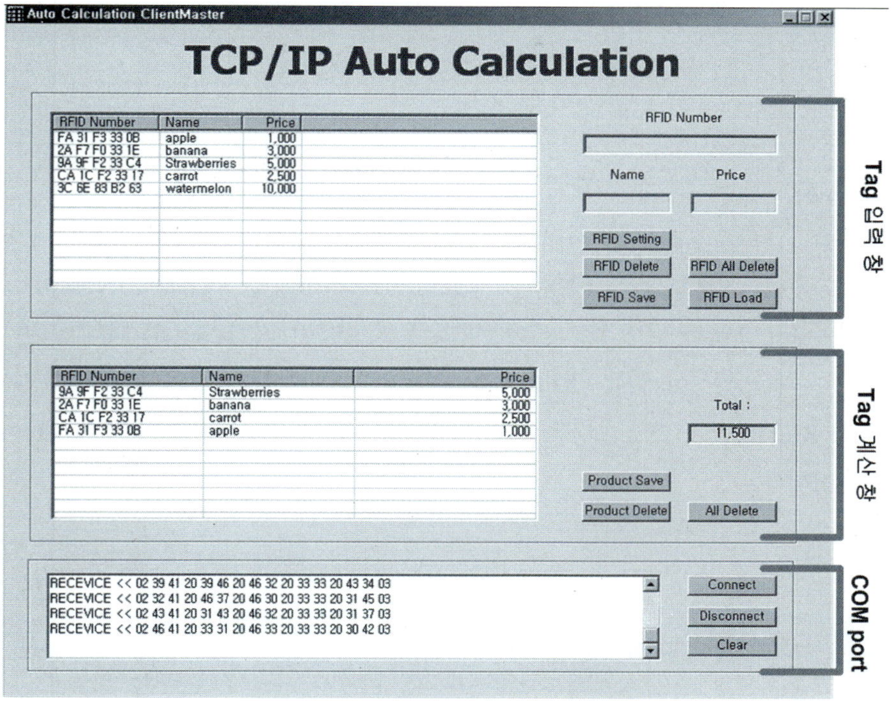

[그림 13-39] 자동 계산 프로그램 운용

⑩ 현재 자동 계산된 내용을 저장하려면 Product Save 버튼을 클릭하여 저장한다.

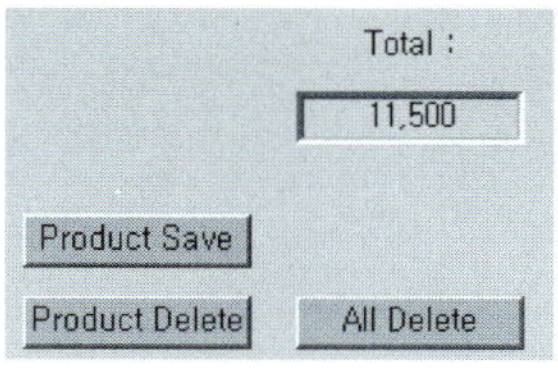

[그림 13-40] 계산된 내용 저장

14장 RFID 시스템 Master 프로그램

RFIDMaster 프로그램을 이용하여 13.56MHz RFID Reader 장비를 운용해 보도록 할 것이다. 이 응용 프로그램은 13장의 네트워크(Network)를 이용한 13.56MHz RFID Reader 응용 프로그램과 거의 유사한다. 단지 통신방식이 직렬(Serial) 방식 또는 네트워크 방식의 차이뿐이다. 여기서는 RFIDMaster 프로그램이 어떻게 운용되는지 그리고 다음 장부터는 이 RFIDMaster 프로그램을 어떤 방식으로 프로그램을 설계했는지에 대하여 살펴 보도록 할 것이다.

01 RFIDMaster 실행

1. 제공된 CD의 RFID Application Program\13.56MHz Application 디렉토리를 보면 RFIDMaster.exe 실행 파일이 있다.

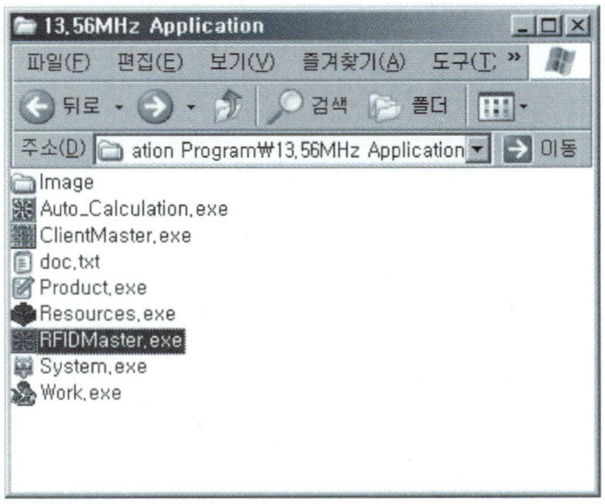

[그림 14-1] RFIDMaster 실행 파일

② RFIDMaster.exe 파일을 실행시키면 RFIDMaster 초기 화면이 나타난다.

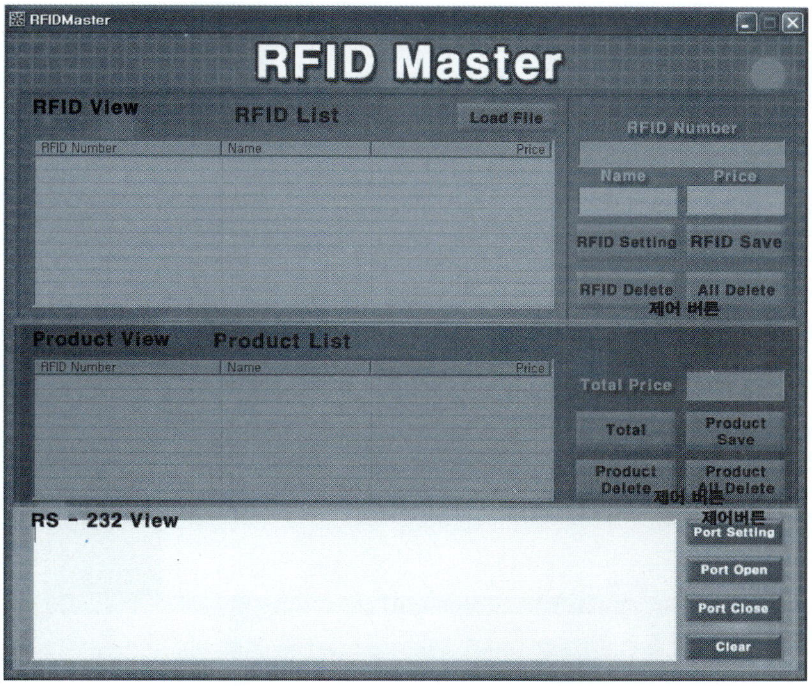

[그림 14-2] RFIDMaster 실행 초기 화면

• RFIDMaster RFID View

ED-3710 Program은 RFID Reader로부터 받은 Tag 정보를 PC상에 표시해 주며 RFID 태그 정보를 인식 및 Setting할 수 있다.

• RFIDMaster Product View

인식된 RFID 태그 정보를 보여주며 Tag에 할당된 가격을 자동 계산하거나 인식된 RFID 태그 정보를 파일로 저장한다.

• RS-232 View

통신 Port Setting하거나 ED-3710 장비와 통신하면서 RFID 태그 Protocol을 보여준다.

③ RFIDMaster Program의 Port Setting 버튼을 클릭하여 통신 포트를 설정한다.

[그림 14-3] 통신 Port Setting 설정

Port는 장비와 연결된 PC의 통신 포트를 설정해주며, Baud rate는 9600bps로 설정하고 나머지 설정요소들은 디폴트 상태로 두고 OK 버튼을 클릭하여 통신 포트 설정을 마친다.

④ Port Open 버튼을 클릭하여 앞서 설정된 값으로 PC의 시리얼 포트를 열도록 한다.

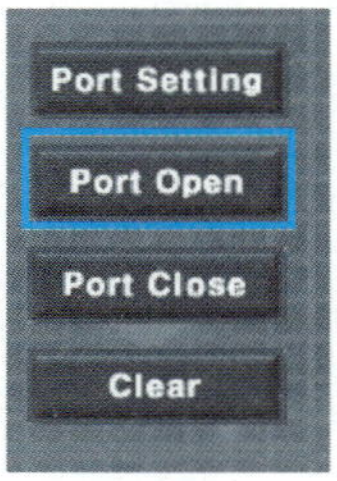

[그림 14-4] 통신 포트 Open

⑤ ED-3710의 13.56MHz RFID Reader에 Tag를 인식시킨다.

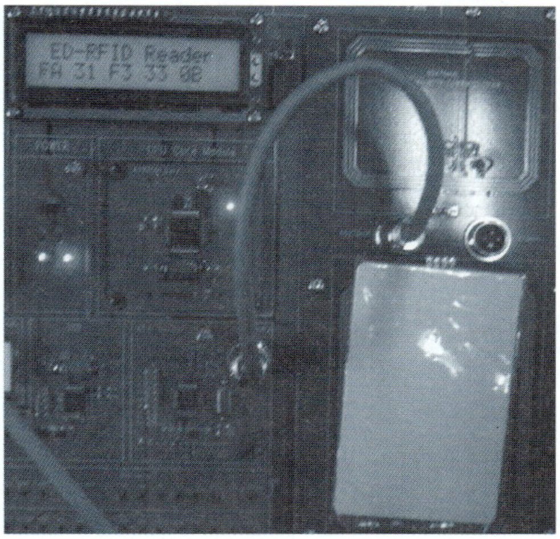

[그림 14-5] RFID Tag 인식

⑥ RFIDMaster Program의 RFID Number에 Data 정보가 Display되며 RFID Tag 정보를 확인할 수 있다.

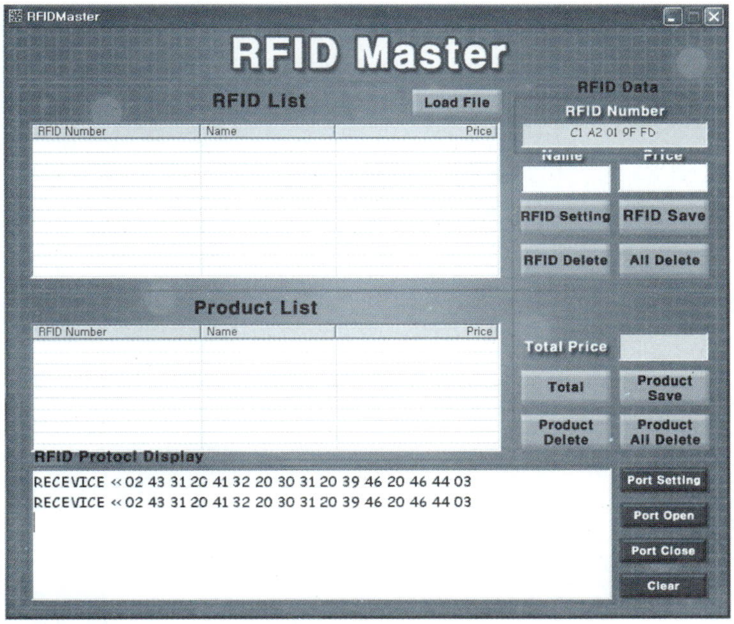

[그림 14-6] RFID Tag 인식

⑦ RFIDMaster 프로그램에서 Tag Name과 가격(Price)을 입력한다.

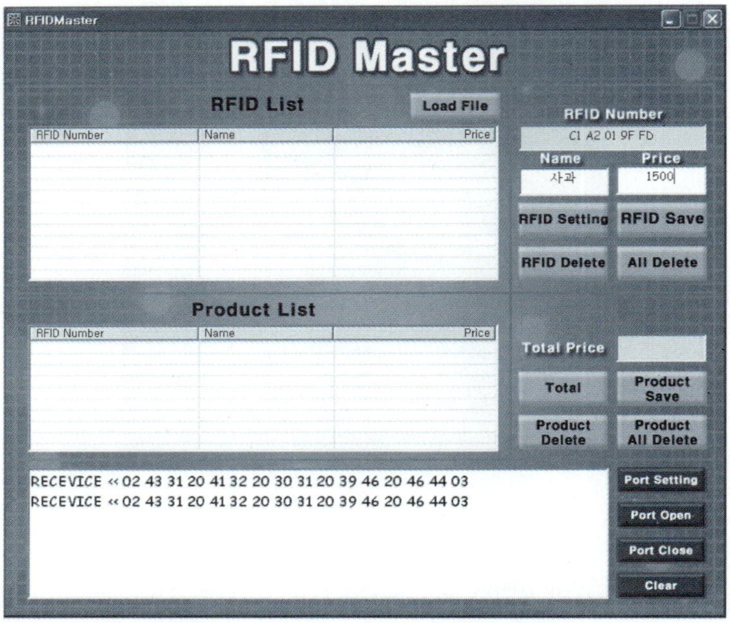

[그림 14-7] RFID Name과 가격 입력

⑧ RFID Setting 버튼을 클릭하여 RFID List에 Tag 정보를 추가한다.

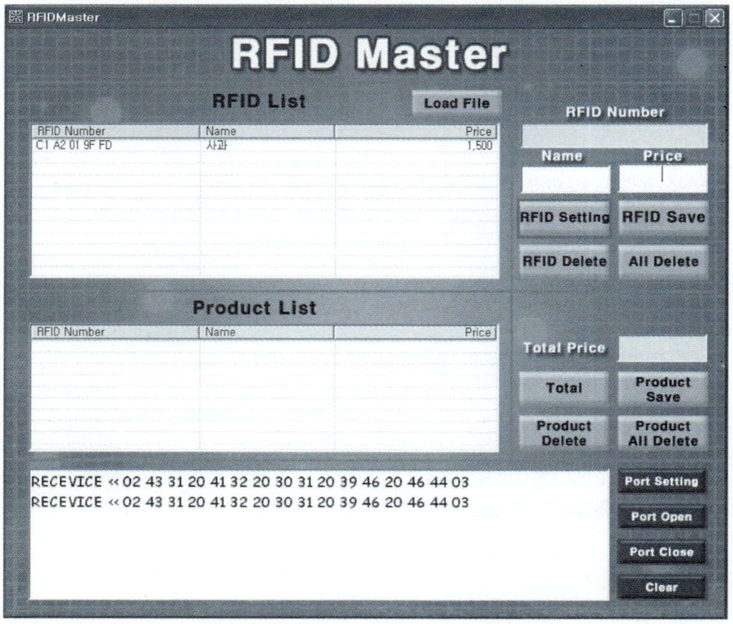

[그림 14-8] RFID Tag 정보 List에 추가

⑨ ⑥~⑧번 같이 동일한 방법으로 다른 RFID Tag 정보를 등록한다.

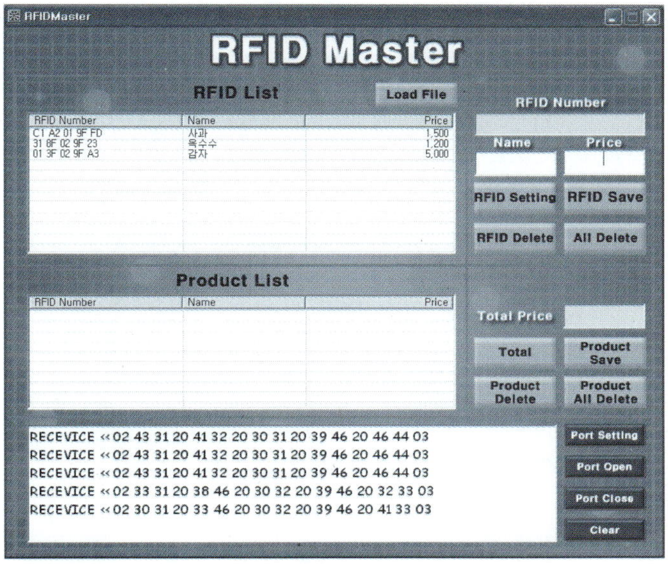

[그림 14-9] RFID Tag 정보 등록

⑩ 등록한 RFID 정보를 하나씩 또는 모두(All Delete)를 삭제할 수 있다.
RFID Delete 버튼을 클릭하면 하나씩 All Delete 버튼을 클릭하면 RFID List에 등록한 모든 RFID Tag 정보를 삭제할 수 있다.

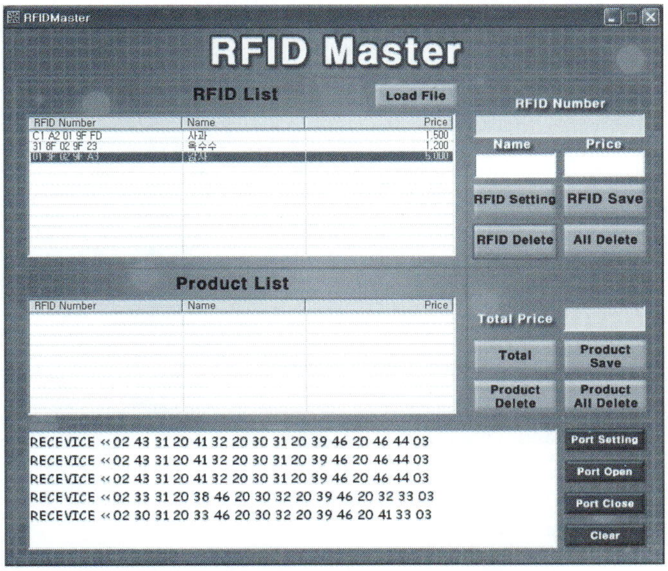

[그림 14-10] RFID Tag 정보 삭제

CHAPTER 14

⑪ RFID Save 버튼이나 Load File 버튼을 클릭하면 RFID List에 등록한 정보를 파일로 저장 또는 파일을 불러올 수 있다.

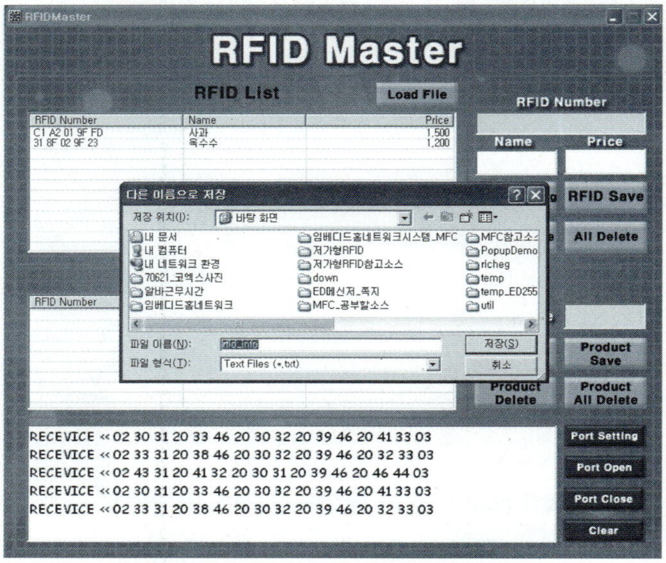

[그림 14-11] RFID Save

⑫ 이미 등록한 RFID Tag 정보가 인식될 경우 Product List에 자동으로 표시해 주면 해당 제품의 가격을 자동으로 계산해 준다.

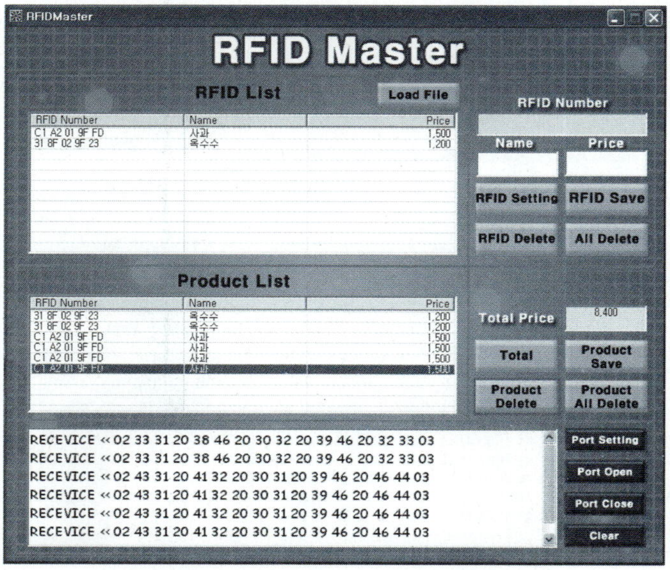

[그림 14-12] Tag 정보에 의한 자동 계산

3.56MHz와 900MHz용의 RFID 응용 시스템

V 부

RFIDMaster 프로그램

15장 RFIDMaster의 개요

01 객체지향 프로그래밍의 이해

1) 프로그래밍 언어

프로그래밍 언어란 컴퓨터와 대화하기 위한 일종의 대화 수단이다. 한국인이 미국인과 의사소통을 하기 위해서는 미국인이 한국어를 익혀서 서로 한국어로 대화를 하거나, 한국인이 영어를 익혀서 대화를 해야 한다. 즉 서로 다른 언어 체계를 가지고 있는 두 사람이 대화를 하기 위해서는 그들 사이에 공통적인 대화 수단이 마련되어야 한다는 것이다.

그렇다면, 다음과 같은 상황에서는 어떻게 대처해야 하겠는가? 한국 사람이 일본사람과 대화를 하려 한다. 그런데 아쉽게도 한국 사람은 일본어를 모르고, 일본 사람은 한국어를 모른다. 이런 경우에는 전문적으로 통역하는 사람의 도움을 받아야 한다. 그런데 문제는 이 통역사가 영어와 일본어만 가능하다는 것이다. 따라서 한국 사람은 말하고자 하는 바를 영어로 통역사에게 전달하고, 통역사는 이를 일본어로 번역해서 일본사람에게 뜻을 전달해야 할 것이다. 물론 한국 사람이 영어를 잘한다는 전제 조건이 필요하다.

[그림 15-1] 컴파일러 필요성

마찬가지로 사람이 컴퓨터에게 일을 시키기 위해서는 컴퓨터와 사람의 대화를 위한 공통적인 대화 수단이 필요하다. 그러나 불행히도 이러한 대화 수단은 존재하지 않는다. 컴퓨터는 사람의 말을 이해하지 못하고, 사람도 컴퓨터가 인식할 수 있는 기계어를 알지 못한다.

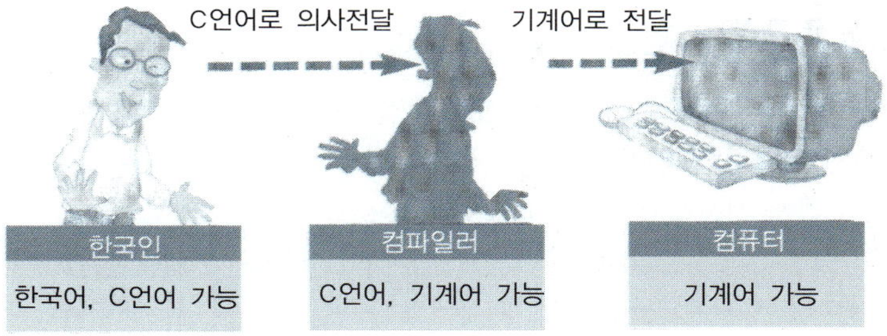

[그림 15-2] 컴파일러 개념

[그림 15-2]에서는 기계어를 알고 있는 컴파일러라는 통역사를 등장시켰다. 그러나 컴파일러 역시 한국어를 이해하지 못한다. 따라서 컴파일러가 이해할 수 있는 더불어 사람이 익히기에도 훨씬 간단한 프로그래밍 언어라는 것을 등장시킨 것이다. 지금까지 이야기 내용을 정리해 보자.

첫째 : 프로그래밍 언어란 무엇인가?

사람과 컴파일러가 이해할 수 있는 약속된 언어를 의미한다.

둘째 : 컴파일러가 하는 역할은 무엇인가?

프로그래밍 언어로 작성한 프로그램을 컴퓨터가 이해할 수 있도록 기계어로 번역해 주는 역할을 한다. 더불어 이렇게 번역하는 일 자체를 컴파일이라 한다.

2) 객체지향 프로그래밍 이해

(1) 객체지향 프로그래밍이란

독자 여러분들은 객체지향 프로그래밍이라는 말을 한번쯤은 들어 보았을 것이다. 도대체 객체란 무엇이며, 객체지향이란 말은 또 무슨 말인가? '객체'며 '지향'이며, 어려운 용어가 많이 들어갔지만 그 의미는 간단하다. 여기서 객체란 객체지향 프로그래밍의 원어인 Object Oriented Programming에서 Object를 해석한 말이다. Object는 그냥 사물, 물건이라는 뜻이다. 즉 Object는 이 세상의 모든 것들을 다 가리킬 수 있는 말이다. 객체라는 어려운 용어를 써서 표현했기 때문에 어렵게 느껴질 수 있지만 원래 뜻은 이 세상의 모든 것을 지칭할 수 있는 말이다.

객체지향 프로그래밍이란 한마디로 말해 프로그램을 만들 때 이 세상의 오브젝트를 프로그램을 구성하는 기본단위로 해서 만들겠다는 의미이다.

(2) 프로그램을 구성하는 단위

우리가 작성할 프로그램은 모든 것을 한꺼번에 생각해서 만들기에는 너무나도 복잡하다. 그래서 우리는 프로그램을 작은 단위로 나누어서 만든다. C에서는 함수가 프로그램을 이루는 기본단위이다. 함수는 어떤 '기능'을 수행한다. 따라서 C 스타일로 프로그램을 작성할 때는 먼저 전체 프로그램을 기능적인 측면에서 작은 단위로 나누고 각각의 세분된 기능을 함수로 구현하면 된다. 그 함수들은 또 보다 세분된 기능들로 나누어지고 이것들을 또 다시 함수로 구현함으로써 전체 프로그램을 완성할 수 있다.

C++에서는 클래스가 프로그램을 이루는 기본단위이다. 함수를 이용하여 프로그램이 수행해야 할 기능을 만들듯이 클래스를 이용하면 오브젝트를 표현할 수 있다. 객체지향적으로 프로그램을 작성할 때는 프로그램을 기능적인 측면에서 세분하는 것이 아니라 프로그램을 구성하는 오브젝트 단위로 세분한다. 그런 다음 각각의 오브젝트를 클래스로 구현한다.

(3) 프로그램의 규모

프로그램을 기능적 측면에서 세분하여 프로그램하는 데는 한계가 있다. 그래서 이 방식은 소형이나 중형 프로그램을 작성할 때는 좋지만 대형 프로그램을 작성하는 데는 무리가 있다. 반면, 오브젝트 단위로 세분하여 프로그래밍하는 객체지향 기법은 대형 프로그램을 작성하는데 적합하여 이 방식을 이용하면 방대한 프로그램도 무리 없이 작성할 수 있다.

그러나 이 방식은 소형 프로그램을 작성하는 데는 어울리지 않는 방법이어서 소형 프로그램을 이러한 방식으로 만들게 되며 오히려 프로그램이 필요 이상으로 복잡해질 수가 있다. 윈도우 application 프로그램은 아무리 간단한 것이라도 기본적으로 규모가 어느 정도 되기 때문에 객체지향적 기법으로 작성해야 적합하다.

[표 15-1] C와 C++ 프로그래밍 비교

C	C++
구조적 프로그래밍	객체지향 프로그래밍
프로그램을 기능 단위로 세분	프로그램을 오브젝트 단위로 세분
함수로 이루어짐	클래스로 이루어짐
중형 프로그램 작성에 적합	대형 프로그램 작성에 적합

02 변수, 배열, 포인터, 함수란 무엇인가

예를 들어 코끼리라는 프로그램을 만든다고 가정하자. 그럼 코끼리라는 프로그램을 만들기 위해 몇 가지 정의해보자.

[표 15-2] 코끼리의 함수 구현

코끼리 프로그램	
특 징	코 1개 눈 2개 다리 4개 귀 2개
기 능	코를 이용하여 물건을 옮긴다. 4다리를 이용하여 걸어 다닌다.

1) 변수란

코끼리 프로그램을 만드는 과정에서 특징에 해당하는 사항이 변수이다. 프로그램을 만드는 과정에서 코끼리코를 하나로 만들 수도 있지만 2개, 3개로도 만들 수 있다. 다리 또한 4개가 아니라 6개, 7개로 만들 수 있다. 즉 변수는 데이터를 저장할 수 있는 메모리 공간에 붙여진 이름(혹은 메모리 공간 자체)을 의미한다.

```
코끼리 코 = 1      (코라는 이름 대신 n, n=1)
코끼리 다리 = 4    (다리라는 이름 대신 i, i = 4)
```

이렇게 저장을 하면 코라는 장소에 1이 저장되고 다리라는 장소에 4가 저장이 된다.

즉 값들을 저장할 수 있는 장소이다. 그런데 한 가지 더 생각해 보자. 만약 다리를 코끼리 코에 저장할 수 있는가? 물론 강제적으로 다리를 저장할 수는 있지만 우리가 생각하는 일반적인 관점에서 코에 다리가 있는 것은 이상한 일이다.

따라서 코라는 변수에 저장할 때 약간의 제약을 둘 필요가 있다. 이것이 바로 자료형이다.

[표 15-3] 기본 자료형

	자료형	할당되는 메모리 크기
정수형	char	1 바이트
	short	2 바이트
	int	4 바이트
	long	4 바이트
실수형	float	4 바이트
	double	8 바이트
	long double	8 바이트

예를 들어 위와 같이 정의하면 메모리 공간에 n이라는 저장장소가 생기면서 n에 1을 저장하는 것이다. 저장할 수 있는 n이라는 장소에 1을 저장하고 실수만을 저장할 수 있는 i라는 장소에 4를 저장한다는 뜻이다.

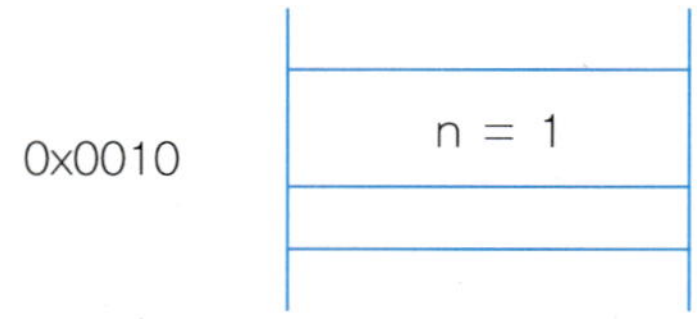

[그림 15-3] 메모리 구조

2) 배열이란

우리는 변수에 대하여 알아보았다. 변수가 무엇인가? 값을 저장할 수 있는 장소라고 하였다. 만약 n이라는 변수를 10개를 사용해야 한다. 그럼 n이라는 변수를 100개 만들어 사용할 것인가? 물론 가능하지만 사용하기에 무척 불편하다. 그래서 배열이라는 개념이 나왔다.

만약 int arr[10]; 선언을 하게 되면 변수가 순차적으로 10개가 만들어지는 것이다. 물론 변수와 동일한 개념으로 int형을 저장할 수 있는 변수가 10개 만들어지는 것이다.

3) 포인터란

포인터 역시 변수이다. 즉 일정한 장소에 값들을 저장할 수 있다. 그런데 변수하고 다른 점은 주소를 저장할 수 있다는 점이다. 그럼 포인터가 왜 필요한가?

예를 들어 보자. 철수라는 학생이 며칠 동안 학교에 오지 않았다. 그래서 담임선생님이 영희보고 철수네 집에 가서 철수가 잘 있는지 보고 오라고 하였다. 그럼 영희는 철수네 집에 가기 위해 주소가 필요할 것이다. 그래야 철수네 집에 가서 철수가 잘 있는지 없는지 알 수 있으니 말이다.

그럼 포인터의 관점에서 생각해 보자. 앞에서 포인터는 주소를 저장할 수 있는 변수라고 하였다. 만약 변수 n = 1이라는 값이 저장되어 있고 포인터 P가 n의 주소값을 알고 있다면 포인터 P는 n이라는 변수에 1이 있는지 없는지 알 수 있을 것이다. 즉 [그림 15-3]이 0×0010의 주소이다.

4) 함수란

코끼리 프로그램을 만드는 과정에서 기능에 해당하는 사항이 함수이다. 함수는 프로그램에서 수행되는 어떠한 일을 하는 것이다. 예를 들어 '코끼리는 코를 이용해서 물건을 옮긴다.'라는 함수를 만들었다. 그럼 프로그램에서 코를 이용해서 물건을 옮기는 일을 하는 것이다. 물론 함수명은 임의로 할 수 있지만 가능한 함수의 기능이 반영될 수 있도록 만드는 것이 일반적이다.

```
void move()
{       <- 함수의 시작

        // 기능 구현

 }       <- 함수의 끝
```


03 프로그램의 완성 과정은 어떻게 되는가

프로그래머는 무에서 유를 창조하는 예술가라는 말을 들어본 적이 있는가? 다른 분야에서 일하는 사람들이 뭐라 하든 우리 프로그래머들은 분명히 예술가 이상의 것을 창조한다는 신념을 지니고 있다. 그렇다면 창조의 전체적인 과정을 이야기해 보자.

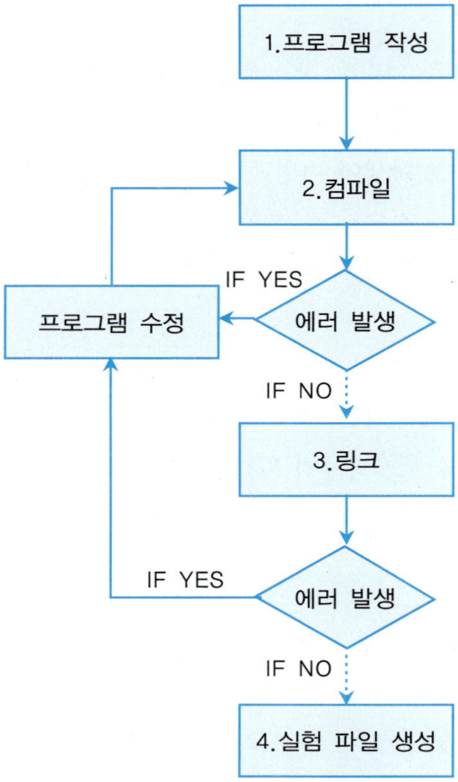

[그림 15-4] 프로그램의 완성 과정

[그림 15-4]는 실행 가능한 하나의 프로그램이 완성되는 전체적인 과정을 보여주고 있다. 화살표가 흐름의 순서를 나타낸다는 것만 알고 있으면, 그리 어렵지 않게 그림의 내용을 이해할 수 있을 것이다. 또한 마름모는 상황에 따라서 흐름이 달라질 수 있다는 것을 의미한다.

04 MFC 프로젝트 생성

MFC 프로그램이 완성되는 순서를 각 단계별로 살펴보도록 하자. 이 절에서는 아주 작은 프로젝트 하나를 생성한 후 소스 코딩없이 바로 컴파일하여 실행 파일을 만들어 보도록 하겠다.

이 작업을 수행하기 위해서는 작업하고자 하는 PC에 Visual Studio가 미리 인스톨되어 있어야 한다는 것을 유의하기 바란다.

① Visual C++를 실행시킨다.

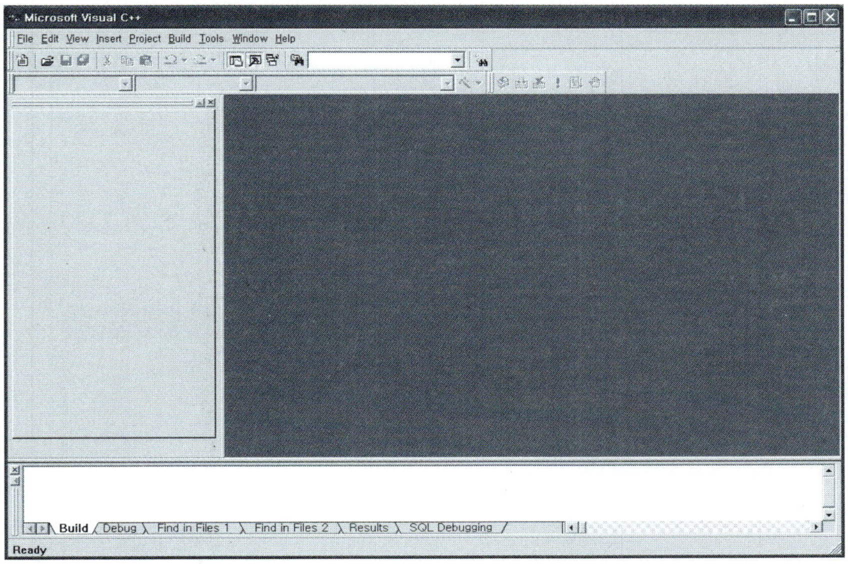

[그림 15-5] Visual C++ 초기 화면

② 메뉴의 File을 선택하고, New를 선택하여 프로젝트를 생성한다.

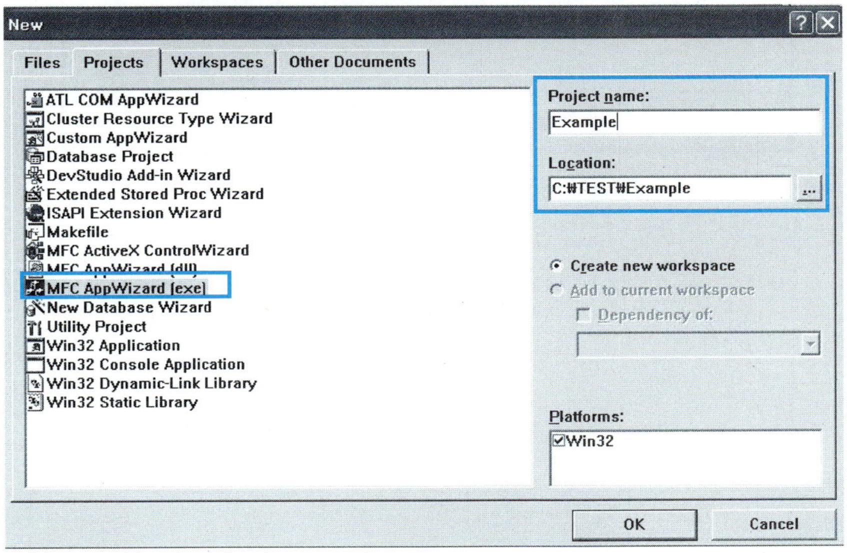

[그림 15-6] 프로젝트 생성을 위한 화면

CHAPTER 15

구현할 프로그램이 MFC(exe) 기반이므로 Projects 탭에서 MFC AppWizard(exe) 선택해야만 한다. 이는 프로젝트의 특성을 지정해 주는 것으로써 MFC AppWizrard 프로그램을 작성하겠다는 뜻이다. 그리고 Location에서 C:Test를 선택하고 Project name에 Example를 만든다. 여기까지 설정을 하고 OK 버튼을 클릭한다.

Visual C++은 워크 스페이스와 프로젝트라는 개념의 단위로 프로그램을 관리한다. 따라서 프로그램을 작성하기 전에 프로젝트의 이름을 지정해 주고, 파일들을 저장할 위치도 지정해 줘야 한다. 이 과정을 "작업공간을 마련하는 과정"이라고 쉽게 표현할 수 있다.

③ MFC AppWizard(exe) 프로젝트를 생성하기 위한 과정이다. Step 1단계에서 Dialog based를 선택한 후 Next 버튼을 클릭한다.

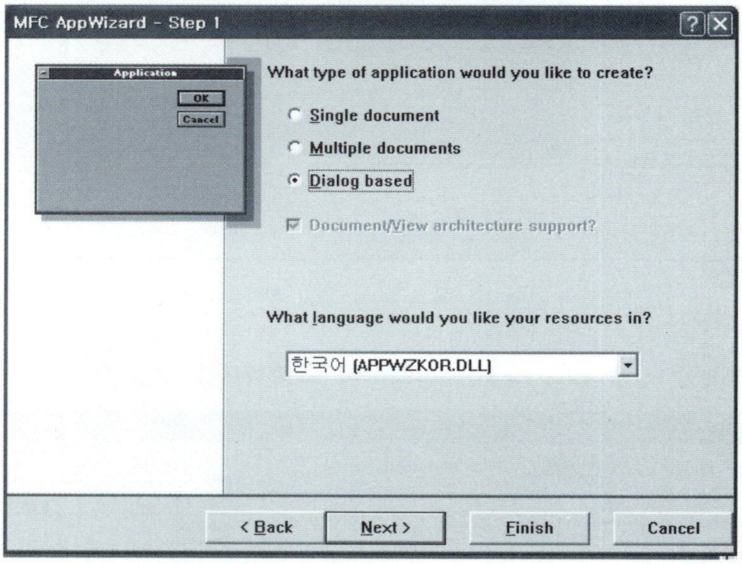

[그림 15-7] 프로젝트 생성을 위한 1단계

④ Step 2에서 Next 버튼을 클릭한다.

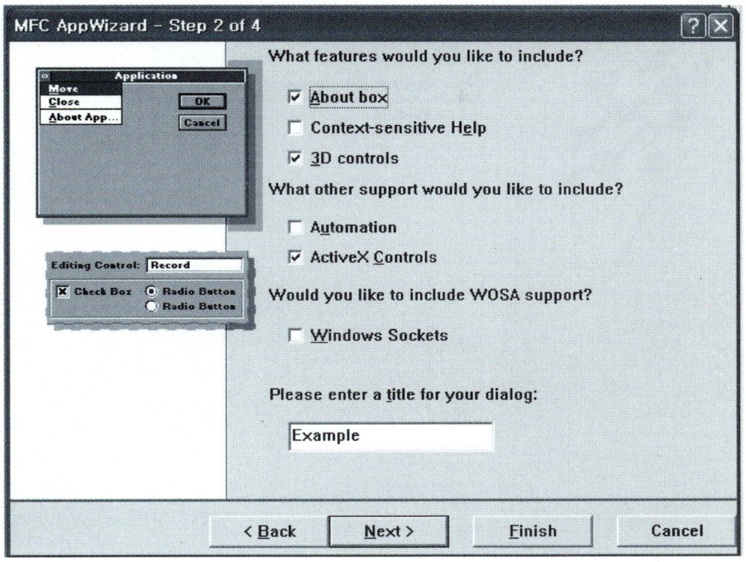

[그림 15-8] 프로젝트 생성을 위한 2단계

⑤ Step 3에서 Next 버튼을 클릭한다.

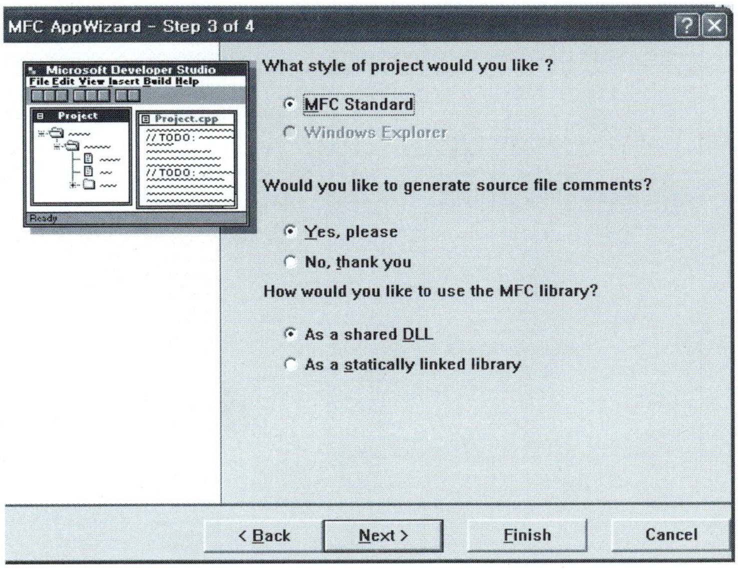

[그림 15-9] 프로젝트 생성을 위한 3단계

⑥ Step 4에서 Finish 버튼을 클릭한다.

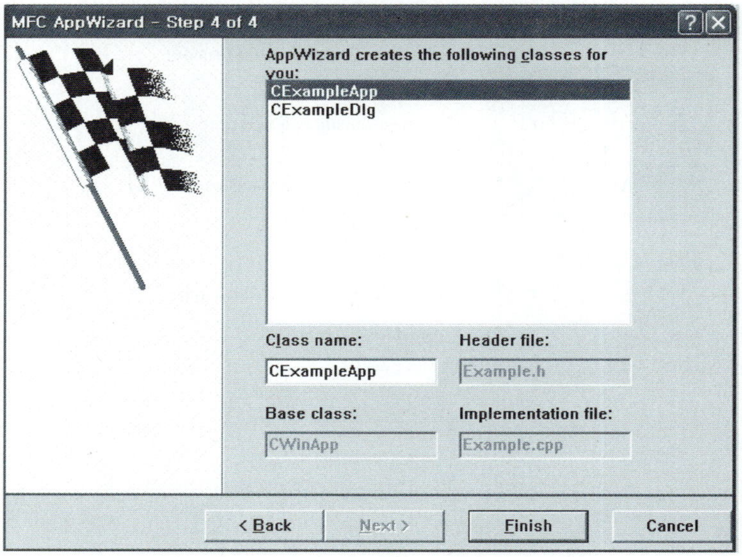

[그림 15-10] 프로젝트 생성을 위한 4단계

⑦ Ctrl +F5를 키를 눌러 컴파일(Compile)을 수행한다. 컴파일이란 컴퓨터가 이해할 수 있도록 기계어로 변환하는 과정이다.

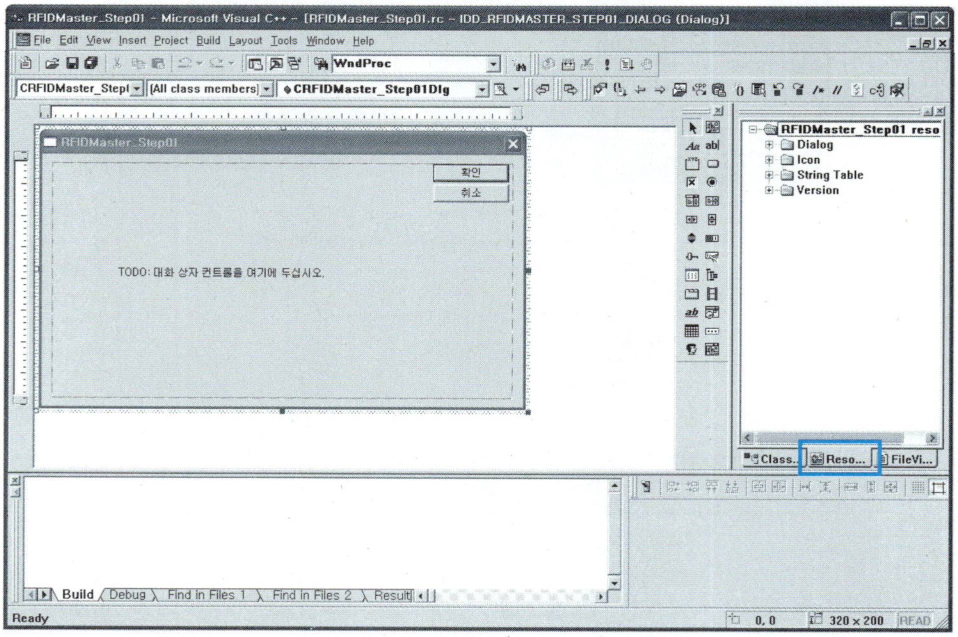

[그림 15-11] 컴파일

⑧ 컴파일이 완료되면 [그림 15-12]와 같이 Dialog Base의 실행 프로그램이 보일 것이다.

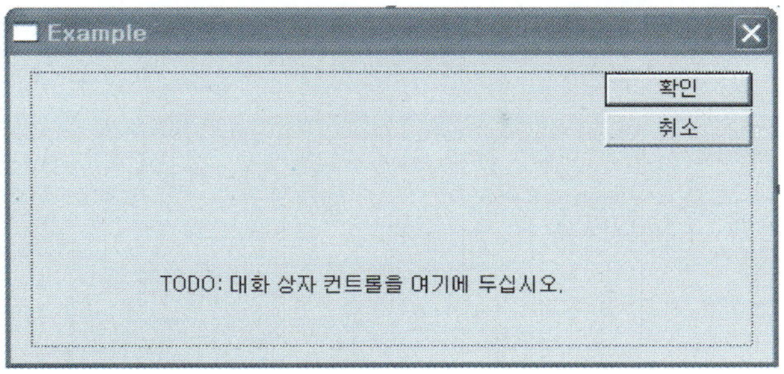

[그림 15-12] 프로그램 실행 화면

컴파일을 하게 되면 소스 파일 내에 존재하는 소스 코드는 컴퓨터가 이해할 수 있는 기계 코드로 변환되는데, 이것이 오브젝트 파일 내에 저장되는 것이다. 작업공간을 마련하는 과정에서 자동으로 생성된 Example이라는 디렉토리에 들어가 보면 Debug라는 디렉토리 안에 오브젝트 파일과 실행 파일이 존재한다.

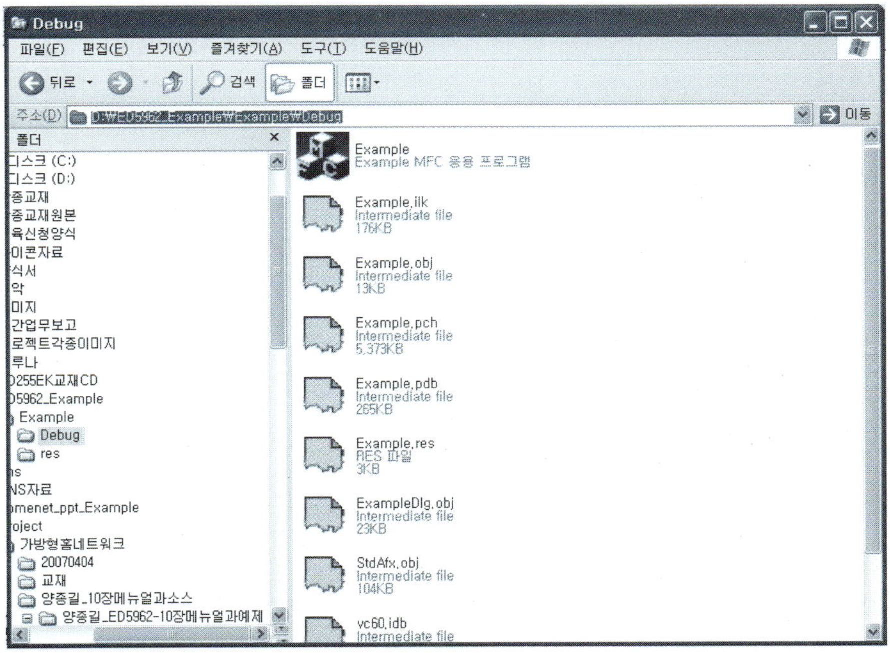

[그림 15-13] 오브젝트 및 실행 파일

05 MFC 살펴보기

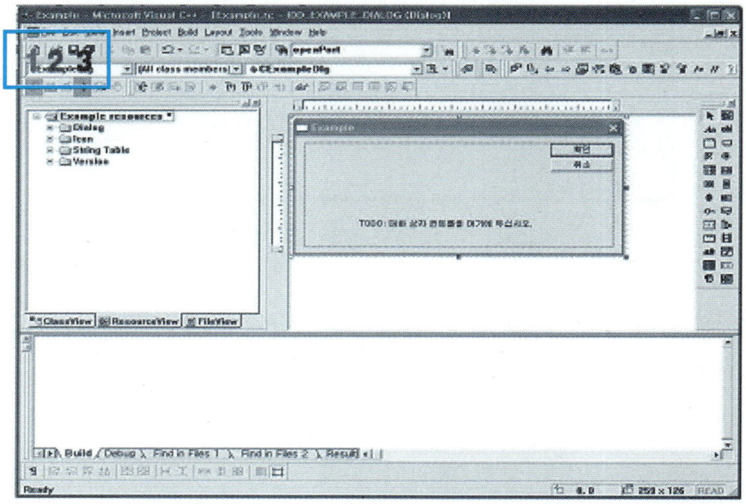

[그림 15-14] 작업 클래스

[그림 15-14]와 같이 왼쪽 창이 작업관리창이고 오른쪽 창은 다이얼로그 템플릿을 디자인하거나 프로그램을 코딩할 수 있다. 아래 부분의 창은 에러메시지나 디버깅 작업시 해당 메시지를 디스플레이해주는 Output창이다.

- 1번 : Compile, 단축키(Ctrl + F7)
- 2번 : Build, 단축키(F7)
- 3번 : Execute, 단축키(F5)

1) 클래스 뷰

정의한 클래스별로 분류해 놓았으며 해당 클래스를 더블 클릭하면 멤버 함수와 멤버 변수 등을 보여준다. [그림 15-15]와 같이 1번은 함수이고 2번은 변수이다. Visual C++에서 확인해보면 빨간색 상자는 함수, 파란색 상자는 변수이다.

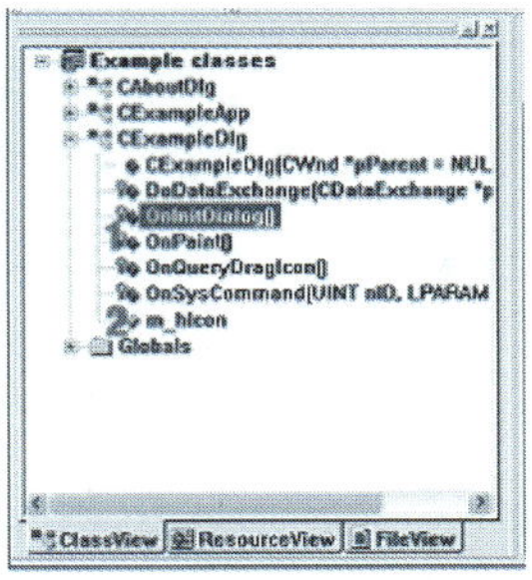

[그림 15-15] 작업 클래스 뷰

2) 리소스 뷰

리소스를 나타낸 것으로 파일명을 더블클릭하면 리소스 편집기를 사용하여 리소스 스크립트를 수정할 수 있다. 더불어 아이콘 및 비트 이미지를 추가할 수도 있다.

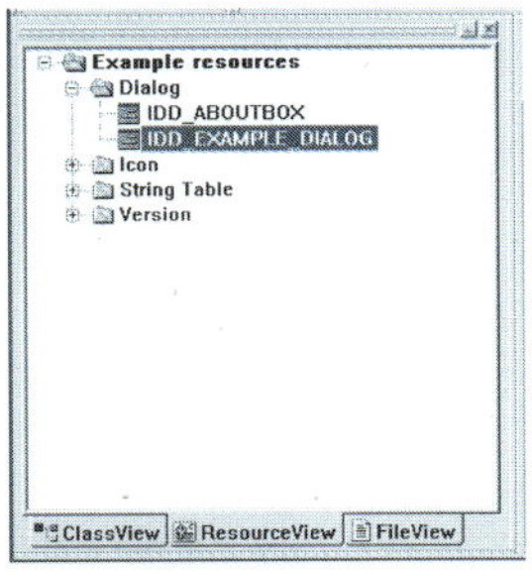

[그림 15-16] 리소스 뷰

3) 파일 뷰

각 파일별로 프로젝트의 내용을 나타낸 것으로 프로그램 소스 파일들을 보여준다.

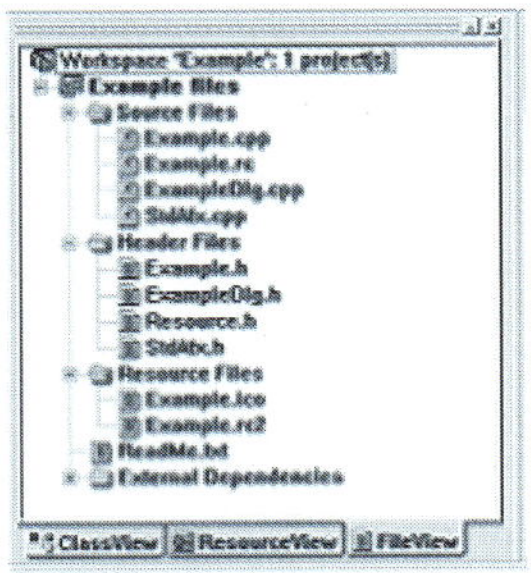

[그림 15-17] 파일 뷰

16장 RFIDMaster Step01 활용

01 RFIDMaster Step01 프로그램 작성

RFIDMaster 프로그램을 이해하기 위해 각 단계별로 프로그램을 작성할 것이다. Step01에서는 ED-3710과 통신하기 위해 시리얼 통신(RS-232)을 할 수 있도록 작업할 것이다. 제공된 CD의 RFIDMaster_Step\RFIDMaster_Step01에 앞으로 작업할 프로그램 소스가 있으며 RFIDMaster_Step01.dsw 파일이 프로젝트 파일이다. 신규로 프로젝트를 생성하여 교재를 보면서 진행하여도 되고, 미리 완성한 CD의 프로젝트의 프로그램 소스를 보면서 교재와 같이 이해해도 좋을 것이다.

02 RFIDMaster Step01 프로젝트 생성

1. 프로그램 작성을 위해서 VC++을 실행시키고 작업을 진행한다. VC++ 실행시키면 [그림 16-1]과 같이 초기 화면을 볼 수 있다.

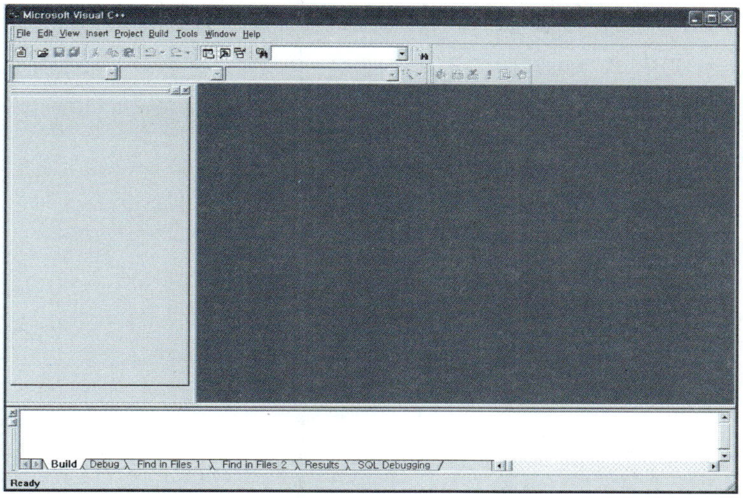

[그림 16-1] Visual C++ 컴파일러 초기 화면 및 메뉴

② 프로젝트 생성을 위하여 메뉴의 File을 선택하고 New를 선택한다. 그러면 프로젝트 등록 화면이 나타난다(주의 : C:\RFIDMaster_Step 디렉토리가 없다면 디렉토리를 먼저 만들어 준다). 프로그램이 MFC(exe) 기반이므로, Projects 탭에서 MFC AppWizard (exe) 선택한다. Location은 C:\RFIDMaster_Step을 선택하고 Project name에 RFIDMaster_Step01입력한다. 여기까지 설정을 하였으면 OK 버튼을 클릭한다.

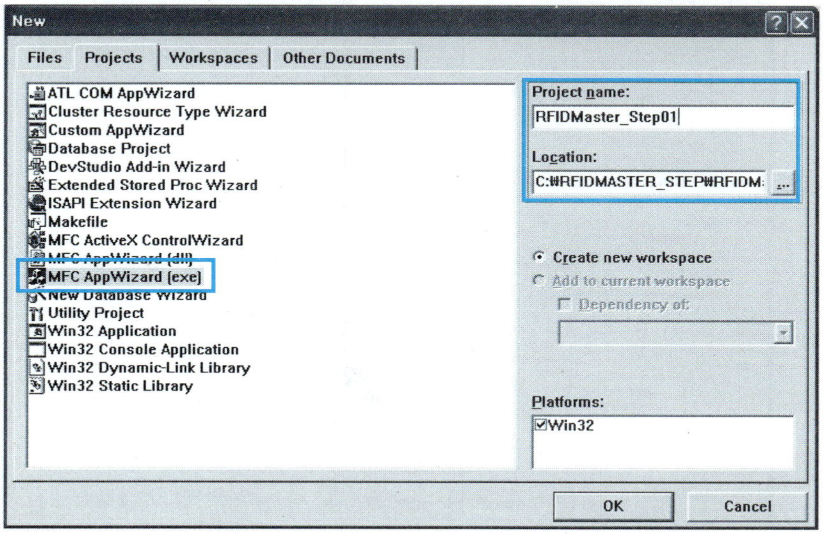

[그림 16-2] 프로젝트 생성

③ MFC AppWizard(exe) 프로젝트를 생성하기 위한 과정이다. 앞 장과 같은 Dialog based를 선택한 후 Next 버튼을 클릭한다.

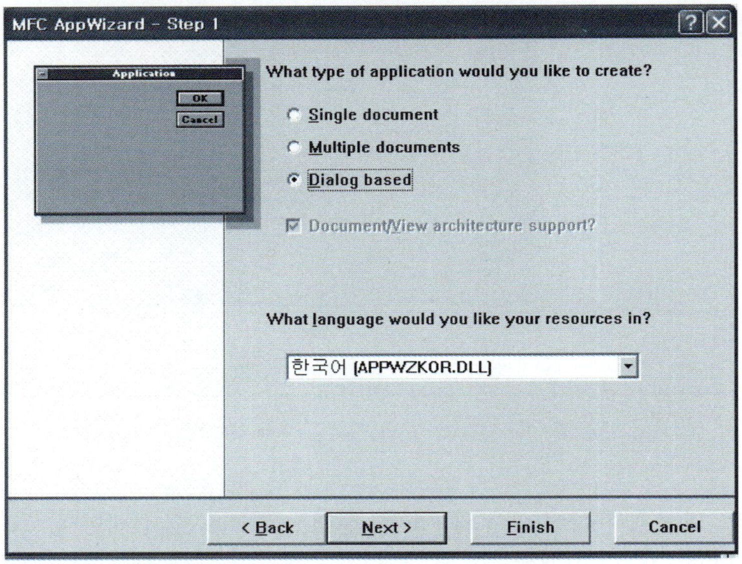

[그림 16-3] 프로젝트 생성 1단계

④ Step 2에서 Next 버튼을 클릭한다.

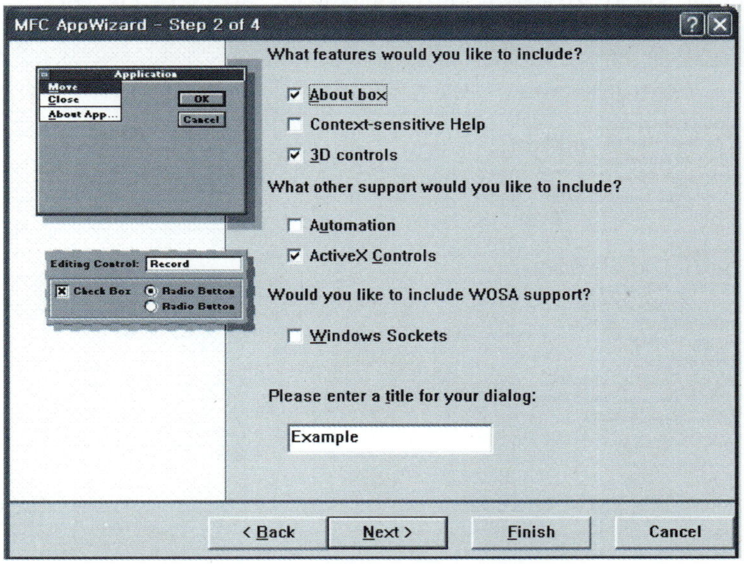

[그림 16-4] 프로젝트 생성 2단계

⑤ Step 3에서 Next 버튼을 클릭한다.

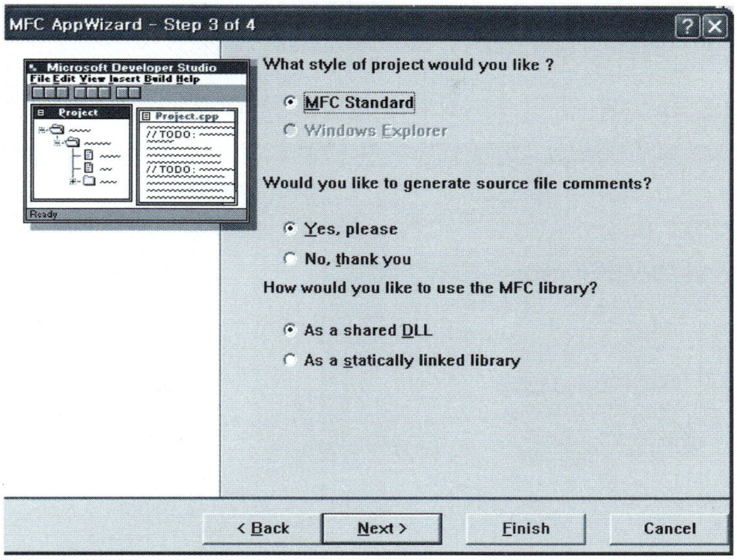

[그림 16-5] 프로젝트 생성 3단계

⑥ Step 4에서 Finish 버튼을 클릭하여 프로젝트 생성한다.

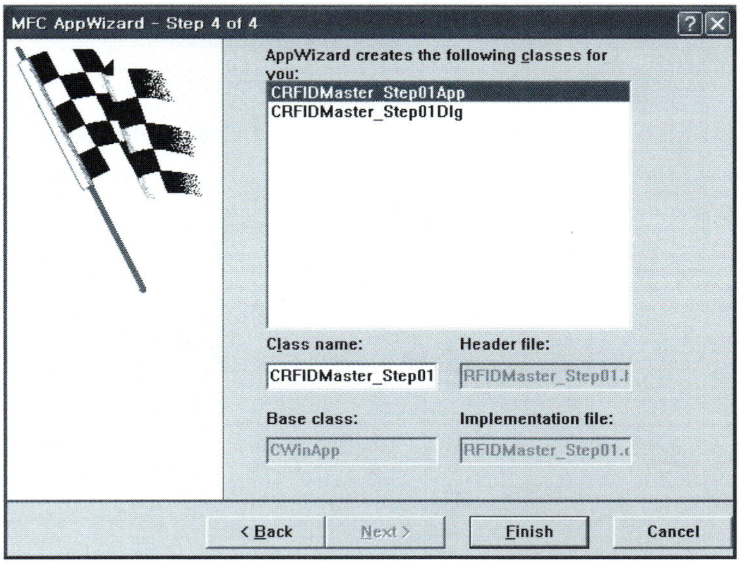

[그림 16-6] 프로젝트 생성 4단계

03 RFIDMaster Step01 프로그램 작업

① 다음 [그림 16-7]과 같이 프로젝트가 만들어졌다(Resource View의 Dialog 선택).

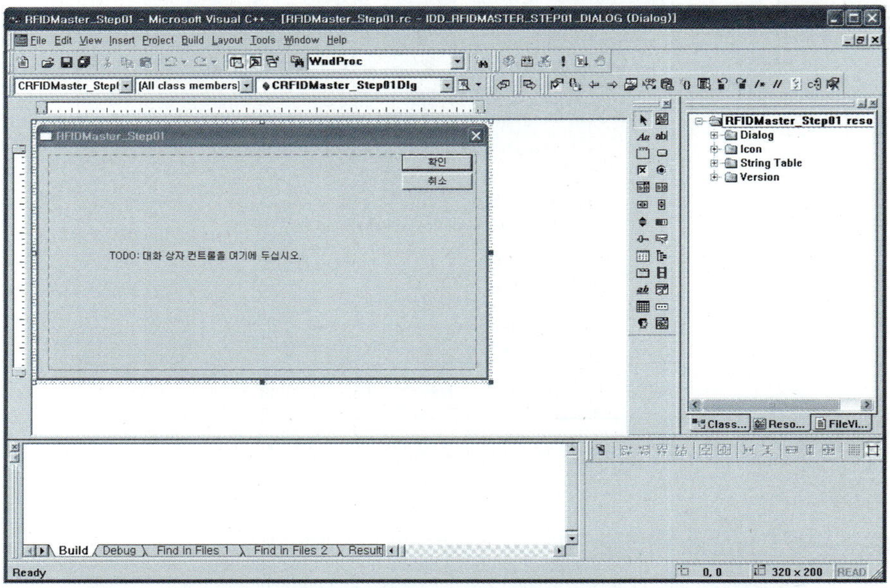

[그림 16-7] Resource View의 Dialog

② CD의 RFIDMaster_Stemp의 RFIDMaster_Step01의 CommThread.cpp와 CommThread.h 두 개의 파일을 C:\RFIDMaster_Step\RFIDMaster_Step01에 복사한다.

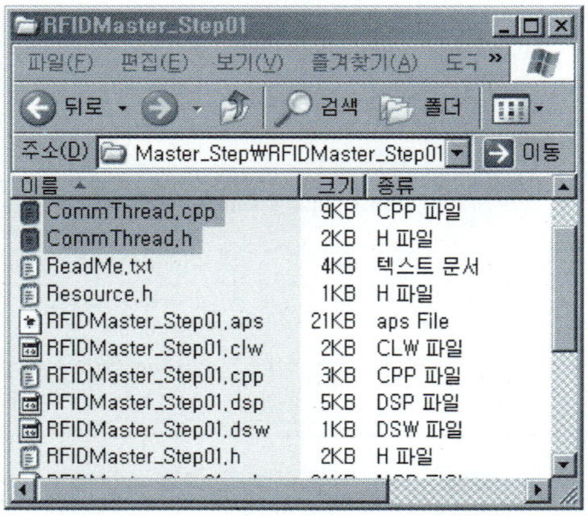

[그림 16-8] CommThread.cpp와 CommThread.h 복사

③ 파일 뷰를 선택한 후에 source File을 마우스의 오른쪽 버튼을 클릭한 후에 Add Files to Folder..를 선택하고 CommThread.cpp와 CommThread.h 두 개의 파일을 선택한 후에 OK 버튼을 클릭한다.

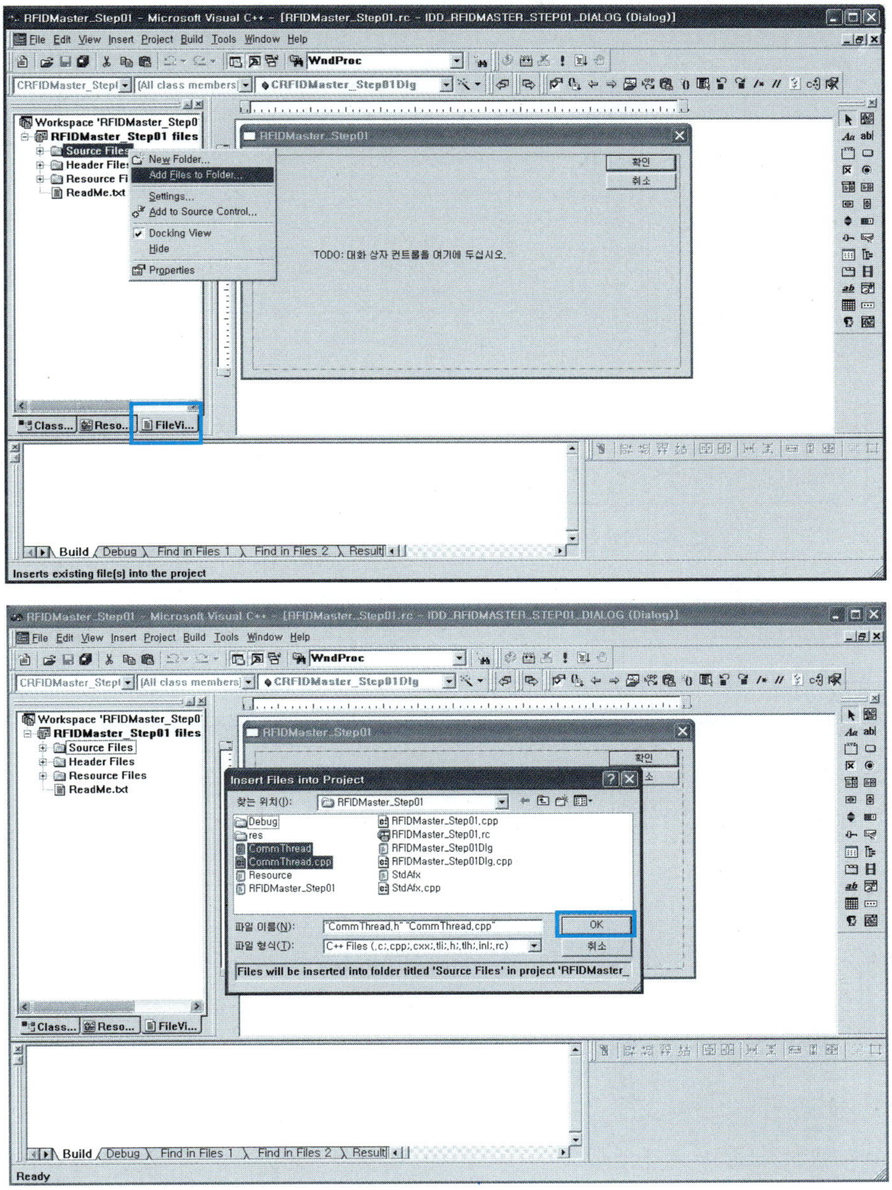

[그림 16-9] Add Files to Folder 선택하여 파일 추가

CHAPTER 16

④ File View에서 Source files를 목록을 펼쳐보면 CommThread.cpp와 CommThread.h 두 개 파일이 포함되어 있다.

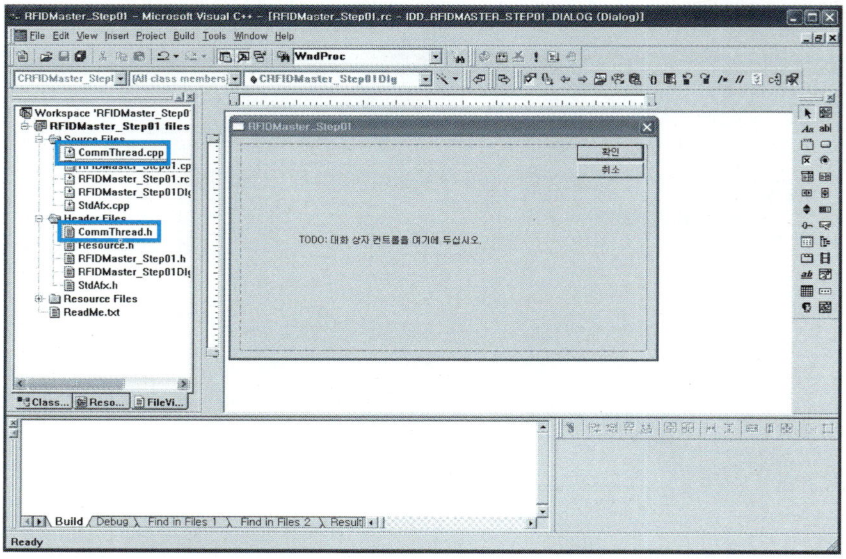

[그림 16-10] CommThread.cpp와 CommThread.h 확인

⑤ CommThread.h와 CommThread.cpp 두 파일은 시리얼 통신에 필요한 파일이며 클래스 뷰에서 RFIDMaster_Step01Dlg.h 파일에 다음과 같이 추가한다.

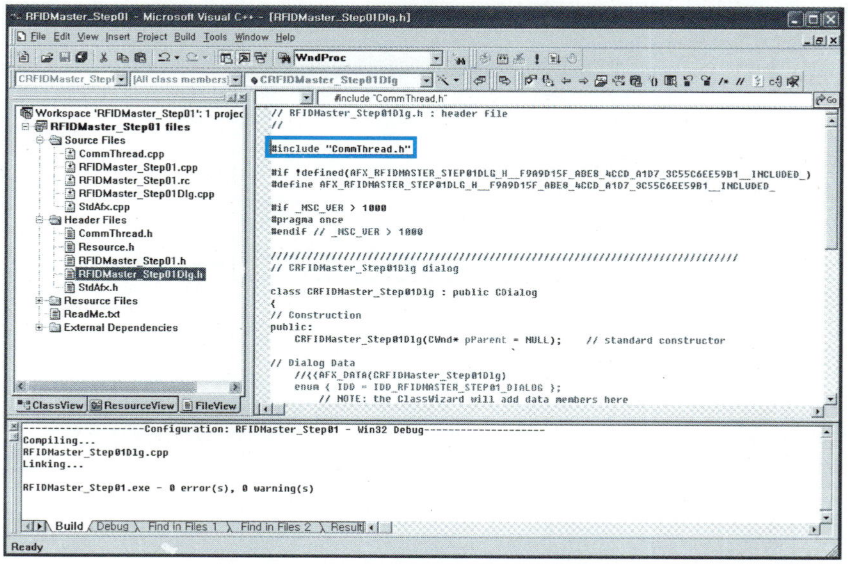

[그림 16-11] #include "CommThread.h" 추가

[Code 16-1] RFIDMaster_Step01.h 추가

```
#include "CommThread.h"
```

시리얼 통신을 위한 헤더파일을 포함시키기 위한 구문이다.

⑥ 클래스 뷰에서 RFIDMaster_Step01Dlg.cpp 파일에 다음과 같이 추가한다.

[Code 16-2] RFIDMaster_Step01.cpp 추가

```
HWND hCommWnd;
```

윈도우 핸들을 선언한다. 윈도우를 조작하기 위해서는 HWND 타입의 윈도우 핸들이 필요하며, SDK 프로그램에서는 API를 호출할 때 윈도우 핸들을 넘겨줌으로써 핸들 윈도우를 조작한다. 프로그래머 관점에서 보면 윈도우와 윈도우 핸들은 동의어라고 할 수 있다.

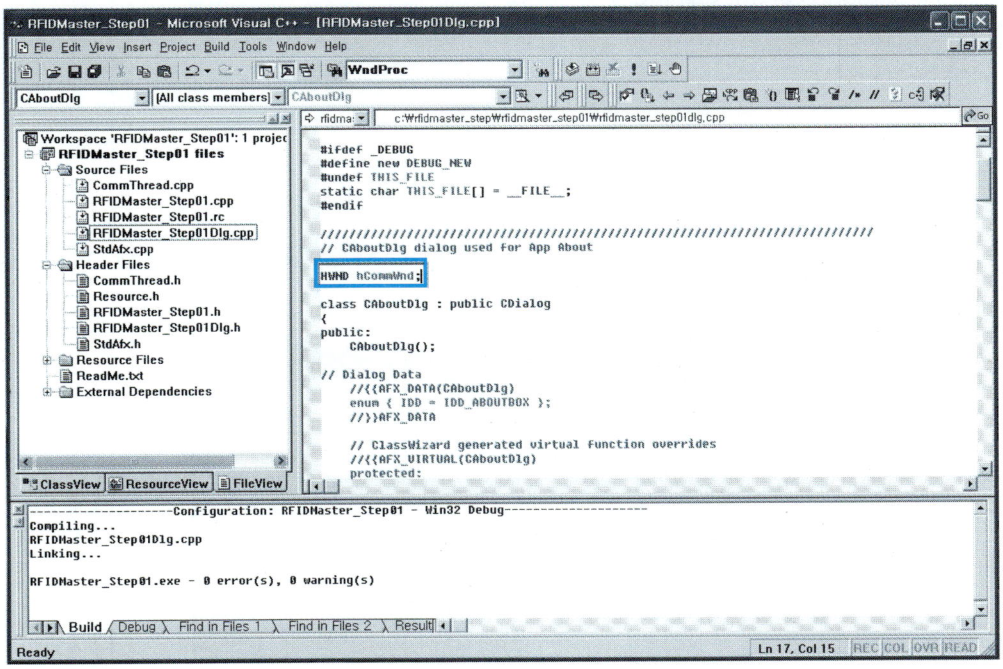

[그림 16-12] HWND hCommWnd 추가

⑦ 클래스 뷰에서 CRFIDMaster_Step01Dlg를 선택한 후에 마우스 오른쪽 버튼을 클릭한다. 그리고 Add Member Function을 선택한다.

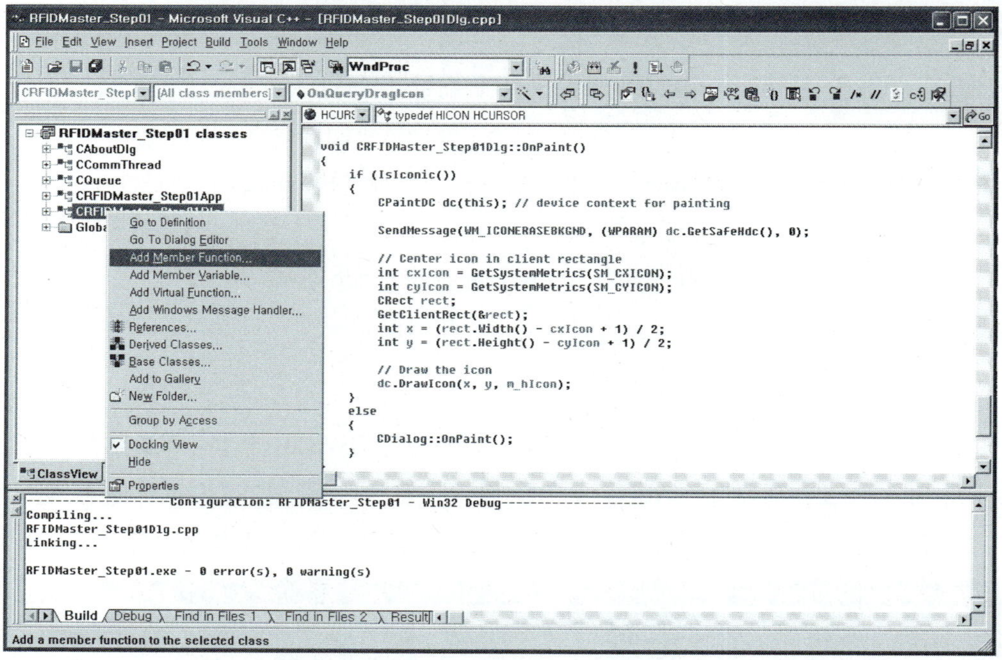

[그림 16-13] Add Member Function 선택

⑧ Add Member Function창에서 Function Type : LRESULT
Function Declaration : OnCommunication(WPARAM wParam, LPARAM lParam)을 입력한다.

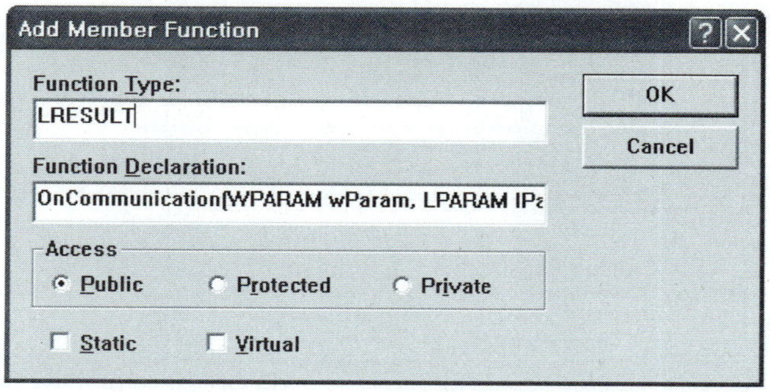

[그림 16-14] 함수 추가

⑨ CRFIDMaster_Step01.cpp의 BEGIN_MESSAGE_MAP에 다음과 같이 추가한다.

[Code 16-3] BEGIN_MESSAGE_MAP 추가

```
BEGIN_MESSAGE_MAP(CRFIDMaster_Step01Dlg, CDialog)
...
ON_MESSAGE(WM_COMM_READ, OnCommunication)
...

END_MESSAGE_MAP()
```

ON_MESSAGE()는 사용자 정의 메시지 구문이며 다음에 다시 설명을 하도록 하겠다.

⑩ OnInitDialog() 함수에 다음과 같이 추가한다.

[Code 16-4] OnInitDialog() 함수

```
BOOL CRFIDMaster_Step01Dlg::OnInitDialog()
{
...
    hCommWnd = m_hWnd;   // Serial Handle
    m_ComuPort.OpenPort("COM1", CBR_9600, 8, ONESTOPBIT, NOPARITY);
...
}
```

"hCommWnd = m_hWnd;" 윈도우 핸들을 넘겨줌으로써 해당 윈도우를 조작할 수 있다. OpenPort() 함수로 시리얼 Open한다. CommThread.cpp에 OpenPort 함수가 있다. 통신 포트 및 통신속도 등을 설정한다. 여기서 ED-3710 13.56MHz RFID Reader는 9600bps로 설정되어 있으므로 PC의 통신 속도도 CBR_9600으로 설정을 해주었다.

CHAPTER 16

⑪ OnCommunication() 함수에 다음과 같이 추가한다.

[Code 16-5] OnCommunication() 함수

```
LRESULT   CRFIDMaster_Step01Dlg::OnCommunication(WPARAM   wParam,LPARAM
lParam)
{
        AfxMessageBox("OnCommunication Call~!!");

        return 1;
}
```

메시지 박스(Message Box)에 문자열을 출력하는 함수이다. 이곳의 문자열을 수정한 후

컴파일 및 프로그램을 실행해 보면 시리얼 포트로 데이터가 입력될 때 문자열이 변하는 것을 확인할 수 있다.

⑫ RFIDMaster_Step01Dlg.h에 다음과 같이 코딩한다.

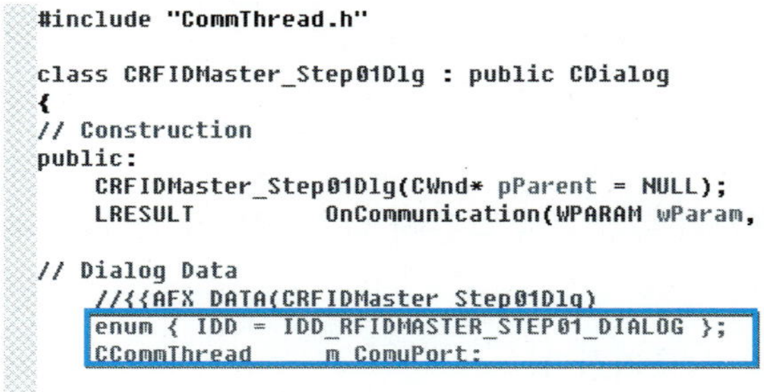

[그림 16-15] CCommThread m_ComuPort 추가

[Code 16-6] RFIDMaster_Step01Dlg.h 함수

```
...
   enum { IDD = IDD_RFIDMASTER_STEP01_DIALOG }
   CCommThread m_ComuPort
...
```

⑬ Ctrl + F5를 눌러 프로그램을 컴파일 및 실행시킨다.

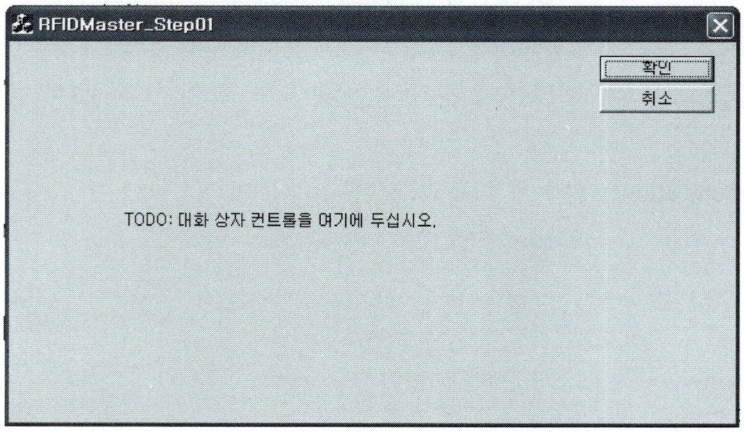

[그림 16-16] 프로그램 실행

⑭ ED-3710 13.56MHz RFID Reader에 RFID Tag를 인식시킨다.

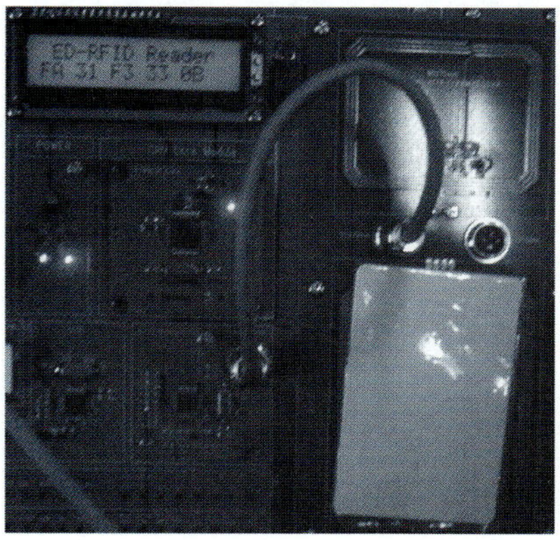

[그림 16-17] RFID Tag 인식

⑮ RFID Tag가 인식되면 메시지 박스가 열리며 문자열을 출력해 준다.

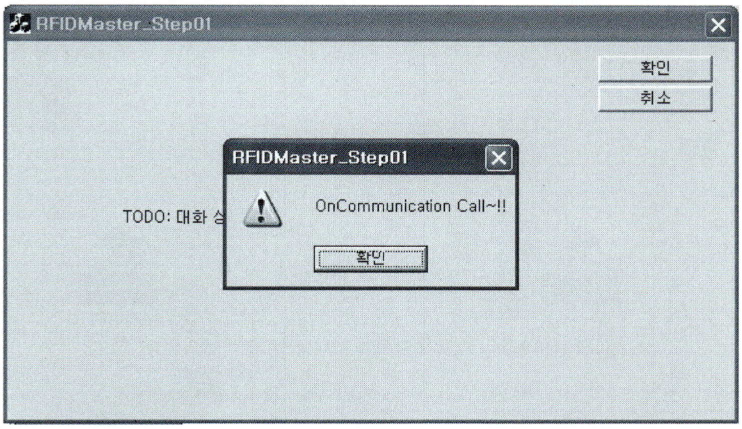

[그림 16-18] 프로그램 실행 화면

17장 RFIDMaster Step02 활용

01 RFIDMaster_Step02 프로토콜

Step 1에서 시리얼 Port에 데이터가 들어오면 PostMessage 함수가 메시지를 전달하고 OnCommunictaion 함수가 호출되어 메시지 박스가 출력되었다.

Step 2에서는 ED-3710의 Protocol에 맞게 OnCommunication()를 코딩하여 ED-3710 13.56MHz RFID Reader로부터 PC로 전송된 데이터를 출력하는 프로그램을 작업해 보도록 한다.

1) 프로토콜 개념

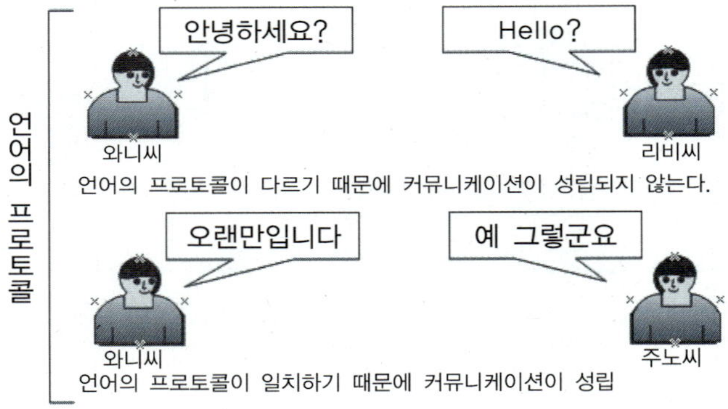

[그림 17-1] 프로토콜 개념

[그림 17-1]에서와 같이 서로 다른 언어를 구사하는 사람 간에 대화는 이루어질 수 없다. 서로 다른 프로토콜(Protocol)을 가진 각 객체는 서로 커뮤니케이션을 할 수 없고 데이터를 이해할 수 없다. 따라서 각 객체 간에 통신이 가능하도록 하기 위해서는 모스 부호와 같이 사전에 약속된 규약이 필요하고 이 규약이 프로토콜이라 한다.

2) 13.56MHz RFIDMaster Protocol

ED-3710 13.56MHz RFID Reader와 RFIDMaster PC 프로그램으로 서로 통신을 하면서 데이터를 주고받으려면 프로토콜에 대하여 먼저 이해를 하여야 한다.

[표 17-1] Protocol Total Size

0	1	2	3	4	5	6	7	8	9	10	11	12	13	14	15
STX	Data1			Data2			Data3			Data4			Data5		ETX
0x02	0x35	0x34	0x20	0x42	0x42	0x20	0x46	0x32	0x20	0x45	0x45	0x20	0x46	0x33	0x03

표를 보면 알 수 있듯이 전체 프로토콜 사이즈는 16Byte이다. 13.56MHz의 Protocol를 살펴보면 [표 17-2]와 같이 분석이 된다.

[표 17-2] 프로토콜 분석

0번째 데이터	STX (0x02)
15번째 데이터	ETX (0x03)
1/2, 4/5, 7/8, 10/11, 13/14	Data 값

[표 17-2]에서 1번째 2번째 데이터값를 보면

- 1번째 Data의 16진수는 0×35 : 즉 아스키값으로 변환하면 5
- 2번째 Data의 16진수는 0×34 : 즉 아스키값으로 변환하면 4

따라서 데이터 값은 54이다.

Data 값은 1, 2, 4, 5, 7, 8, 10, 11, 13, 14번째가 값을 종합해야 한다.

RFID의 Data 값은 0×35, 0×34, 0×42, 0×42, 0×46, 0×32, 0×45, 0×45, 0×46, 0×33이다.

이 16진수를 아스키(ASCII)값으로 변환하면 "54, BB, F2, EE, F3"이 된다. 이러한 값을 가지고 DB를 작성하고 운용 프로그램을 작성하는 것이다.

02 RFIDMaster_Step02 프로그램

1 RFIDMaster_Step02 폴더를 만들고 RFIDMaster_Step01에 있는 모든 파일을 복사한다. 이렇게 하는 이유는 전에 작업한 내용을 보존하기 위해서이다.
Step 2를 작업하면서 작업이 원활히 이루어지지 않으면 다시 복사를 하여 사용을 하던지 제공된 CD의 RFIDMaster_Step\RFIDMaster_Step02 디렉토리의 내용을 복사하여 사용하여도 된다.

[그림 17-2] 파일 복사

② Visual C++를 실행시킨 후에 프로젝트 Open 메뉴에서 C:\RFIDMaster_Step02 디렉토리를 들어가서 RFIDMaster_Step01.dsw 프로젝트 파일을 연다.

[그림 17-3] RFIDMaster_Step01 연다.

③ 다이얼로그 default로 있는 버튼을 삭제한 후에 CRichEdit와 버튼을 올려놓는다.

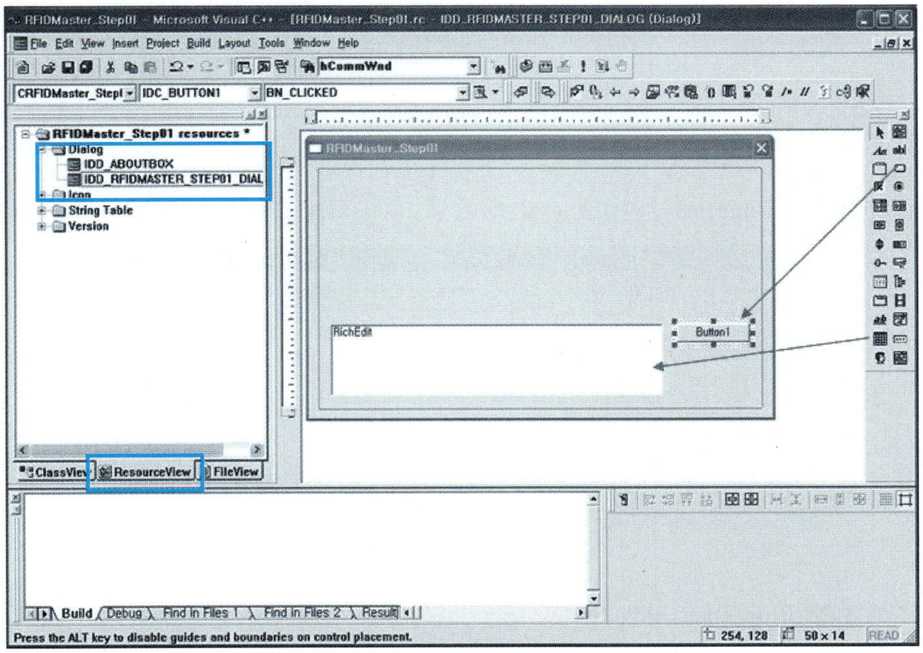

[그림 17-4] 다이얼로그에 Rich Edit와 Button 배치

④ Rich Edit를 마우스로 선택한다. 그리고 오른쪽 버튼을 클릭한 후에 Properties를 선택한다.

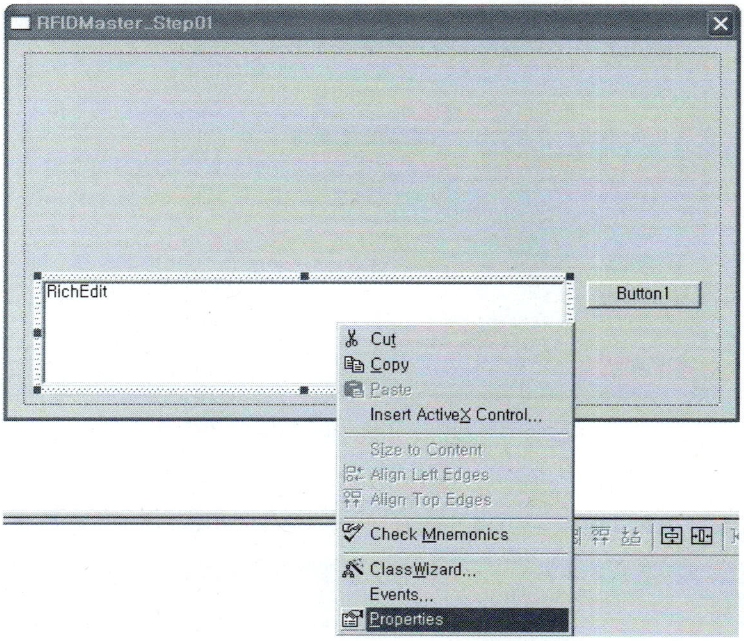

[그림 17-5] RichEdit Properties 선택

⑤ Rich Edit Properties창의 General 탭에서 ID를 IDC_RICHEDIT를 입력한다.

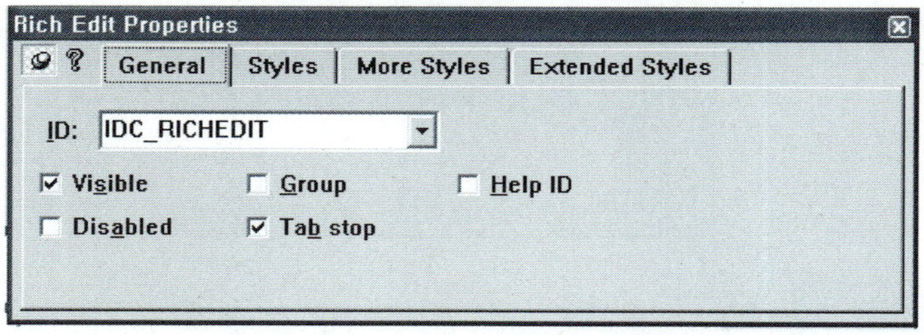

[그림 17-6] Rich Edit Properties General 탭 설정

⑥ Rich Edit Properties 창의 Styles 탭을 선택하고 체크 박스를 [그림 17-7]과 같이 설정해 준다. Align text는 문자열 정렬방식을 설정해 주면 메시지를 보여주는 창이기 때문에 Read-only 상태로 설정하였다.

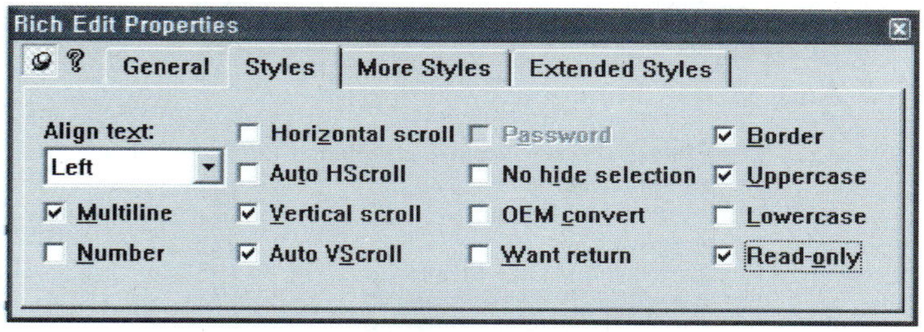

[그림 17-7] Rich Edit Properties 창의 Styles 설정

7 버튼을 선택한 후 오른쪽 버튼을 눌러 Properties를 선택한다.

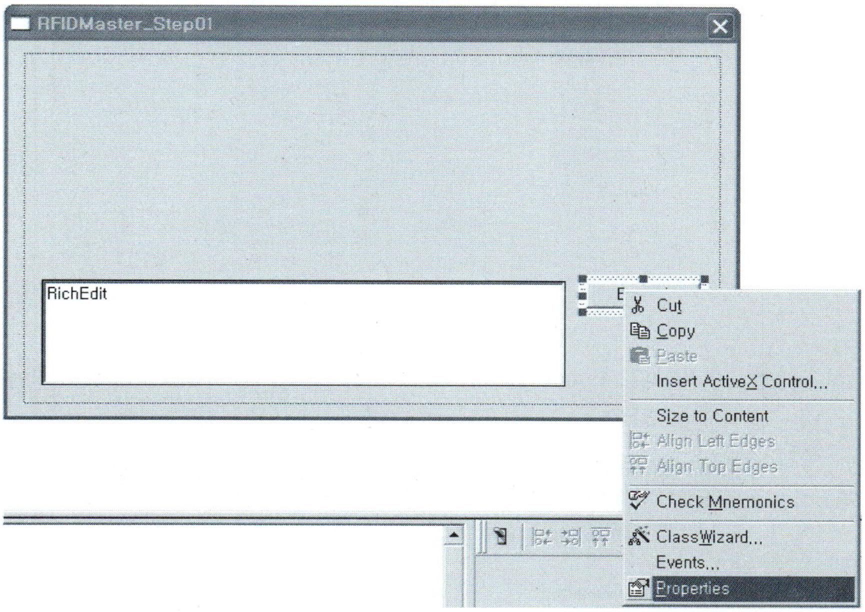

[그림 17-8] Button Properties

8 아래 그림과 같이 버튼의 ID와 Caption 입력한다.

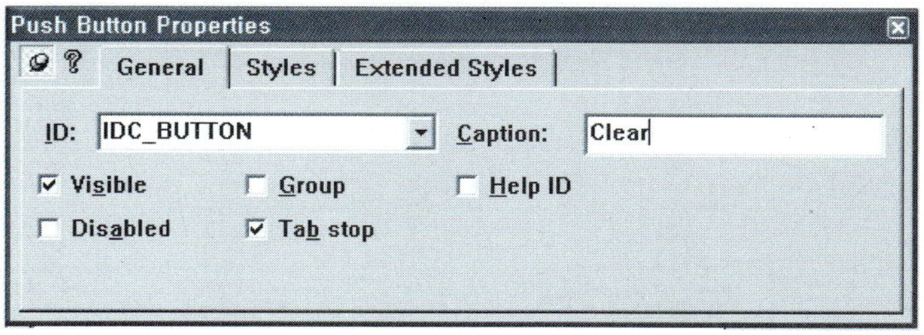

[그림 17-9] 버튼 ID, Caption 입력

⑨ 클래스 뷰에서 CRFIDMaster_Step01를 마우스로 선택한 후에 오른쪽 버튼을 클릭한다. 그리고 Add Meber Function을 선택한다.

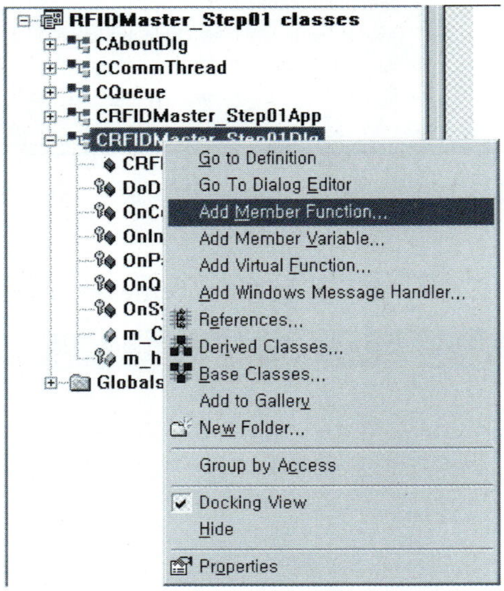

[그림 17-10] Add Member Function 선택

⑩ 멤버 함수를 추가한다. Function Type은 void, Function Declaration은 PlayRichBox로 [그림 17-11]과 같이 기입하고 OK 버튼을 클릭한다.

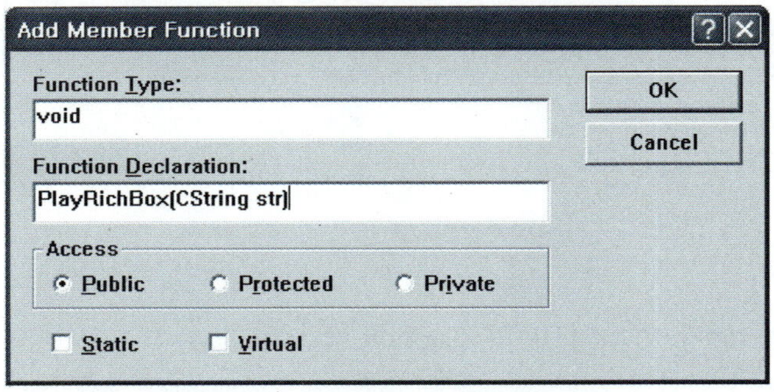

[그림 17-11] Member Function 추가

⑪ 다이얼로그에서 버튼을 더블클릭하여 OnClear 멤버 함수를 추가한다. Rich Edit 박스를 Clear시키는 기능을 구현할 함수이다.

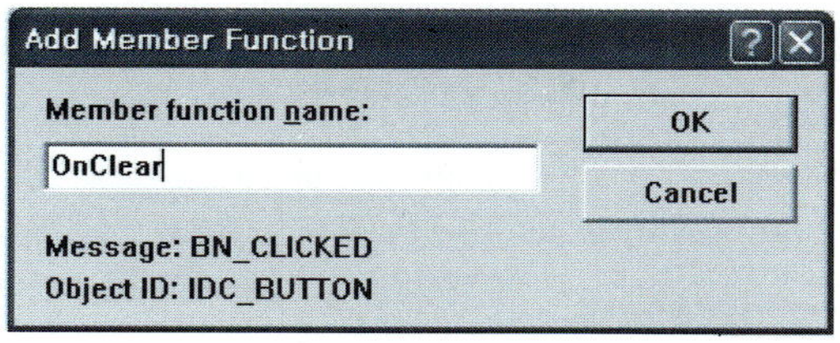

[그림 17-12] 메시지 처리 함수 추가

OK 버튼을 클릭하면 RFIDMaster_Step01Dlg.cpp 파일의 BEGIN_MESSAGE_MAP 안에 ON_BN_CLICKED(IDC_BUTTON, OnClear) 함수가 있는 것을 확인할 수 있다.

```
BEGIN_MESSAGE_MAP(CRFIDMaster_Step01Dlg, CDialog)
    //{{AFX_MSG_MAP(CRFIDMaster_Step01Dlg)
    ON_WM_SYSCOMMAND()
    ON_WM_PAINT()
    ON_WM_QUERYDRAGICON()
    ON_MESSAGE(WM_COMM_READ, OnCommunication)
    ON_BN_CLICKED(IDC_BUTTON, OnClear)
    //}}AFX_MSG_MAP
END_MESSAGE_MAP()
```

[그림 17-13] 메시지 맵 추가 확인

ON_BN_CLICKED(IDC_BUTTON, OnClear)은 Clear 버튼을 누르면 OnClear 함수가 호출되며 뒤에서 함수내에 메시지 박스의 내용들이 소거되도록 프로그램 작업을 할 것이다.

CHAPTER 17

⑫ MFC ClassWizard 실행시킨다(Ctrl + W).

[그림 17-14]와 같이 Object ID와 Class name을 선택하고 Add Class 버튼을 클릭한다.

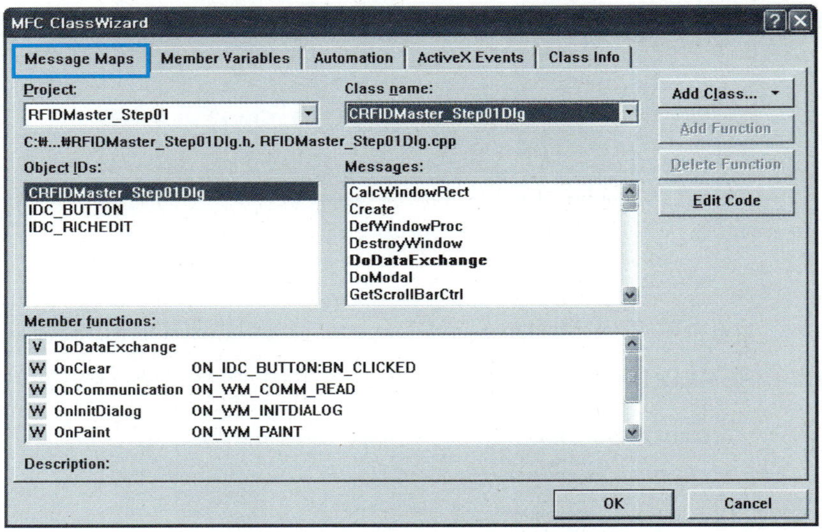

[그림 17-14] MFC ClassWizard 실행

⑬ Member Variables 탭을 선택한다.

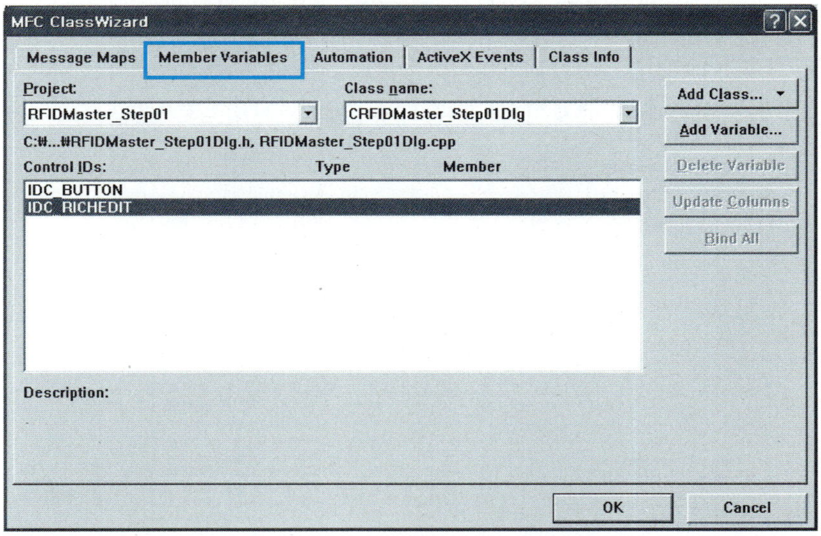

[그림 17-15] Member Variables 탭 선택

⑭ Control IDs를 IDC_RICHEDIT를 선택하고 Add Variable 선택한다.

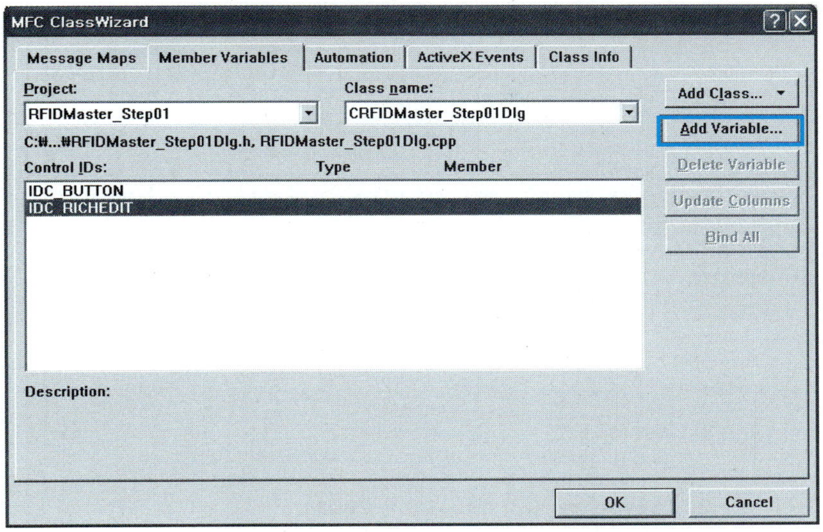

[그림 17-16] Add Variable 클릭

⑮ [그림 17-17]과 같이 멤버 변수를 추가한다.

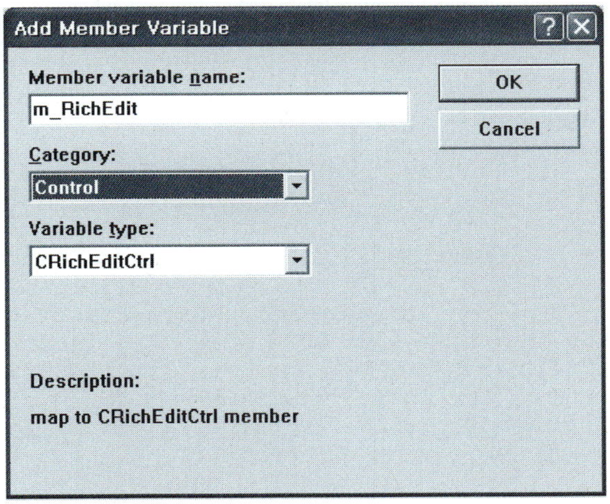

[그림 17-17] 멤버 변수 추가

CHAPTER 17

⑯ OnCommunication() 함수에 아래와 같이 코딩한다.

[Code 17-1] OnCommunication() 함수

```
LRESULT  CRFIDMaster_Step01Dlg::OnCommunication(WPARAM  wParam,  LPARAM
lParam)
{
        CString m_strParsingData = _T("");
        CString m_strEditData = _T("");
        int     m_iCount = 0;
        BYTE aByte;
        BOOL bStart = FALSE;
        BOOL bEnd = FALSE;

        int iSize =  (m_ComuPort.m_QueueRead).GetSize();

        for(int i  = 0;  i < iSize; i++)
        {
                m_iCount++;
                (m_ComuPort.m_QueueRead).GetByte(&aByte)

                if(aByte == 02)bStart = TRUE;
                if(aByte == 03)bEnd = TRUE;

                temp_Buff[i]  = aByte;
                if(bStart == TRUE && m_iCount == 8)
                        {
                        for(int count=0 count<8 count++)
                                rx_Buff[count]  = temp_Buff[count];
                }

             // 나머지 Protocol 8 → Message 발생
                if(bEnd == TRUE && m_iCount == 8)
                {
                        for(int count=0; count<8; count++)
                                rx_Buff[count+8]  = temp_Buff[count];

                        if(rx_Buff[0]  == 0x02 && rx_Buff[15]  == 0x03)
                        {
                                m_strParsingData.Format("%02X  %02X  %02X
%02X %02X %02X %02X %02X %02X %02X %02X %02X %02X %02X %02X %02X\r\n",
rx_Buff[0], rx_Buff[1], rx_Buff[2], rx_Buff[3], rx_Buff[4], rx_Buff[5],
rx_Buff[6],            rx_Buff[7],rx_Buff[8],              rx_Buff[9],
rx_Buff[10],rx_Buff[11],rx_Buff[12], rx_Buff[13], rx_Buff[14],
                                rx_Buff[15]);

                                PlayRichBox(m_strParsingData);

                        }// End: if(rx_Buff[0]  == 0x02 && rx_Buff[15]  ==
0x03)
                }// End: if(bEnd == TRUE && m_iCount == 8)
        }

        return 1
}
```

프로그램 코드 중 **if(aByte == 02)**와 **if(aByte == 03)**은 STX와 ETX를 체크하는 부분이다.

⑰ PlayRichBox()를 아래와 같이 코딩한다.

[Code 17-2] PlayRichBox() 함수

```
void CRFIDMaster_Step01Dlg::PlayRichBox(CString str)
{
        CString str1 = "RECEVICE << ";
        m_RichEdit.SendMessage(EM_SCROLLCARET, 0, 0);
        m_RichEdit.ReplaceSel(str1+str);
}
```

m_RichEdit.SendMessage의 EM_SCROLLCARET은 RichEdit 박스에 메시지가 가득 출력되었을 경우 세로 스크롤바를 자동으로 내리는 기능을 수행한다.

m_RichEdit.ReplaceSel(str1+str)은 RichEdit 박스에 Protocol를 보여준다.

⑱ OnClear()를 아래와 같이 코딩한다.

m_RichEdit.SetSel(0, -1)은 CRichEdit 전체 선택하여 삭제를 하는 함수이다.

[Code 17-3] OnClear 함수

```
void CRFIDMaster_Step01Dlg::OnClear()
{
        UpdateData(TRUE);
        m_RichEdit.SetSel(0, -1);
        m_RichEdit.Clear();

        CString strEdit;
        strEdit.Format("");
        m_RichEdit.ReplaceSel(strEdit);
}
```

⑲ CRFIMaster_Step01Dlg() 함수에 AfxInitRichEdit() 추가한다.

[Code 17-4] CRFIDMaster_Step01Dlg 함수

```
CRFIDMaster_Step01Dlg::CRFIDMaster_Step01Dlg(CWnd* pParent /*=NULL*/)
        : CDialog(CRFIDMaster_Step01Dlg::IDD, pParent)
{
        m_hIcon = AfxGetApp()→LoadIcon(IDR_MAINFRAME)

        AfxInitRichEdit();
}
```

AfxInitRichEdit() 함수는 CRichEdit 클래스를 사용하기 위해 필요한 구문이므로 꼭 추가해 주어야 한다.

⑳ CRFIMaster_Step01Dlg.cpp의 핸들러 다음에 다음과 같이 코딩한다.

[Code 17-5] CRFIDMaster_Step01Dlg 함수 코딩

```
/////////////////////////////////////////////////////////////////////////////
// CAboutDlg dialog used for App About
HWND hCommWnd;
BYTE rx_Buff[16];
BYTE temp_Buff[8];
```

㉑ ED-3710 13.56 RFID Reader가 PC 통신 포트 COM1과 연결이 되어 있지 않다면 장비가 동작하지 않기 때문에 OnInitDialog() 함수에서 COM 포트를 다시 설정해 주어야 한다.

[Code 17-6] OnInitDialog() 함수

```
BOOL CRFIDMaster_Step01Dlg::OnInitDialog()
{
...
   hCommWnd = m_hWnd;   // Serial Handle
   m_ComuPort.OpenPort("COM1", CBR_9600, 8, ONESTOPBIT, NOPARITY);
...
}
```

㉒ Ctrl + F5를 눌러 컴파일 수행하면 지금까지 작업한 응용 프로그램이 실행된다.

[그림 17-18] 실행 화면

㉓ ED-3710의 전원을 켜고 13.56Mhz RFID Reader의 시리얼 포트와 PC의 통신 포트 COM1과 연결한다.

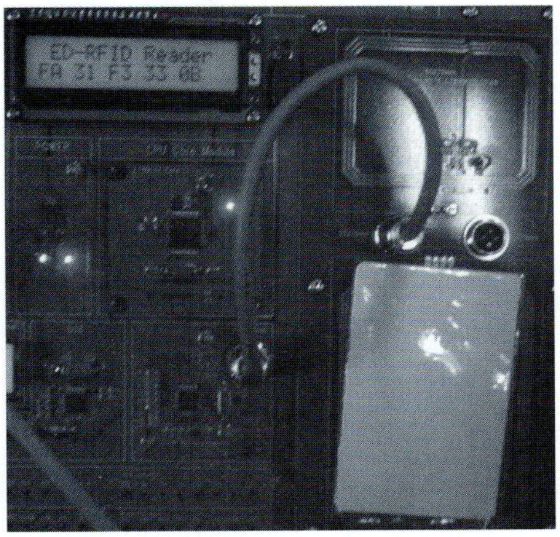

[그림 17-19] RFID Tag 인식

RFID Tag를 계속 인식시키면 메시지 박스가 자동 스크롤된다. 그리고 RichEdit 박스의 내용을 지우려면 Clear 버튼을 클릭하면 깨끗이 소거된다.

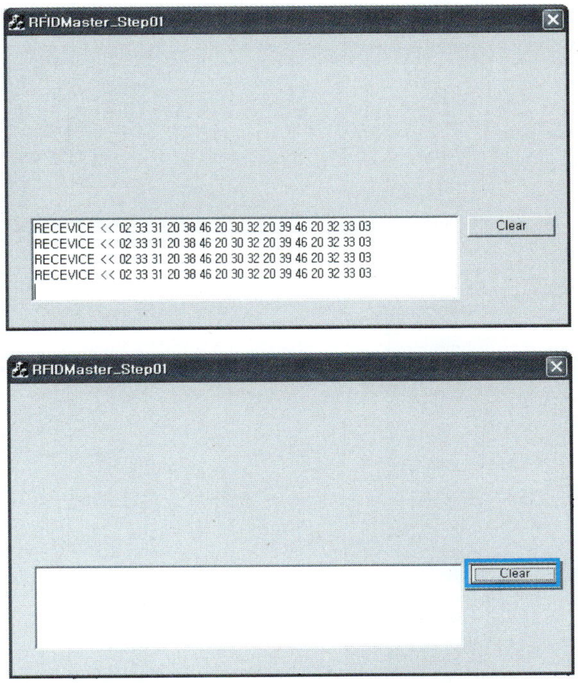

[그림 17-20] ED-3710 응용 프로그램

CHAPTER 17

18장 RFIDMaster Step03 활용

01 RFIDMaster Step03 프로그램

RFIDMaster Step02 단계에서는 ED-3710의 Protocol에 맞게 OnCommunication를 코딩하였다. RFIDMaster Step03 단계에서는 RFID Data 정보를 등록할 것이다.

1. RFIDMaster_Step03 폴더를 만들고 RFIDMaster_Step02에 있는 모든 파일을 복사한다. 앞에서도 말했듯이 기존 데이터를 보호하기 위해서다. 또는 제공된 CD에서 RFIDMaster_Step03을 PC에 복사한 후 교재와 같이 내용을 보는 것도 괜찮은 방법이다.

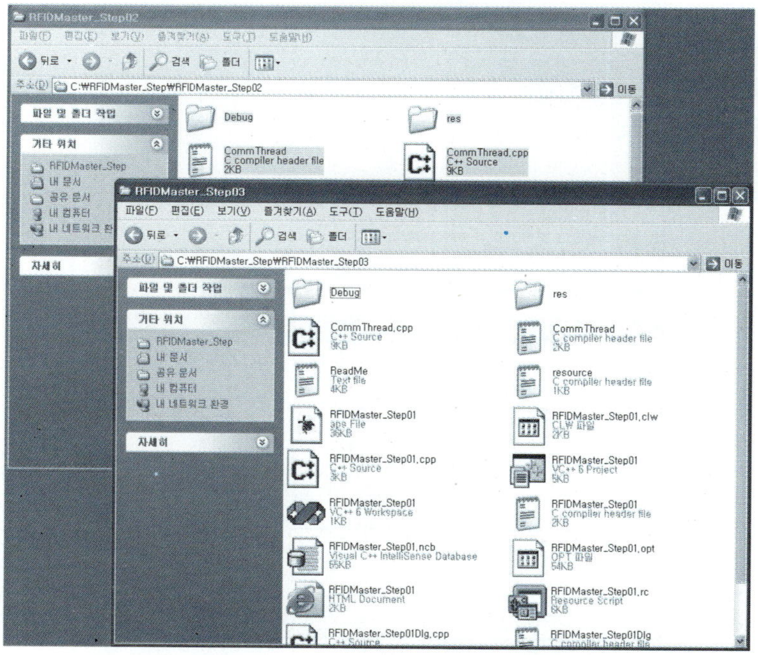

[그림 18-1] Step02를 Step03으로 파일 복사

2 Visual C++를 실행시킨 후에 프로젝트 오픈에서 RFIDMaster_Step01.dsw를 연다. 경로는 C:\RFIDMaster_Step\RFIDMaster_Step03이다.

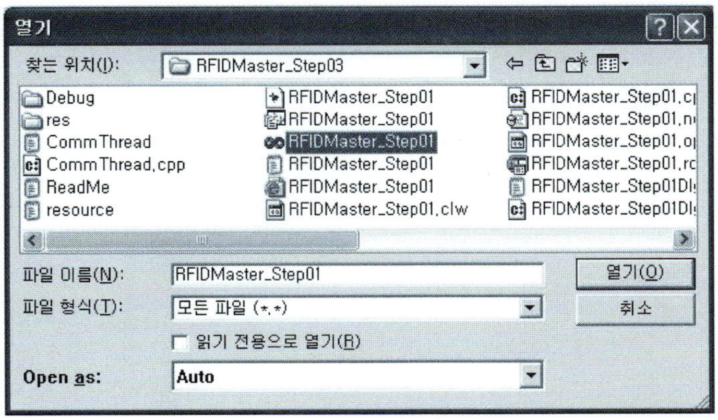

[그림 18-2] RFIDMaster_Step01

3 다이얼로그상에 Button, List Control, CEdit를 배치한다.

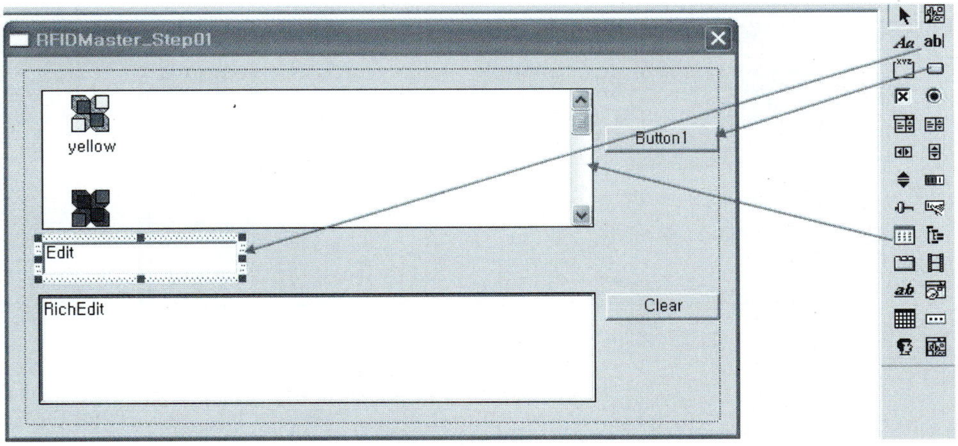

[그림 18-3] Rich Edit와 Button

④ List Control을 마우스로 선택한다. 그리고 오른쪽 마우스 버튼을 클릭한 후에 Properties 선택한다.

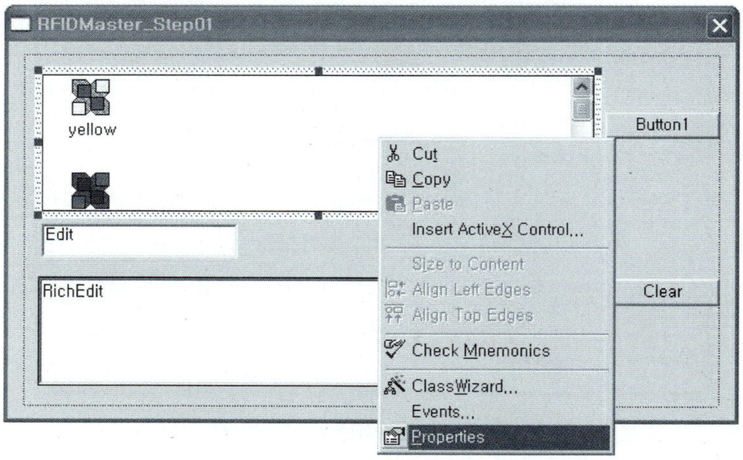

[그림 18-4] List Control Properties 선택

⑤ [그림 18-5]와 같이 General 탭에서 ID를 IDC_RICHEDIT를 입력한다.

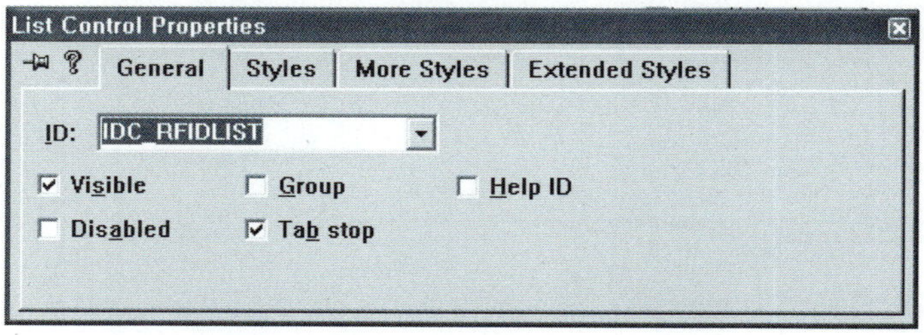

[그림 18-5] List Control Properties General 탭

⑥ Styles 탭을 선택한 후에 View는 Report, Align은 Left로 설정한다.

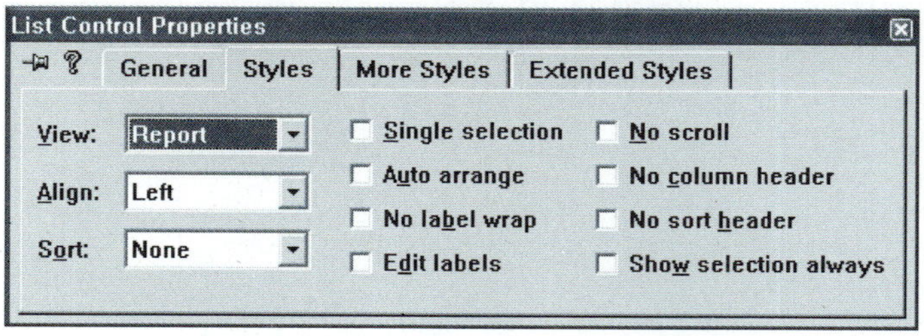

[그림 18-6] List Control Properties Styles 탭

⑦ 다이얼로그상에 새로 추가한 버튼을 선택하고 마우스 오른쪽 버튼을 클릭하여 Properties 선택하여 버튼 1의 기능을 부여한다.

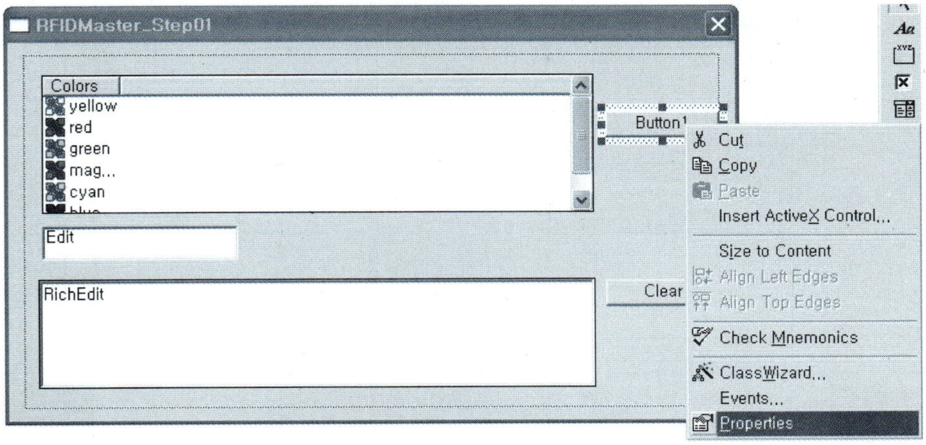

[그림 18-7] 버튼 Properties 선택

⑧ 버튼 Properties의 General 탭에서 버튼의 ID는 IDC_RFIDSET, Caption은 RFID Setting으로 입력한다.

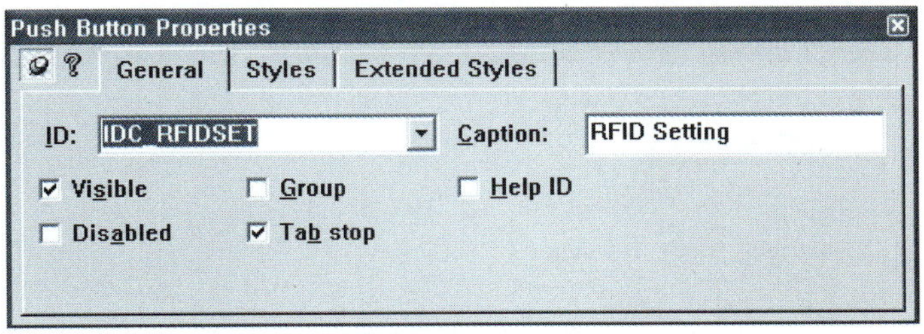

[그림 18-8] General 탭

⑨ Edit 박스에서 오른쪽 버튼을 클릭한 후에 Properties 선택한다.

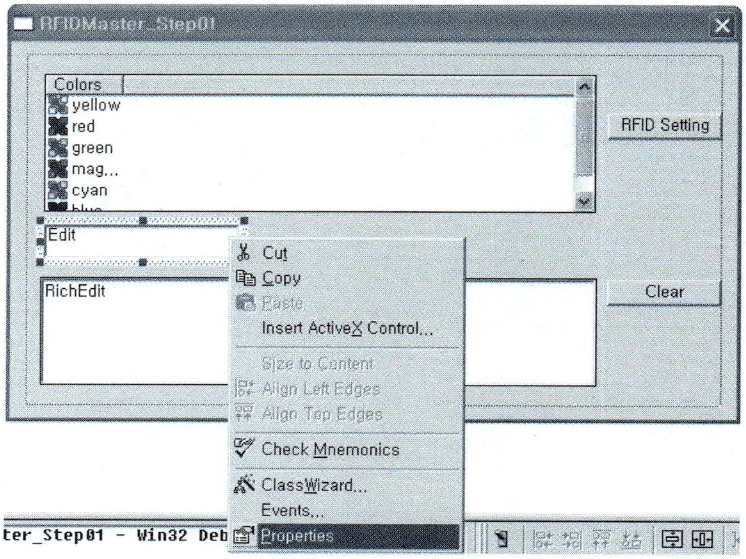

[그림 18-9] Edit Properties 선택

⑩ Edit Properties General 탭에서 ID를 IDC_CARDEDIT를 입력한다.

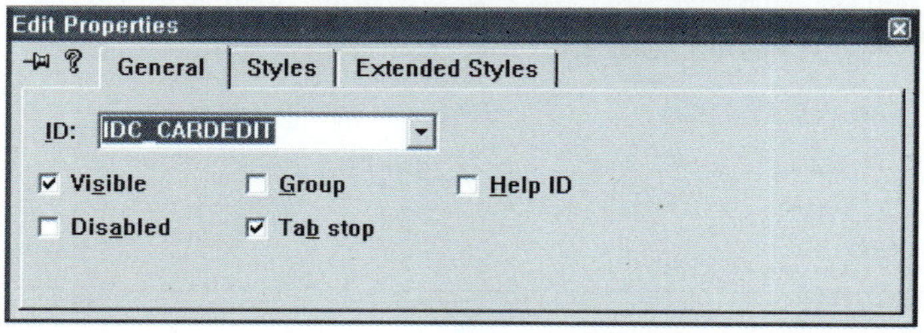

[그림 18-10] General 탭

⑪ RFID Setting 버튼을 더블클릭한 후에 [그림 18-11]과 같이 멤버 함수 이름을 입력한다.

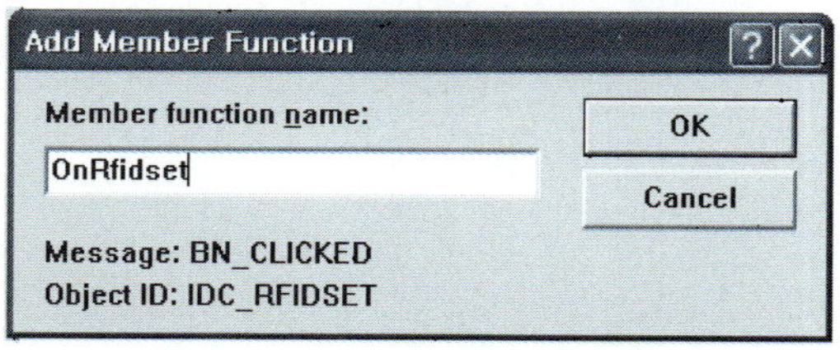

[그림 18-11] 메시지 처리 함수 추가

⑫ ClassWizard(Ctrl+W)를 실행시키고 [그림 18-12]와 같이 환경을 설정한다.

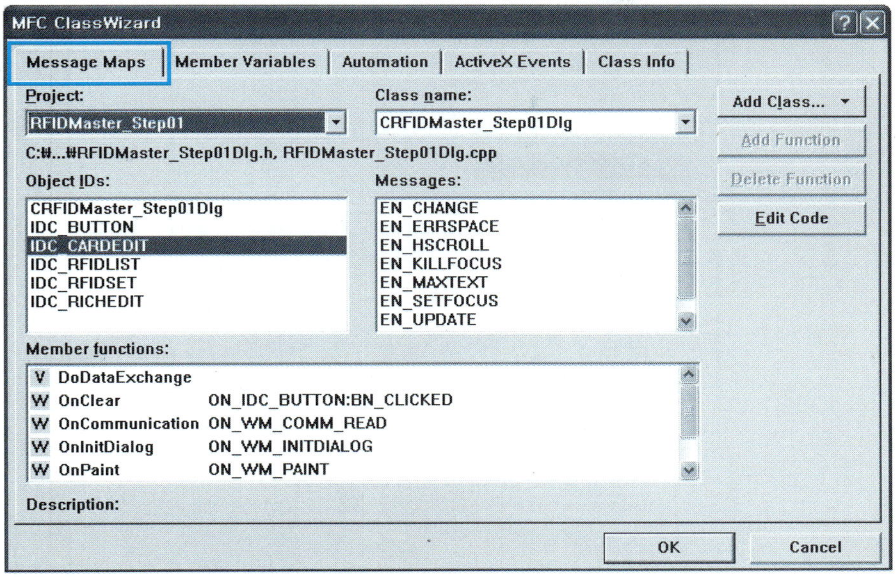

[그림 18-12] MFC ClassWizard 실행

⑬ Member Variables 탭을 선택하고 Control IDs를 IDC_CARDEDIT를 선택한 후에 Add Variable 버튼을 클릭한다.

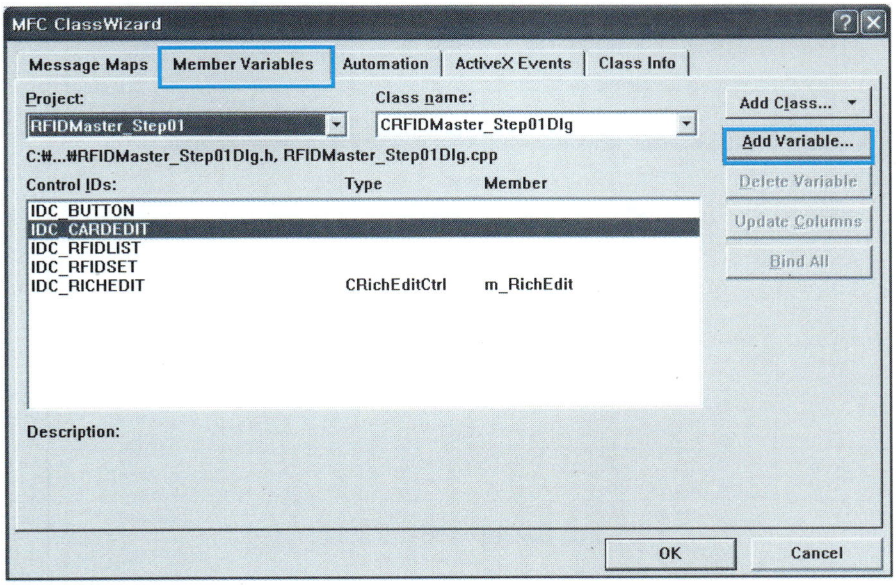

[그림 18-13] Add Variable 선택

⑭ 멤버 변수를 [그림 18-14]와 같이 Category와 Variable type을 설정해 준다.

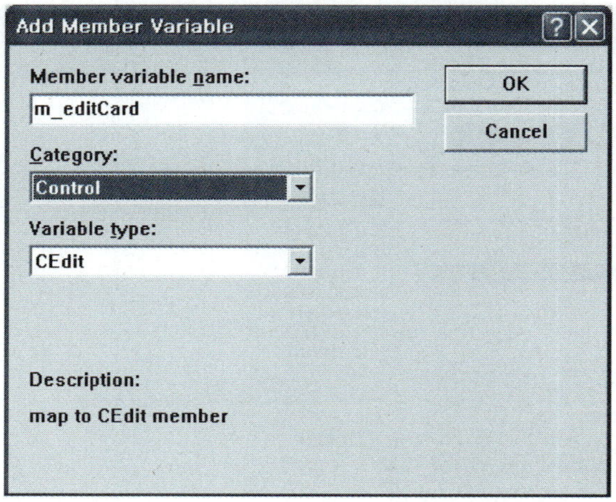

[그림 18-14] 멤버 변수 추가

⑮ Member Variables 탭에서 Control IDs를 IDC_RFIDLIST를 선택한 후에 Add Variable 버튼을 클릭한다.

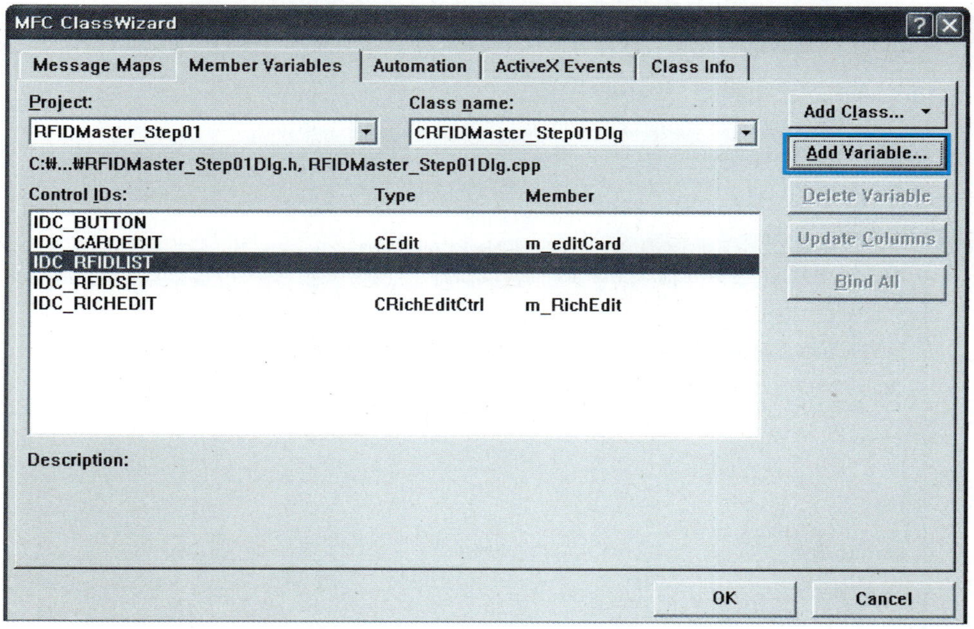

[그림 18-15] Add Variable 선택

⑯ 멤버 변수를 [그림 18-16]과 같이 Category와 Variable type을 설정해 준다.

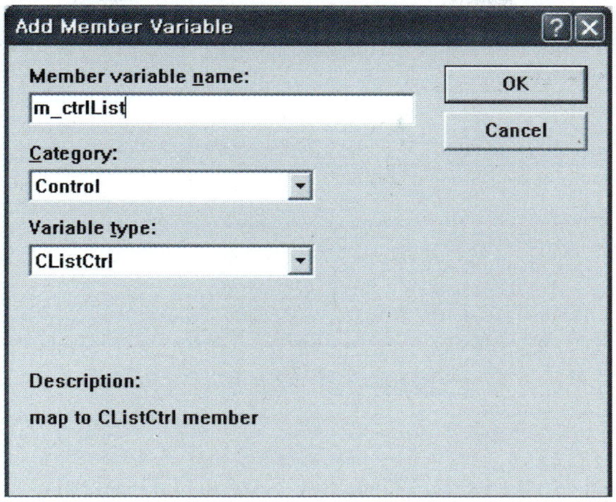

[그림 18-16] 멤버 변수 추가

⑰ 클래스 뷰의 CRFIDMaster_Satep01Dlg에 마우스 오른쪽 버튼을 클릭한 후에 Add Member Function를 선택한다.

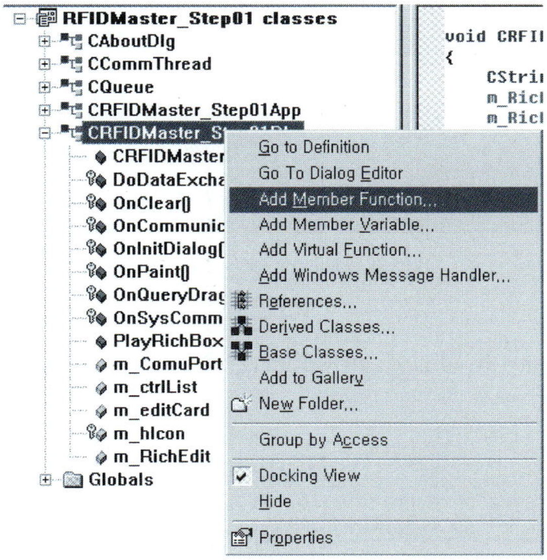

[그림 18-17] Add Member Function 선택

⑱ Add Member Function에서 PlayEditcard() 멤버 함수를 추가한다.

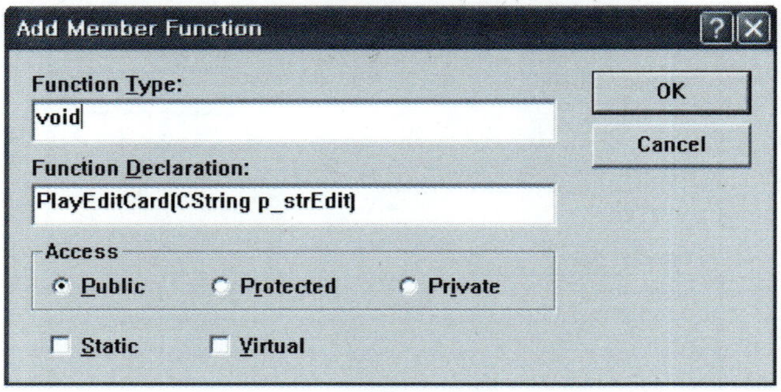

[그림 18-18] 멤버 함수 추가

⑲ ⑰번과 같이 클래스 뷰의 CRFIDMaster_Satep01Dlg 에 마우스 오른쪽 버튼을 클릭 한 후에 Add Member Function 선택한 후 InitList() 멤버 함수를 추가하고 OK를 클릭한다.

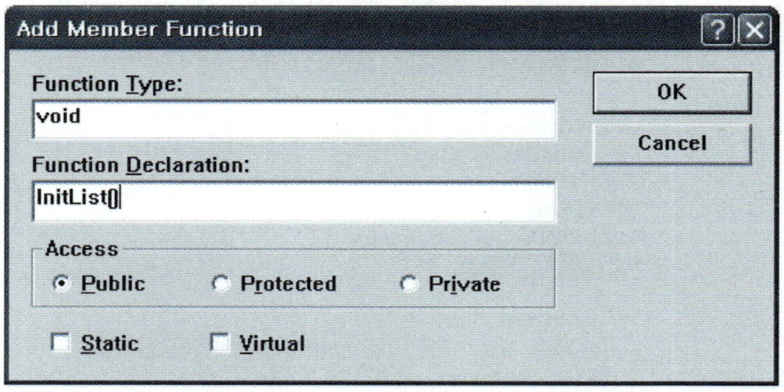

[그림 18-19] 멤버 함수 추가

⑳ RFIDMaster_Step01.h 파일에 ctrlCount 변수를 추가한다.

[Code 18-1] ctrlCount 변수 추가

```
//{{AFX_DATA(CRFIDMaster_Step01Dlg)
enum { IDD = IDD_RFIDMASTER_STEP01_DIALOG };
int             ctrlCount;

CListCtrl       m_ctrlList;
CEdit           m_editCard;
CRichEditCtrl   m_RichEdit;
```

㉑ OnInitDialog() 함수에 다음과 같이 코딩한다.

[Code 18-2] OnInitDialog 함수

```
BOOL CRFIDMaster_Step01Dlg::OnInitDialog()
{
        CDialog::OnInitDialog();
    ...
        ctrlCount = 0;
        InitList();
        hCommWnd = m_hWnd;
        m_ComuPort.OpenPort("COM1", CBR_9600, 8, ONESTOPBIT, NOPARITY);
        return TRUE;
}
```

CListCtrl()를 초기화하는 함수이며 CListCtrl 카운터 CListCtrl를 카운트한다. m_ComuPort.OpenPort() 함수를 통하여 PC의 통신 포트 및 통신속도를 설정한다.

㉒ InitList 함수를 코딩한다.

Code[18-3] InitList 함수

```
void CRFIDMaster_Step01Dlg::InitList()
{
        CRect rect;
        m_ctrlList.GetClientRect(&rect);
        m_ctrlList.InsertColumn(0,   _T("RFID  Number"),   LVCFMT_LEFT,
rect.Width());

m_ctrlList.SetExtendedStyle(LVS_EX_FULLROWSELECT|LVS_EX_GRIDLINES);
}
```

List 박스에 CListCtrl에 컬럼을 추가하고, 가로와 세로줄을 RFID Number라는 문자열을 보여준다.

[그림 18-20] 리스트 박스 디자인

㉓ PlayEditCard 함수를 코딩한다.

[Code 18-4] PlayEditCard 함수

```
void CRFIDMaster_Step01Dlg::PlayEditCard(CString p_strEdit)
{
        UpdateData(TRUE);
        m_editCard.SetSel(0, -1);
        m_editCard.Clear();
        m_editCard.ReplaceSel(p_strEdit);
}
```

㉔ OnRfidset 함수를 코딩한다.

[Code 18-5] OnRfidset 함수

```
void CRFIDMaster_Step01Dlg::OnRfidset()
{
        CString strCard  = _T("");
        m_editCard.GetWindowText(strCard);
        if(strCard.GetLength() == 0)
        {
                AfxMessageBox("Don't Read RFID Number");
        }
        else
        {
                m_ctrlList.InsertItem(ctrlCount,  strCard,  ctrlCount);

                m_ctrlList.EnsureVisible(ctrlCount, TRUE);
        }
        ctrlCount++;
      UpdateData(TRUE);
        m_editCard.SetSel(0, -1);
        m_editCard.Clear();
        CString strEdit;
        strEdit.Format("");
        m_editCard.ReplaceSel(strEdit);

}
```

m_ctrlList.InsertItem() 함수는 ClistCtrl의 아이템을 추가하는 기능을 수행하며, m_ctrlList.EnsureVisible() 함수는 CListCtrl의 세로 스크롤 바를 자동으로 내린다.

CEditBox를 Clear시키는 부분이다.

```
UpdateData(TRUE);
m_editCard.SetSel(0, -1);
m_editCard.Clear();
CString strEdit;
strEdit.Format("");
m_editCard.ReplaceSel(strEdit);
```

㉕ OnCommunication() 함수에 다음과 같이 추가한다.

RFID Tag를 인식시켜 ED-3710 장비로부터 RFID 정보를 입력받으면 메시지창에는 입력되고 있는 프로토콜까지 모두 디스플레이해주며, 에디터 박스에는 현재 입력된 RFID 정보를 보여주는 기능을 수행하는 함수이다.

[Code 18-6] OnCommunication()

```
...
if(rx_Buff[0]  == 0x02 && rx_Buff[15] == 0x03)
{
     m_strParsingData.Format("%02X %02X %02X %02X %02X %02X %02X %02X
                          %02X %02X %02X %02X %02X %02X %02X %02X\r\n",
                     rx_Buff[0],  rx_Buff[1],  rx_Buff[2],  rx_Buff[3],
                     rx_Buff[4],  rx_Buff[5],  rx_Buff[6],  rx_Buff[7],
                     rx_Buff[8],  rx_Buff[9],  rx_Buff[10],rx_Buff[11],
                     rx_Buff[12], rx_Buff[13], rx_Buff[14], rx_Buff[15]);

     PlayRichBox(m_strParsingData);

     m_strEditData.Format("%c%c %c%c %c%c %c%c %c%c",
                          rx_Buff[1], rx_Buff[2], rx_Buff[4],
                          rx_Buff[5], rx_Buff[7],  rx_Buff[8],
                          rx_Buff[10], rx_Buff[11], rx_Buff[13],
                          rx_Buff[14]);

      PlayEditCard(m_strEditData);
}
...
```

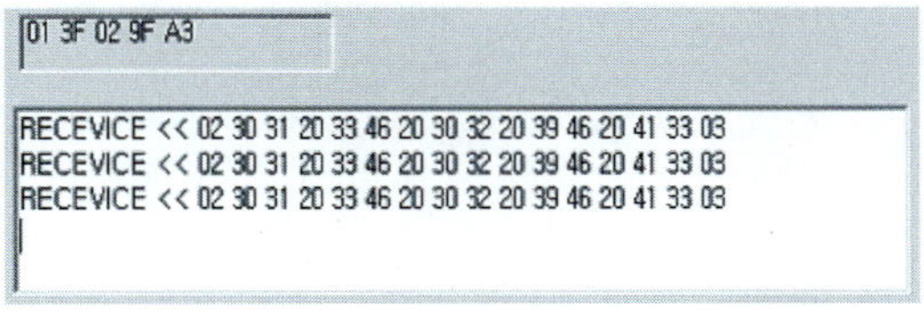

[그림 18-21] 메시지 박스와 에디터 박스 기능

㉖ 지금까지 작업을 수행하였으면 Ctrl + F5 눌러 컴파일하고 응용 프로그램을 실행한다.

[그림 18-22] 실행 화면

㉗ ED-3710 장비 전원 및 시리얼 케이블을 COM1 포트에 연결하고 RFID 태그를 RFID Reader에 인식시킨다.

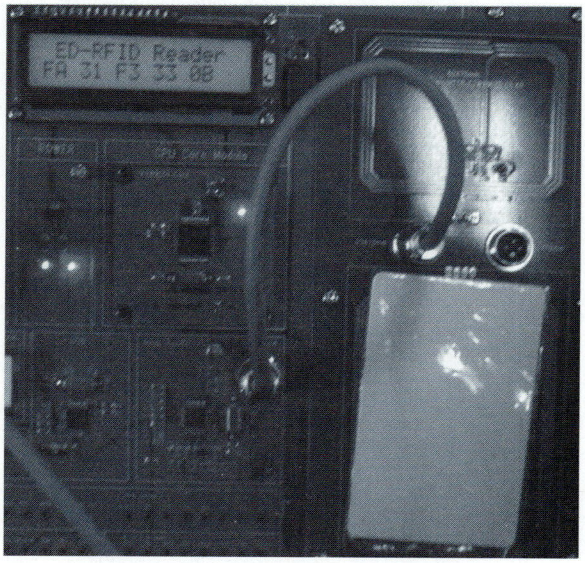

[그림 18-23] RFID Tag 인식(1/2)

㉘ RFIDMaster 프로그램에 인식된 Tag의 정보가 메시지창에 디스플레이되는 것을 볼 수 있다.

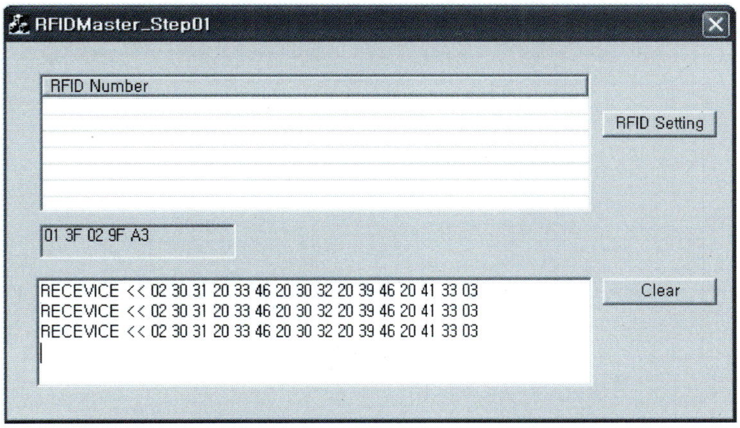

[그림 18-24] RFID Tag 인식(2/2)

㉙ RFID Setting 버튼을 클릭하면 RFID를 등록한다.

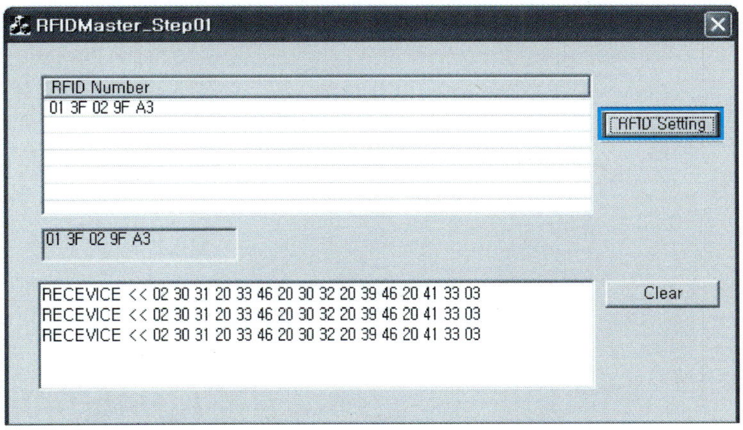

[그림 18-25] RFID Setting 버튼 클릭

지금까지 RFIDMaster를 설계하기 위한 프로그램을 설계해 보았다. ED-3710 장비와 시리얼 통신으로 연결되어 있으므로 시리얼 통신 프로그램을 이용하여 간단한 데이터 처리를 해주는 프로그램이다. VC++ 공부를 다른 과정을 통해서 익히게 된다면 ED-3710 장비와 같이 제공하는 프로그램도 설계 가능하다.

VI부

900MHz RFID 시스템의 구성 및 응용

19장 900MHz RFID 리더기

900MHz RFD 리더기는 국제 규격인 ISO와 미국 EPCglobal 규격을 동시에 만족하는 Multi Protocol RFID Reader Module을 사용하였으며 UHF RFID Tag에 각종 정보를 읽고 쓰는 기능을 제공한다. 또한, 다중 Tag 인식이 가능하여 대형 물류 및 유통시스템 구축에 적합하며 자산관리, 재고관리, 물품관리 등의 응용분야에도 폭넓게 사용하고 있다.

[표 19-1] 900MHz RFID 제원

기 능	설 명
주파수	한국 : 908.5~914MHz, FHSS 미국 : 902~928MHz, FHSS
송신출력	15~30dBm(1dB step 조정 가능)
소모전력	<1.5A(Peak) <50mA(Standby) <2mA(Sleep)
프로토콜	ISO18000-6B, 6C EPCglobal Class 0+, Class 1 EPCglobal Class 1 Generation 2
인식거리	최소 3m @ 30dBm (ISO/IEC18000-6C Tag, 2.5dBi, 안테나)
인터페이스 호스트	RS232 또는 TTL Serial 9,600~115,200bps
안테나	MMCX type
형식 승인	MIC 인증, TTA 인증

01 900MHz RFID Reader 연결

900MHz RFID Reader는 RS-232 통신 포트를 통하여 RS-232의 Host PC 시리얼 포트인 COM 포트에 연결하고 애플리케이션 프로그램을 통해 RFID Tag ID 값을 읽어들인다.

[그림 19-1] PC와 장비 연결

02 900MHz RFID 응용 프로그램

제공된 CD의 RFID Application Program\900Mhz Applicationl\900MHz App Program2 디렉토리에서 ED900MHz.exe 실행 파일을 실행하고자 하는 PC의 바탕화면 또는 지정된 위치에서 복사한다.

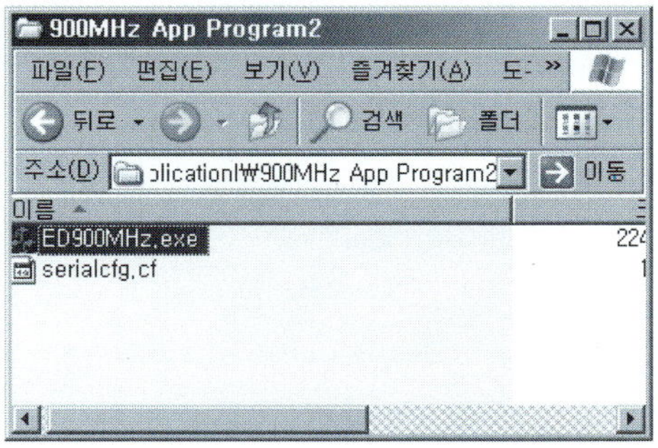

[그림 19-2] ED900MHz.exe 실행 파일

① 장비 전원을 On시키고 ED900MHz.exe 파일을 실행시키면 ED900MHz 초기 실행화면을 [그림 19-3]과 같이 볼 수 있다.

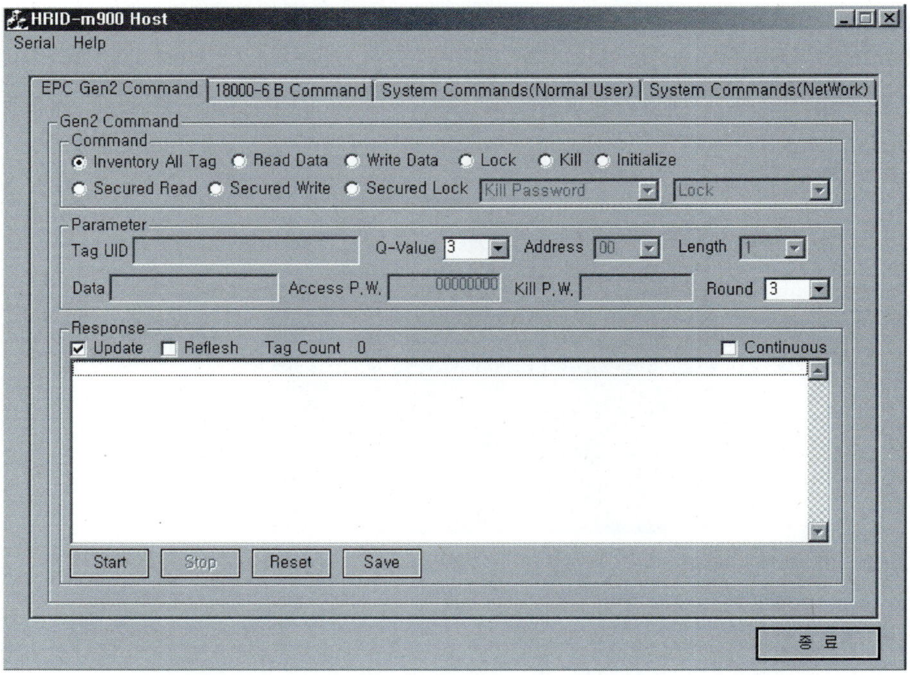

[그림 19-3] 900MHz RFID Reader 프로그램 실행

② 900MHz RFID Reader의 기본 설정은 Baud rate 115200bps로 설정되어 있으며 사용하고자 하는 PC의 COM 포트와 900MHz RFID Reader가 연결 시리얼 케이블로 연결되어 있어야 한다.

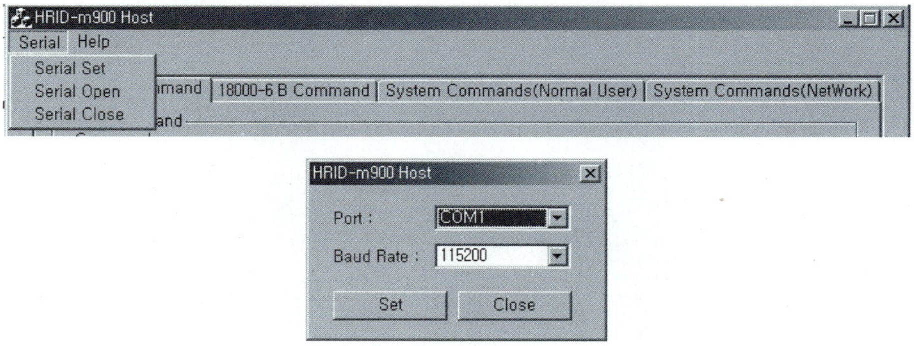

[그림 19-4] 신 포트 설정

③ Serial 메뉴의 Serial Open 메뉴를 선택하고 Port는 PC와 연결된 통신 포트, Baud rate는 115200bps를 선택하고 Set 버튼을 클릭한다.

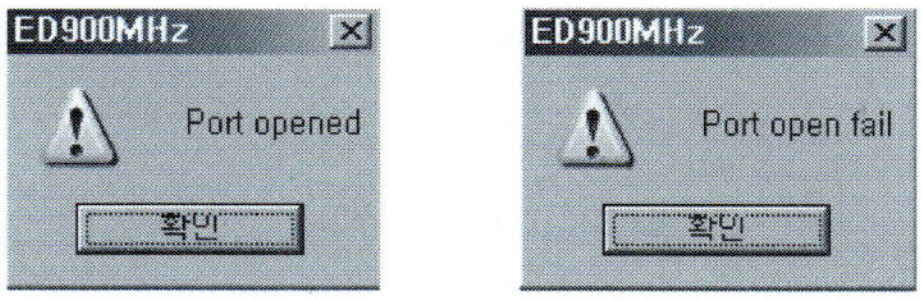

[그림 19-5] Port Open 성공/실패

03 Inventory All Tag

Inventory 기능은 영역내의 모든 RFID Tag ID를 읽어오는 명령이다. 900MHz RFID Reader의 안테나에 RFID Tag를 근접시키고 Start 버튼을 눌러서 Tag 정보를 읽어들인다.

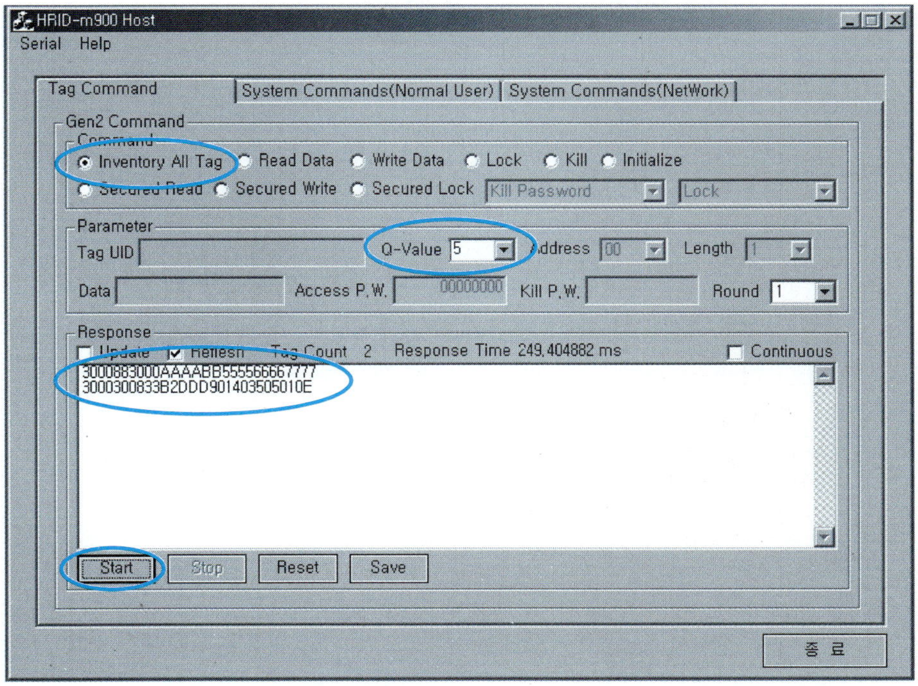

[그림 19-6] Inventory Command 설정

1 Inventory 명령을 선택한다.

2 Q값 설정한다. Tag가 하나일 경우는 0으로 설정하고, 멀티 Tag의 경우 Q값을 늘려서 테스트한다.

3 Module의 Inventory 횟수를 설정한다.

4 설정이 끝나면 Start 버튼을 클릭하여 RFID Tag를 인식시킨다.

5 인식된 Tag ID가 출력된다.

04 Read Data

RFID Tag의 Reserved, EPC, TID, USER 영역을 읽을 수 있다. 현재 900MHz RFID Reader module은 EPC영역으로 기본 설정되어 있다.

다른 영역을 읽으려면 System Table의 Access Membank값을 변경해 주어야 한다. Access Membank는 다음 장에서 수행하도록 하겠다.

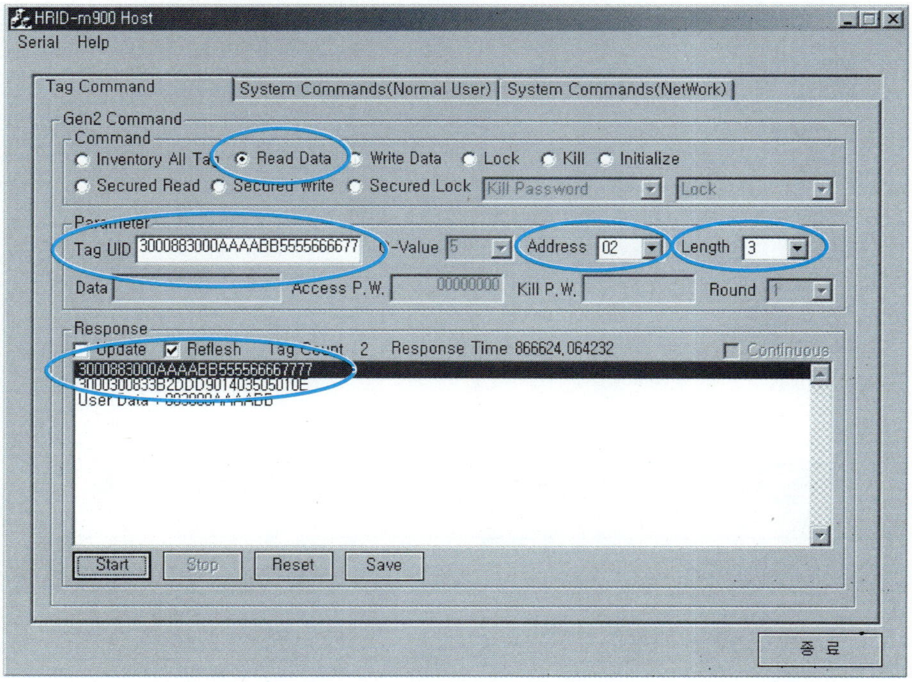

[그림 19-7] Read Data Command 설정

1 Read Data Command를 선택한다.

2 RFID Tag를 900MHz RFID Reader Antenna에 근접하게 하여 Tag ID를 읽어들인다. 읽어들인 TFID Tag 중 데이터를 읽을 RFID Tag ID 값을 선택 및 더블클릭하면 Tag UID 에디터 박스에 RFID Tag가 자동 입력된다.

3 Address 에디터 박스에서 데이터의 읽을 위치를 지정한다.

4 Length 에디터 박스에서 읽어올 데이터의 길이를 지정한다.

5 설정이 끝나면 start 버튼을 클릭한다.

6 총 3 Word의 데이터를 읽어들여 시작 Address가 2이며, 길이가 3Word만큼 데이터를 읽어들여 디스플레이한다(1Word = 2byte).

Address : 02

Address	00	01	02	03	04	05	06	07	08	09	10	11	12	13
TAG UID	30	00	88	30	00	AA	AA	BB	55	55	66	66	77	77

Length : 03(Word)

[그림 19-8] Read Data 수행 결과

05 Write Data

Word(2byte) 단위로 Write가 가능하며 총 7Word(14byte)까지 Write할 수 있다.

전파환경, 거리의 문제(유효거리를 벗어났을 경우)로 에러메시지가 출력되는 경우도 발생한다. 여기서는 EPC 영역의 데이터를 변경하도록 한다.

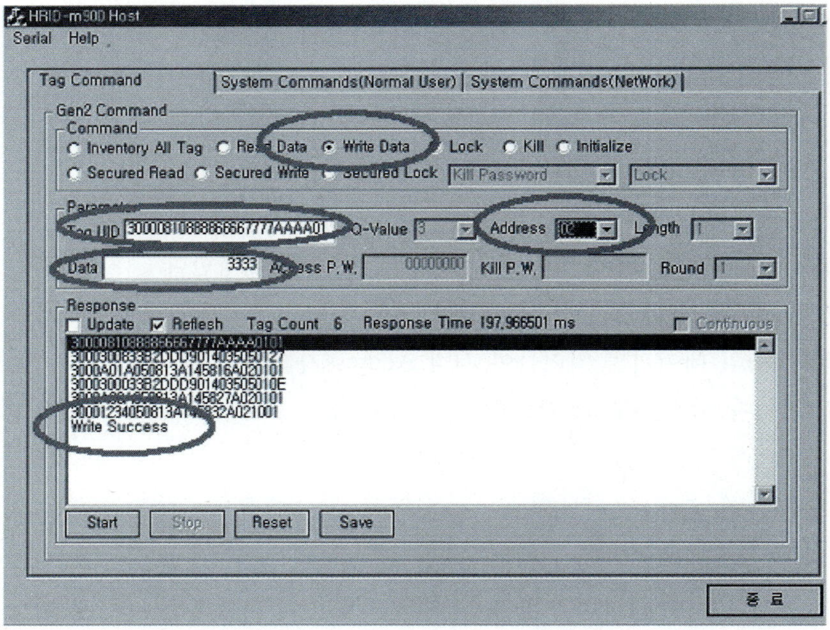

[그림 19-9] Write Data 수행 결과

Address : 02

Address	00	01	02	03	04	05	06	07	08	09	10	11	12	13
TAG UID	30	00	08	10	88	88	66	66	77	77	AA	AA	01	01

Length : 01

[그림 19-10] Write Data 수행 전 Tag ID(1Word = 2byte)

① 여러 개의 입력된 RFID Tag 중 하나의 Tag ID를 선택하고 더블클릭하면 Tag UID 에디터 박스에 RFID Tag가 자동 입력된다.

② Command의 Write Data Radio 버튼을 선택한다.

③ Write할 시작 Address를 지정한다.

④ Write할 데이터를 입력한다.

⑤ Start 버튼을 클릭한다. 모듈에서 'Write Data'가 정상적으로 수행되었으면 'Write Success'가 출력된다.

Address : 02

Address	00	01	02	03	04	05	06	07	08	09	10	11	12	13
TAG UID	30	00	33	33	88	88	66	66	77	77	AA	AA	01	01

Length : 01

[그림 19-11] Write Data 수행 후 Tag ID(1Word = 2byte)

⑥ Inventory All Tag Command를 명령을 다시 수행하면 해당 Tag의 EPC 영역이 변경된 것을 확인할 수 있다.

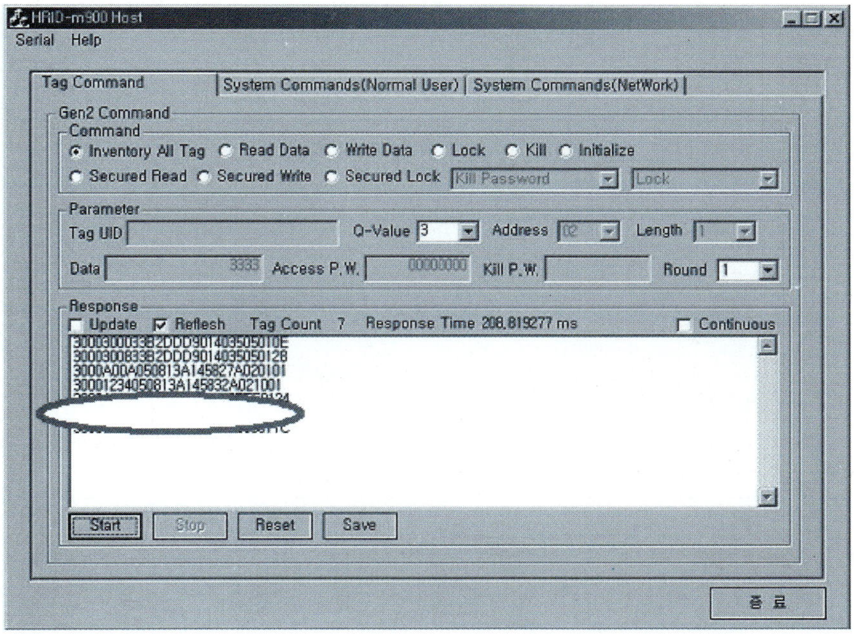

[그림 19-12] Write Dat

20장 900MHz RFIDMaster 응용

900MHz RFID Reader를 이용하여 장비를 자동 계산 프로그램을 운용해 보자. 이 프로그램은 13.56MHz RFID Reder 사용법과 유사하며 900MHz RFID Reader와 Tag를 사용한다는 점이 다르다.

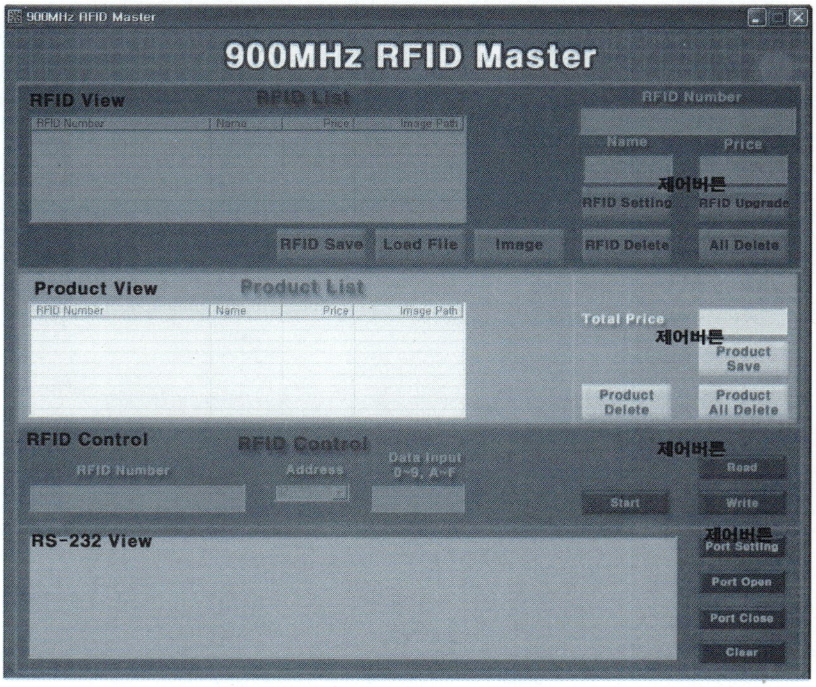

[그림 20-1] RFIDMaster 전체 화면구성

01 900MHz RFIDMaster 프로그램 설치

① 제공된 CD의 RFID Application Program\900MHz Applicationl\900MHz App Program3 디렉토리를 보면 900MHz Install.exe 설치 파일이 있다.

[그림 20-2] 실행 아이콘 더블클릭

② 900MHz Install.exe 실행하면 설치를 할 것인지 아닌지 다시 재확인하는 창이 열리며 Next 버튼을 클릭한다.

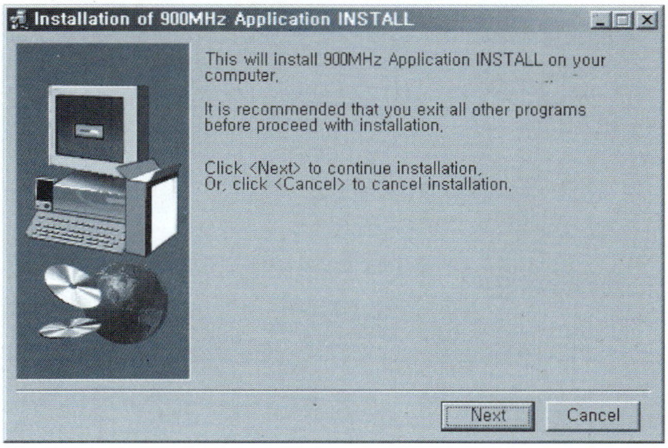

[그림 20-3] 설치 여부 재확인

③ 900MHz RFID Reader의 설치 경로 확인하고 Install 버튼을 누른다. 기본 설치 경로가 아닌 다른 곳에 설치하고 싶으면 Browse를 선택하고 경로를 재설정한다.

[그림 20-4] 설치 경로 확인

④ PC에 900MHz RFID Reader 응용 프로그램 설치를 시작한다.

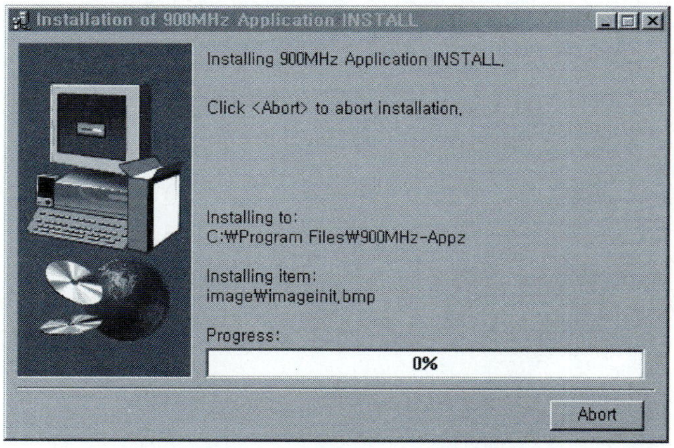

[그림 20-5] 900MHz RFID Reader 응용 프로그램 설치

⑤ 설치가 완료되면 OK 버튼을 클릭하여 설치 프로그램을 종료한다.

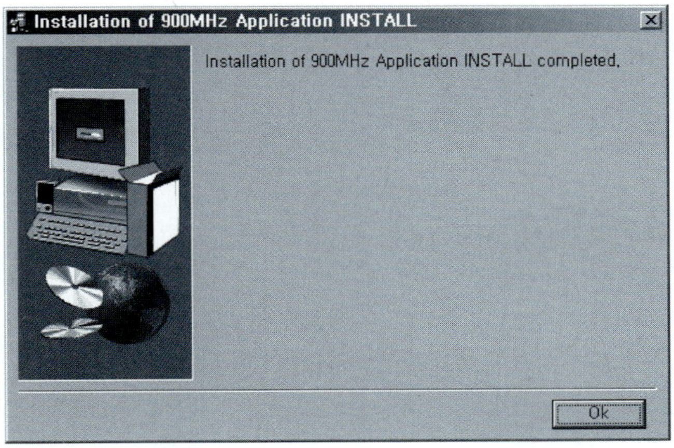

[그림 20-6] 900MHz RFID Reader 설치 프로그램 종료

⑥ 바탕화면에 

아이콘이 생성되고 더블클릭하면 프로그램을 실행한다.

02 900MHz RFIDMaster 프로그램 실행

① 바탕화면에 

아이콘을 더블클릭하여 900MHz RFIDMaster 응용 프로그램을 실행시킨다.

② Port Setting 버튼을 클릭하여 PC의 Port를 확인 후 OK 버튼을 클릭한다.

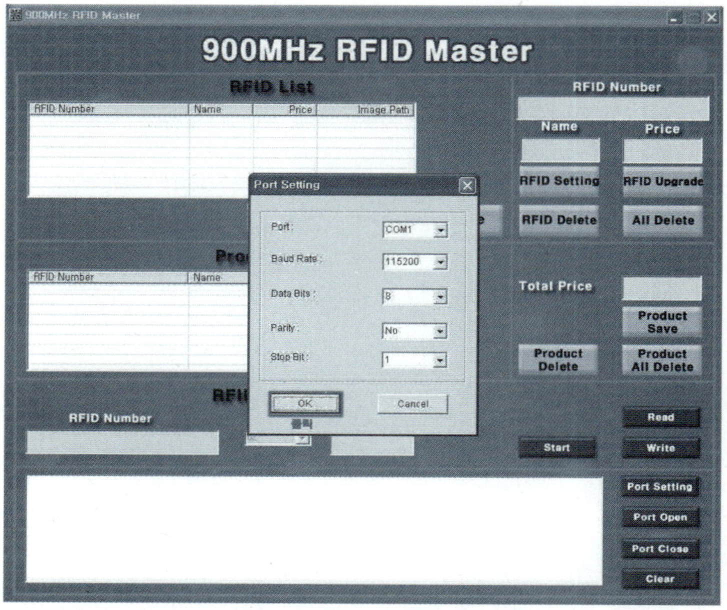

[그림 20-7] Port Setting 화면

③ 시리얼 포트를 설정하였으면 Port Open 버튼을 클릭한다.

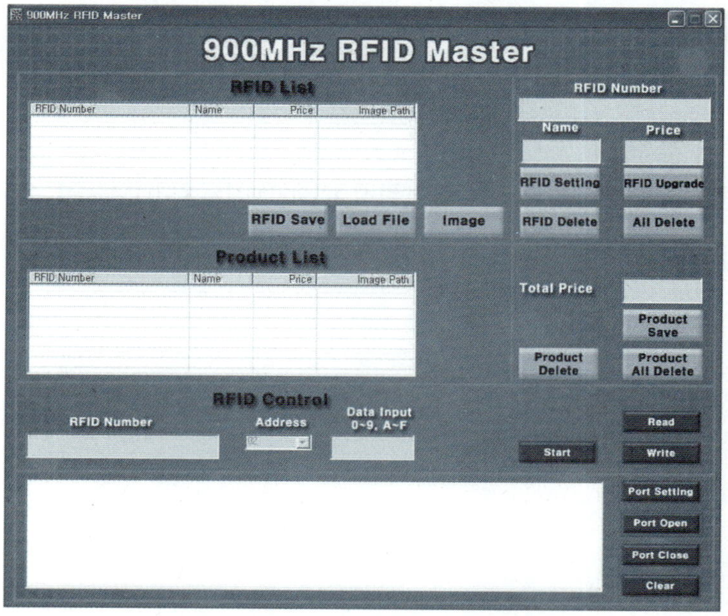

[그림 20-8] 시리얼 Open

④ RFID 컨트롤 팝업창에서 Read 버튼을 클릭한다.

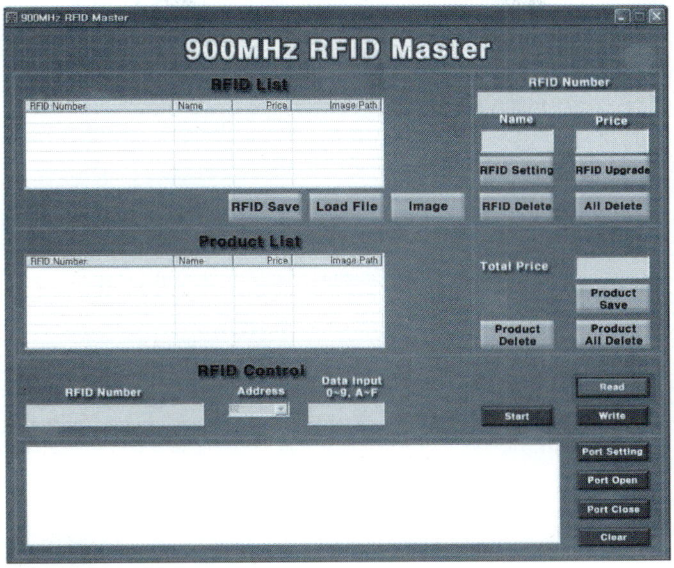

[그림 20-9] RFID Control Read

⑤ 태그를 RFID 리더기에 근접시킨다. RFID Tag가 인식되면 인식된 RFID Tag의 Protocol과 Number(ID)를 확인할 수 있다.

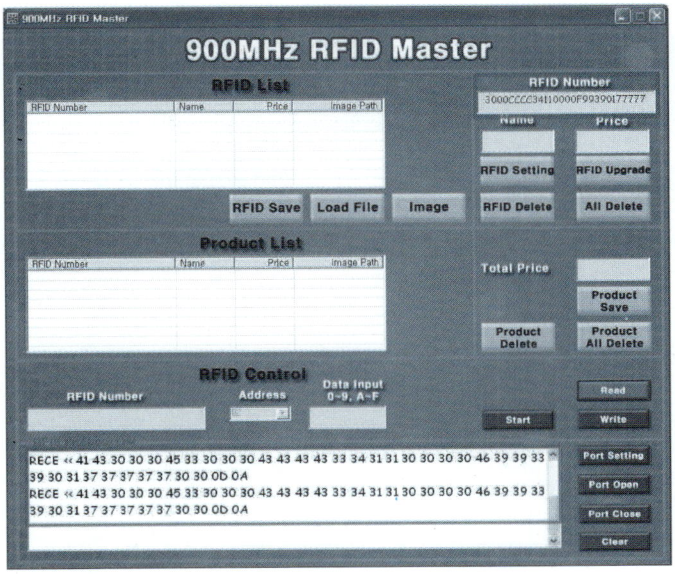

[그림 20-10] RFID 인식 화면

CHAPTER 20

⑥ RFID 인식 후 Name, Price, Image선택하고 Tag 정보를 RFID List에 등록한다.

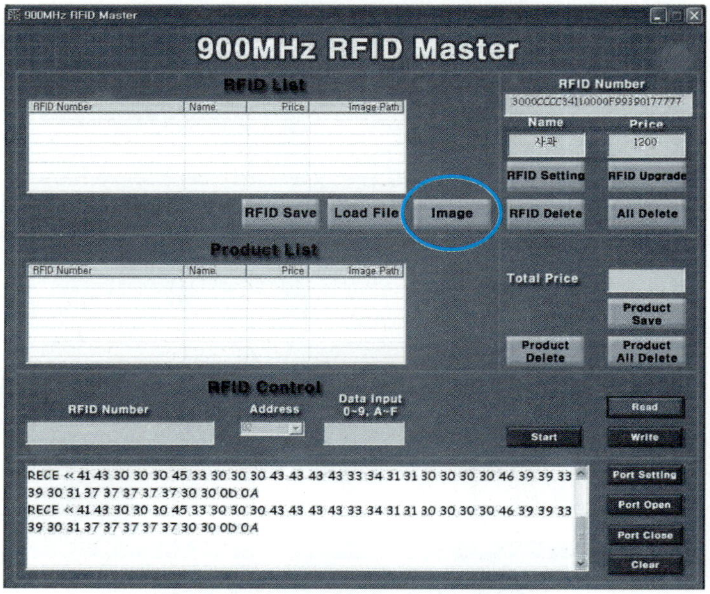

[그림 20-11] RFID Name과 Price 입력

⑦ 사물에 맞는 이미지를 등록한다. 이 작업은 수행하지 않아도 된다(jpg, gif, bmp, png).

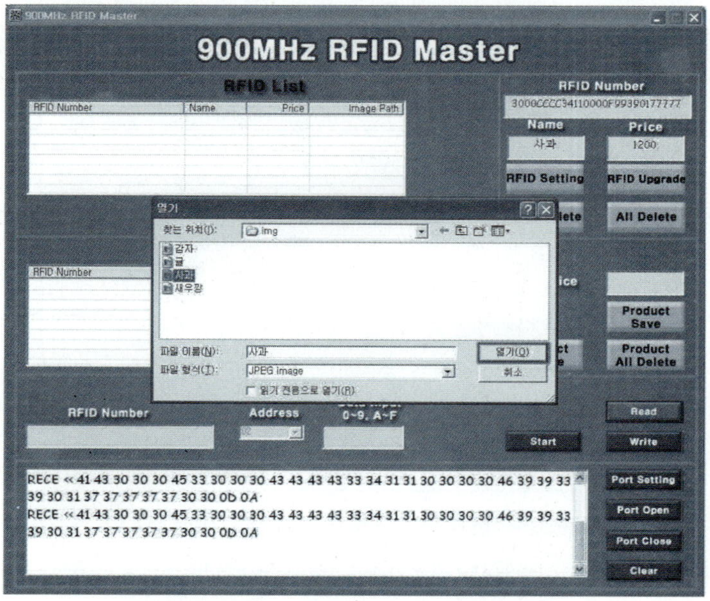

[그림 20-12] Image 버튼 클릭 → RFID 이미지 선택

8 RFID Setting 버튼을 클릭하여 RFID List창에 현재까지 설정한 정보를 등록한다.

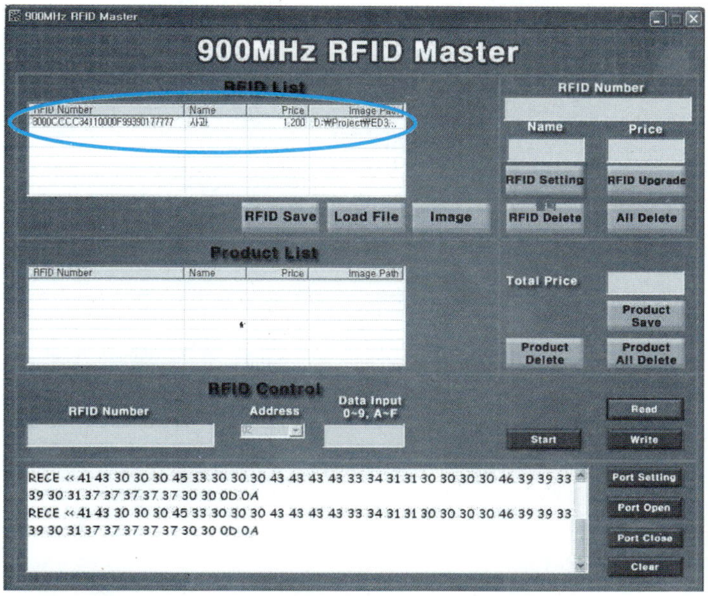

[그림 20-13] RFID Setting

9 등록한 아이템을 선택한 후 RFID Delete 버튼을 이용하여 한 항목씩 삭제할 수 있으며 전체 아이템 항목도 All Delete 버튼을 이용하여 삭제할 수 있다.

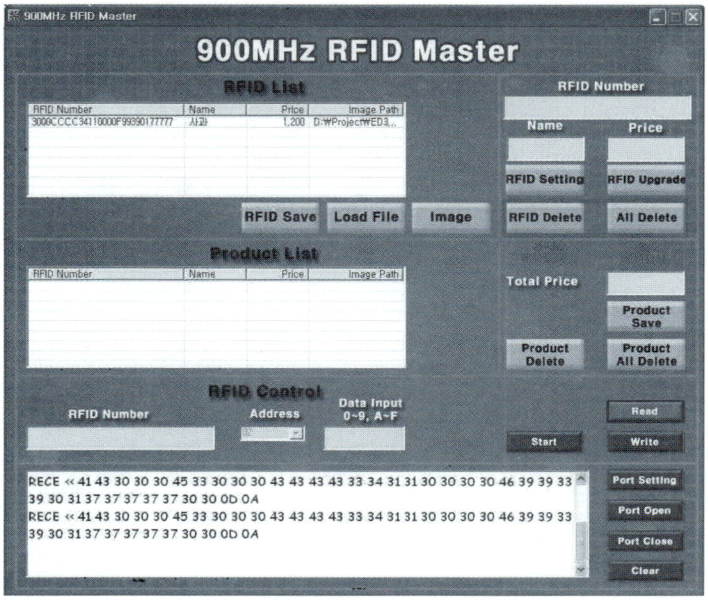

[그림 20-14] 등록한 RFID 선택 화면

⑩ 미리 등록된 아이템이 인식되면 Product List 에 RFID 상태값을 볼 수 있으며, 자동 계산 기능으로 전체 가격을 확인할 수 있다.

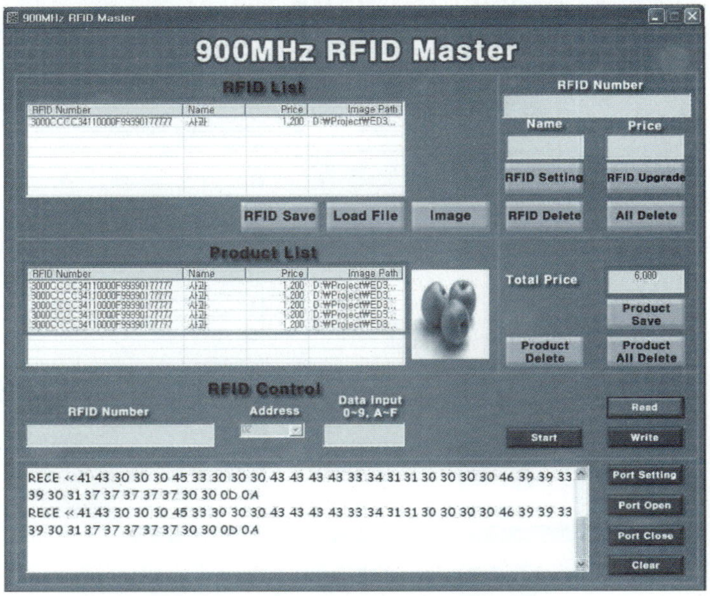

[그림 20-15] 등록한 RFID인 경우 Product List 인식

⑪ Product List의 아이템을 선택한 후에 삭제 가능하다. 전체 삭제도 가능하다.

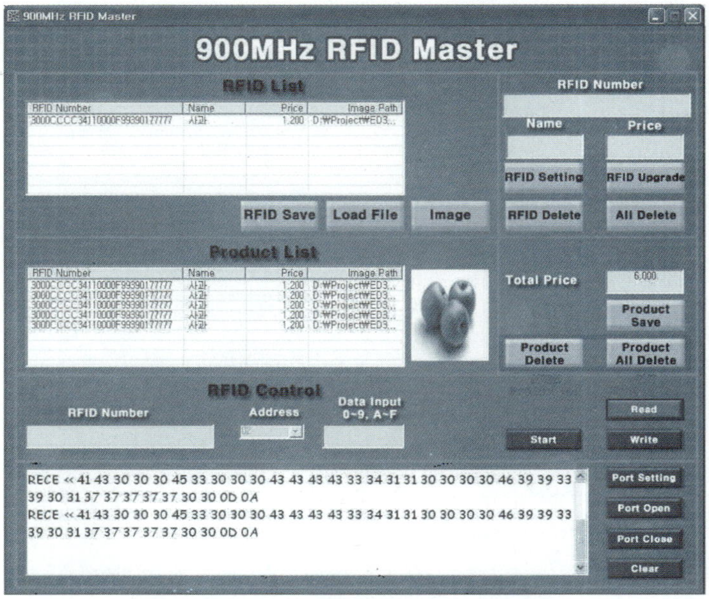

[그림 20-16] Product List 선택 화면

⑫ 등록한 아이템을 선택한 후에 Name, Price, Image를 Upgrade할 수 있다.

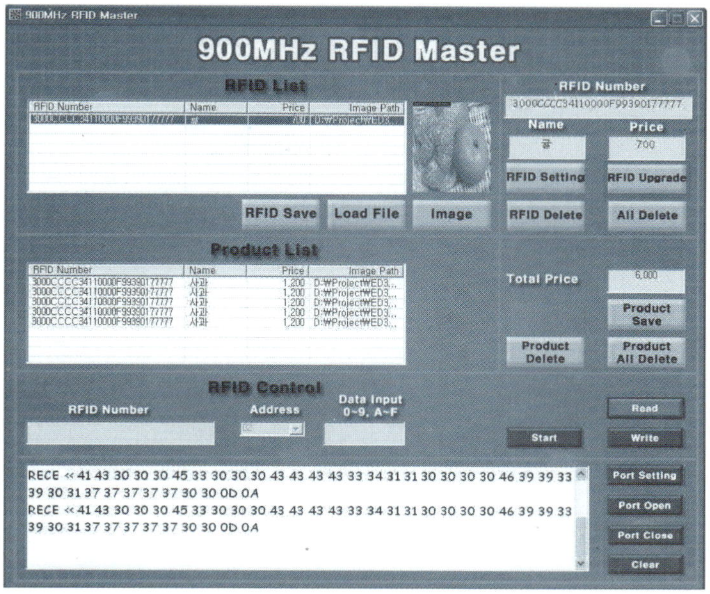

[그림 20-17] 등록한 RFID Upgrade

⑬ RFID List 항목들을 파일로 저장할 수 있다.

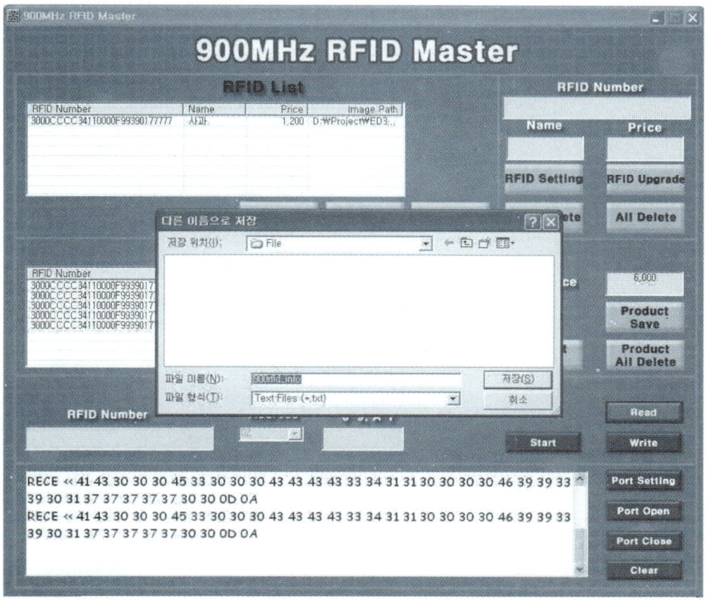

[그림 20-18] RFID Save 버튼 클릭 → RFID List 저장 화면

⑭ Product List 항목들을 파일로 저장할 수 있다.

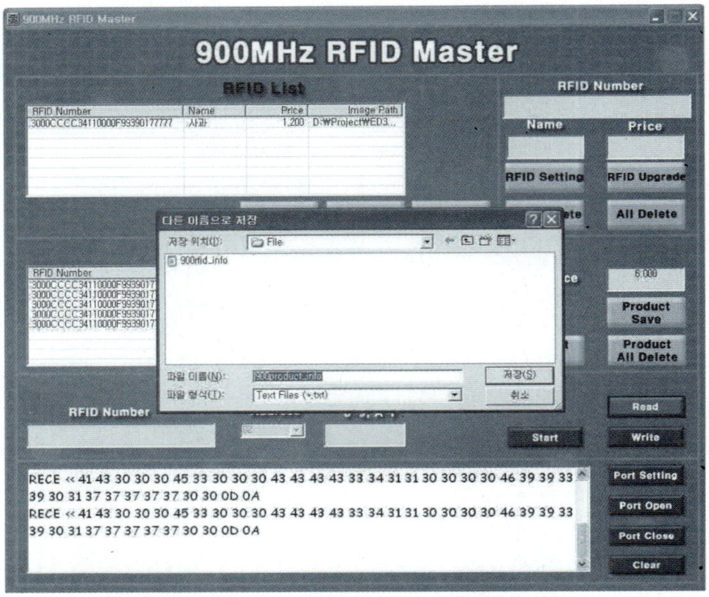

[그림 20-19] Product Save 버튼 클릭 → RFID List 저장 화면

⑮ 저장한 정보들을 파일 Load 기능을 이용하여 확인할 수 있다.

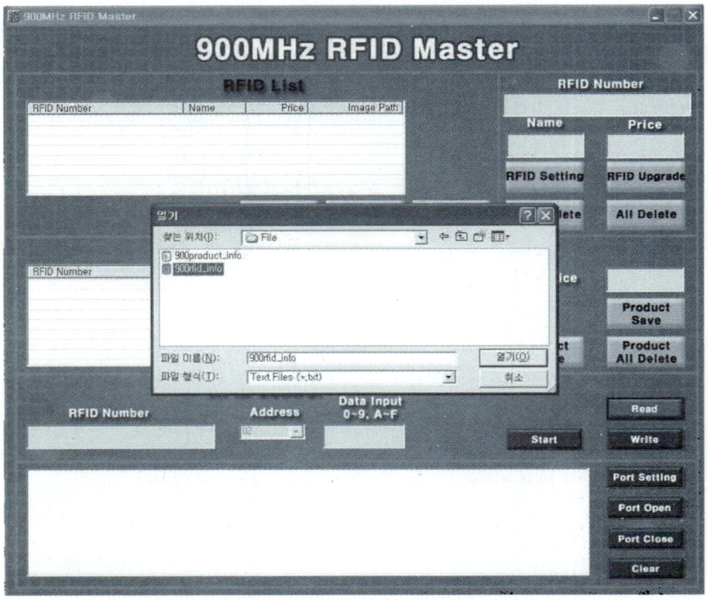

[그림 20-20] 저장한 테스트 파일을 Load 1

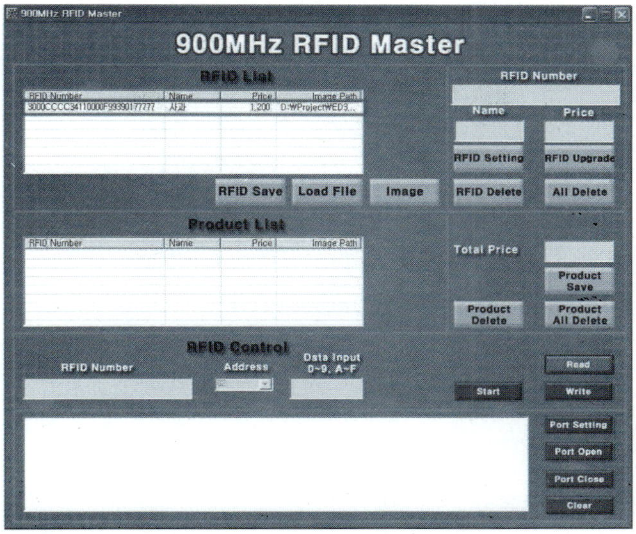

[그림 20-21] 저장한 테스트 파일을 Load 2

03 RFID Tag Read / Write

1) Write

① Write 버튼을 클릭한다.

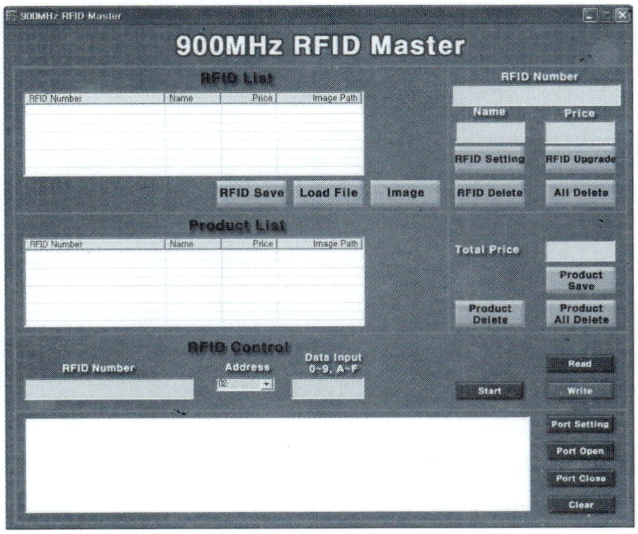

[그림 20-22] RFID Control Write

② 태그를 RFID 리더기에 올려놓는다. 그럼 현재 RFID Number를 확인할 수 있다.

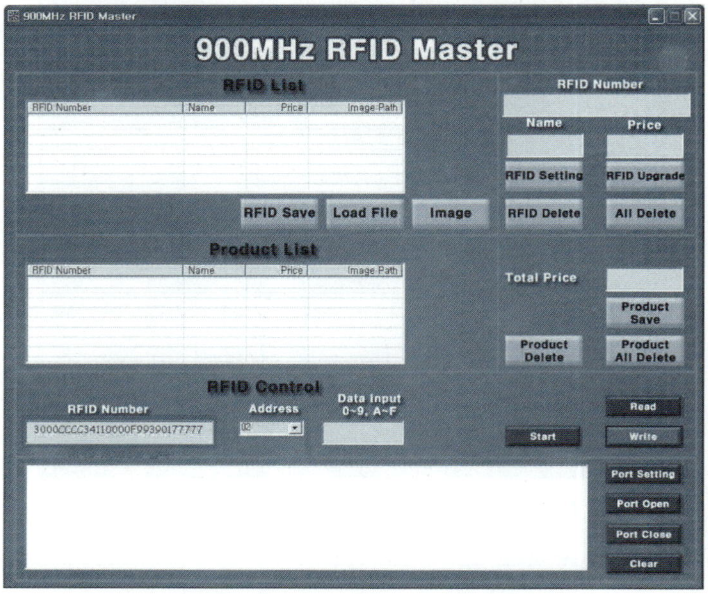

[그림 20-23] RFID Number 인식

③ RFID Control의 Address와 Data를 입력한 후 Start 버튼을 클릭한다.
(Address : 02, Data Input : 1234)

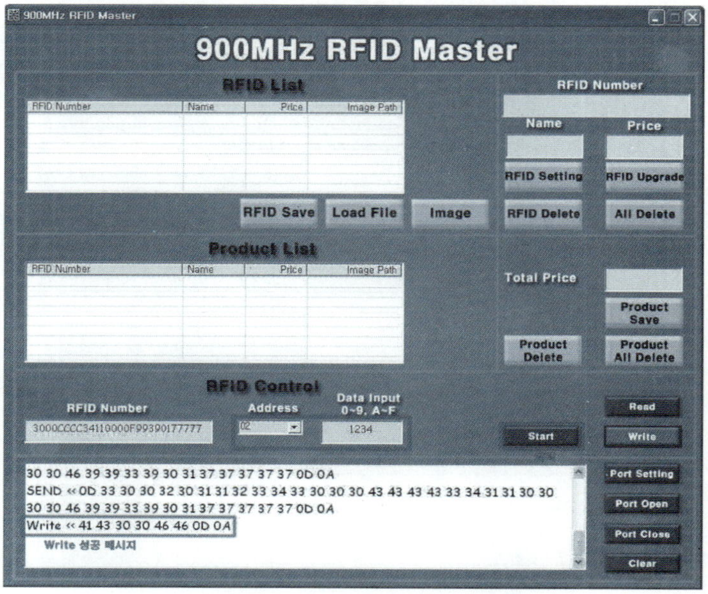

[그림 20-24] Write Success

4 Read 버튼을 클릭한 후에 Write한 결과를 확인할 수 있다.

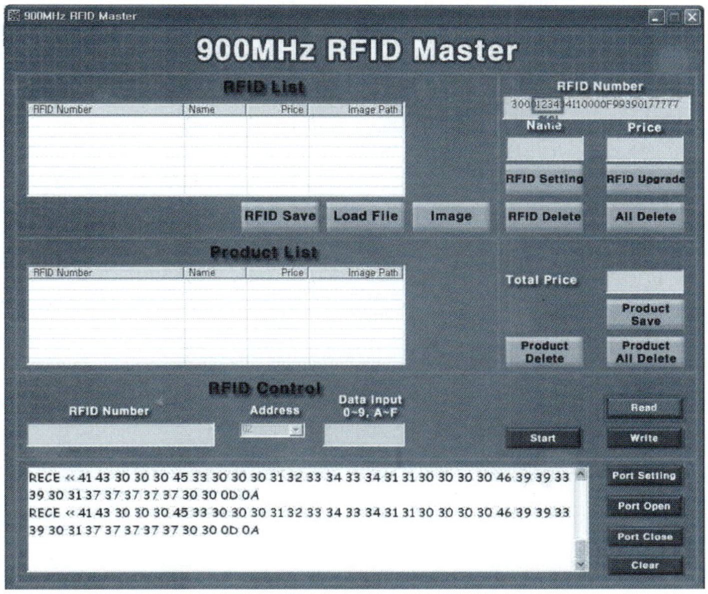

[그림 20-25] Write Success 확인

저자 약력

남 상 엽

- 공학박사
- 삼성종합기술원 정보시스템연구소 근무
- 모토로라 반도체통신(주) 기술연구소 근무
- (현) 국제대학 IT계열 교수

윤 영 식

- 공학박사(강원대학교 전자공학과)
- (현) 한국폴리텍II대학(남인천) 전자통신과

정 용 수

- 충남대학교 공업교육대학 전자교육공학과
- (현) 대구서부공업고등학교 디지털전자과

김 능 식

- 대구대학교 사범대학 전자교육공학과
- (현) 대구서부공업고등학교 디지털전자과

RFID 응용 시스템

2010년 9월 10일 1판 1쇄 발행

저 자 남 상 엽 · 윤 영 식
정 용 수 · 김 능 식
발행인 남 승 우

발행처 도서출판 상尙 학學 당堂

서울특별시 동작구 사당3동 220-43
TEL : 02) 595-1692~4
FAX : 02) 595-1394
E-mail : namdoo6@unitel.co.kr
신고 : 2-155호 (1968. 11. 29)

(CD 포함) 정가 24,000원

ISBN 978-89-93383-87-4 93560

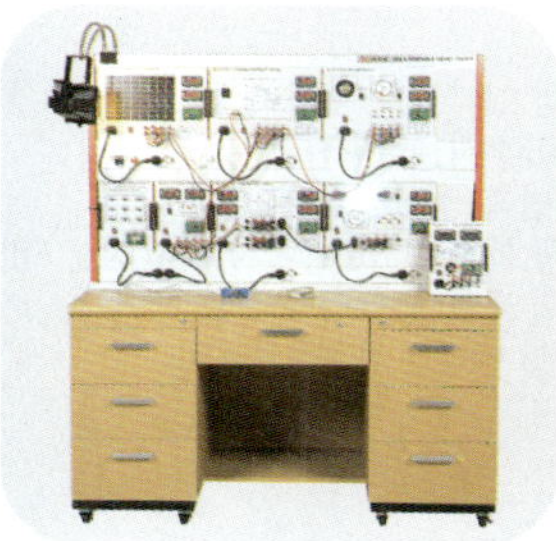

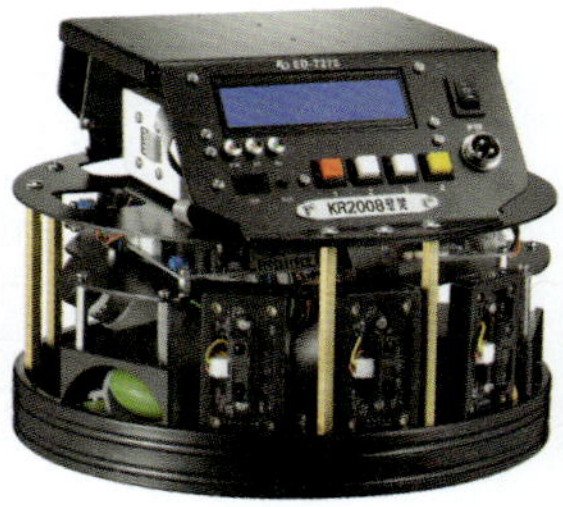

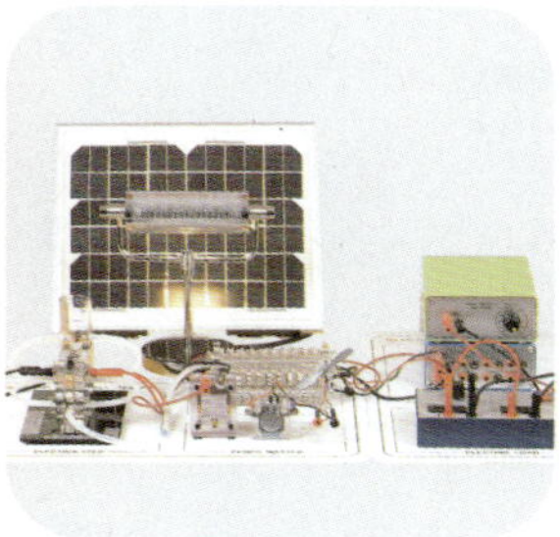

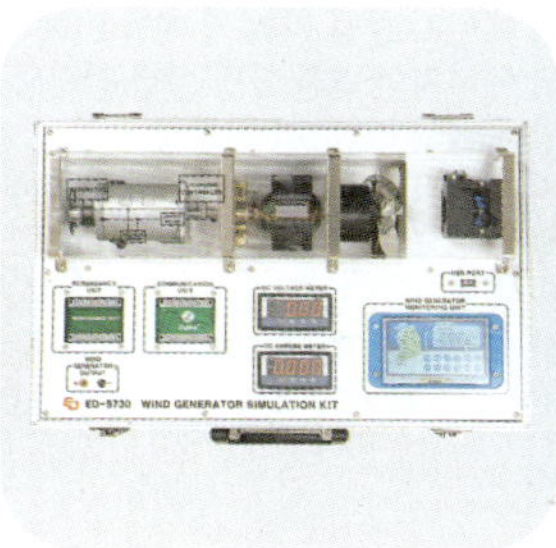
ED-5730 WIND GENERATOR SIMULATION KIT

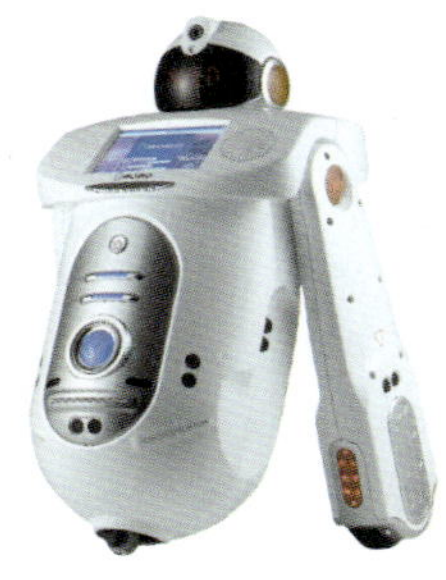

신재생 에너지

New & Renewable Energy Trainer

Model : ED-9710, 9720, 9730, 9740, 9741

ED-9710

신재생 에너지 교육장비를 통해서 일상의 바람이나 햇빛이 전기에너지로 변환되는 과정을 이해할 수 있고 발전 시스템의 구조와 기능의 이해를 통하여 에너지 관련 지식과 응용력을 향상시킬 수 있다.

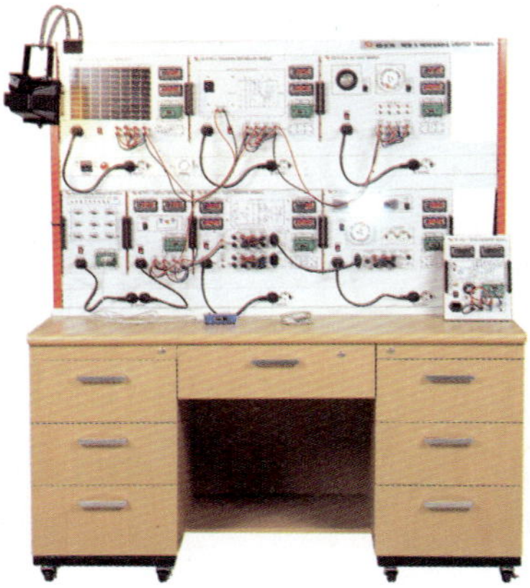

- 다양한 신재생 에너지의 특성 실험(태양광, 풍력 및 연료전지 등)
- 생성된 에너지의 변환 과정 실험(전력생산/전력처리)
- 에너지 생성 및 변환 과정에 따른 에너지 효율 실험
- 전압, 전류 특성 곡선 실험
- 에너지 실험 모듈의 독립적 운용 실습
- 에너지 실험 모듈의 연계를 이용한 시스템 구동 실습
- 신재생 에너지 교육훈련장비 전용 프로그램을 통한 구동 실습
- 교보재의 다양화 (전력 생성 및 회로 실습 시뮬레이션 S/W 제공, 도움말 기능으로 에너지 관련 어휘 검색 및 색인 검색이 쉽다.)

실험실습내용

- 태양광 에너지의 이해
- 광전효과 시뮬레이션
- 옴의 법칙, 전압/전류계 실험
- 태양광 특성 실험(Isc, Voc, Im, Vm, Fill Factor)
- 광원의 세기 및 그림자 실험
- 충전 및 인버터 기초회로 실험
- 태양광을 이용한 충전 실험
- DC/AC 인버터 실험(정현파/유사정현파)
- 12V 독립형 태양광시스템 실험
- 12V 독립형 시스템 설계
- 웹서버를 통한 시스템 모니터링(Option)
- 하이브리드 실험(Option)

ED-9720

- 신재생 에너지 발전 원리 및 개념 이해
- 생성된 에너지의 변환 과정 실험(전력생산/처리)
- 태양광 모듈의 전압, 전류 특성 실험
- 에너지 생산 및 처리 단계의 일체형 구성
- 오배선시 경고음 발생 및 외부출력 포트 구비
- DC 및 AC를 측정할 수 있는 전압, 전류계 포함
- 다양한 교육 교보재(시뮬레이션, 동영상)지원
- PC를 이용한 제어와 파형 및 그래프 출력 기능

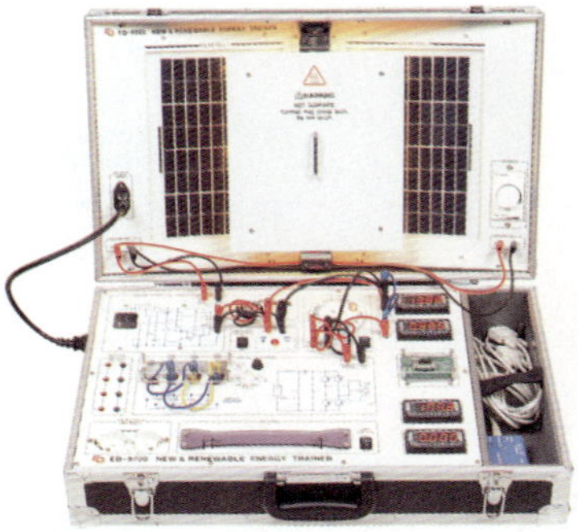

실험실습내용

- 태양광 에너지의 이해
- 광전효과 시뮬레이션
- 옴의 법칙, 전압/전류계 실험
- 태양광 특성 실험(Isc, Voc)
- 광원의 세기 및 그림자 실험
- 태양광을 이용한 충전 실험
- DC/AC 인버터 실험
- 12V 독립형 태양광시스템 실험
- 12V 독립형 시스템 설계
- 웹서버를 통한 시스템 모니터링(Option)
- 하이브리드 실험(Option)

신재생 에너지

New & Renewable Energy Trainer

Model : ED-9730, 9731, 9732, 9740, 9741

ED-9730

- 풍력 발전 원리 및 개념 이해
- 우리나라 지역별 풍속 데이터를 임베디드 모듈에 저장하여 지역별에 따른 발전과 전력 변화 시뮬레이션 및 모니터링
- 발전량 USB 메모리에 저장 가능
- 에너지 변환 과정에 따른 효율 실험
- 전압, 전류계 내장으로 전류, 전압 모니터링가 능
- PC를 이용한 파형 및 그래프 출력 기능
- GUI가 터치 패널로 구성되어 사용자의 편의 제공
- 임베디드 모듈로 전압, 전류, 모터 RPM, 풍속 모니터링 가능
- 발전기 케이스가 투명 아크릴로 장착으로 발전기의 내부 및 전기 생성 모습 확인 가능

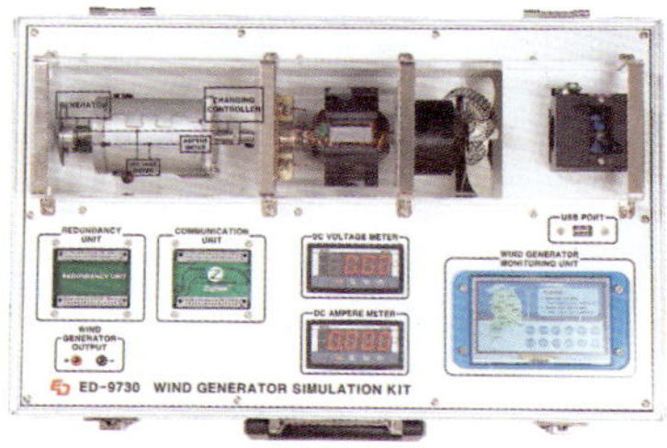

ED-9732

- 풍력 발전 원리 및 개념 이해
- 6엽 회전 날개 장착
- 역 전류 흐름 방지 기능
- 충전 컨트롤러 내장
- 과충전/방전 방지 기능
- 풍향에 따라 360° 회전 가능
- 베터리 내장
- 다양한 에너지 생산 모듈과 복합 구성 가능 (태양광, 연료전지 수력 등)
- 복합적인 에너지 생산모듈 구성으로 하이브리드 발전 시스템 구축 가능
- ED-9710 또는 ED-9720과 연동하여 에너지 처리 실험 가능

ED-9740

- 연료전지 발전 원리 및 개념 이해
- 태양광을 이용한 연료전지 발전
- 연료전지 완전 분해 조립 가능(세계최초)
- PEM Fuel Cell Stack의 각 Cell 마다 전압, 전류 측정 가능
- PEM Fuel Cell, DM Fuel Cell 전력생산 실험
- 물의 전기 분해, 연료전지의 구동까지 Module 화
- 다양한 로드 실험
- DMFC(메탄올), PEMFC(수소) 발전 실험이 가능
- 연료전지를 동시에 최대 4개 까지 부하 Test 가능
- LabView 프로그램을 통한 모니터링

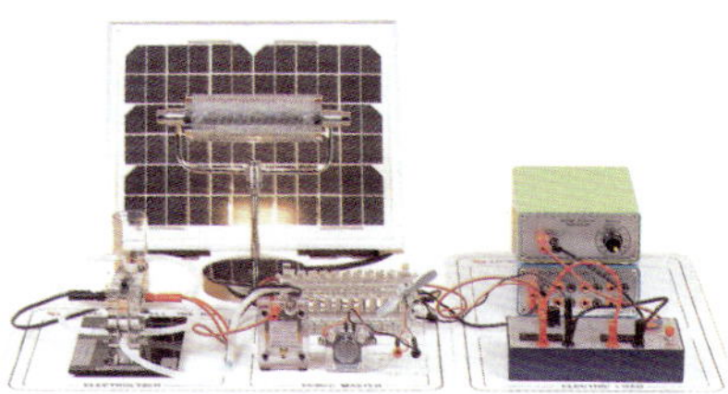

ED-9740

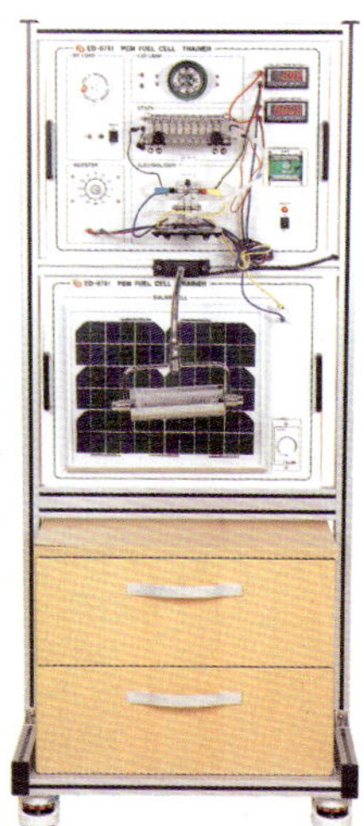

ED-9741

지능형 로봇 토탈솔루션

Intelligent Robot Trainer

Model : ARO, ED-7270U, 7271, 7275

ARO

관공서 및 공공기관, 병원, 박물관 등 방문객을 위한 안내 홍보 도우미 서비스 로봇으로 방문객의 즐거운 관람 및 시설 안내를 위해 살아 있는 듯한 눈표정과 인간과 유사한 팔 동작으로 멋진 서비스를 제공해 드립니다.

ED-7270U

- 유비쿼터스 및 홈네트워크 기반 실험실습에 적합
- 차세대 2차 전지(리튬이온)을 사양한 배터리 소형화 및 사용시간 증가
- 대화형 언어(프로그램)을 통한 다양한 콘텐츠 로봇 실험실습
- 지능형 로봇에 대한 전반적인 이해와 단계별 실습 가능
- Pan/Tilt USB 카메라를 이용한 영상처리 학습 기능
- 경사도 15 ° 에서 안정된 자세 제어를 통한 주행 알고리즘 적용
- 무인 방범 기능을 활용한 홈 시큐리티 실험실습
- 인간과 교감할 수 있는 인간 친화형 디자인

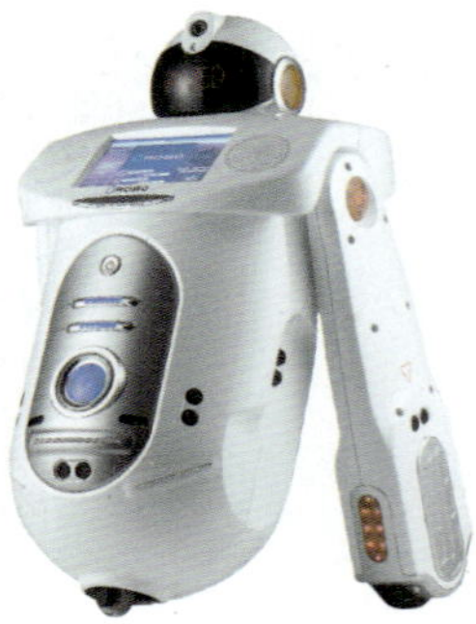

ED-7271

- 지능형 로봇에 꼭 필요한 센서 9종 및 구동기 3종, 응용모듈 4종으로 구성
- 지능형 로봇 구조를 쉽게 파악할 수 있는 시스템
- 초기 로봇 입문 및 활용 교육까지 가능한 풍부한 실습예제 제공
- 창의적인 실험실습이 가능한 탈부착 모듈형 타입
- 유비쿼터스 및 홈 네트워크에서 사용되는 센서 응용학습 가능
- 센서 결과 데이터를 Visual한 그래픽 형태로 표현하여 센서의 특성 파악 용이
- USB 카메라를 이용한 영상처리 학습 기능
- USB High Speed(480Mbps) 인터페이스 방식 채용

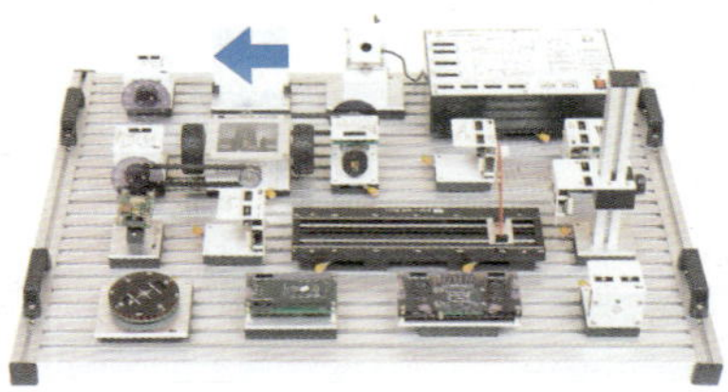

ED-7275

- 바닥 감지용 센서 및 전방 감지용 거리 센서를 이용하여 모바일 로봇에 대한 전반적인 기초 실습 가능
- 모바일 로봇에 사용되는 임베디드 마이컴, 3축 모터, IR 센서, PSD 센서 및 Omni-directional 구동을 사용함으로써 로봇제어에 대한 기초부터 활용실습까지 가능
- 전 방향 이동에 대하여 다이나믹하게 주행이 가능하도록 120° 간격으로 부착된 Omni-wheel을 사용한 독특한 형태의 메카니즘으로 구성
- IR 센서에 의한 특정 색상을 검출 하고 인터럽트를 이용하여 Host CPU에게 정보를 전달 하도록 IR 센서 5개 부착

임베디드 / SoC 토탈솔루션

Embedded Training System

Model : ED-6410EK, 320EK, 27x Multi, SoCWinner

ED-6410EK

- 삼성의 최신 CPU S3C6410(ARM11)을 탑재한 최상의 멀티미디어 임베디드 실습 및 개발 솔루션
- 스마트폰, MultiMedia, 통신분야 등 다양한 응용분야에서 구현 가능
- 기존 MCU보다 강력한 Hardware 2D/3D Accelerator 내장
- Multi Format Codec(MPEG4/H.264/VC1), NTSC/PAL TV-out, S-Video Driver, AC97 Audio(WM9713)등을 이용한 멀티미디어 시스템 구현 가능
- IrDA, Bluetooth, ZigBee, Wireless LAN(옵션), UART(4개), SPI(2개), I2C 등의 통신관련기능 구현
- GPS, DMB(옵션), CDMA Module(옵션)등, Multimedia기능 구현 가능
- FPGA Module을 통한 시스템 기능 확장

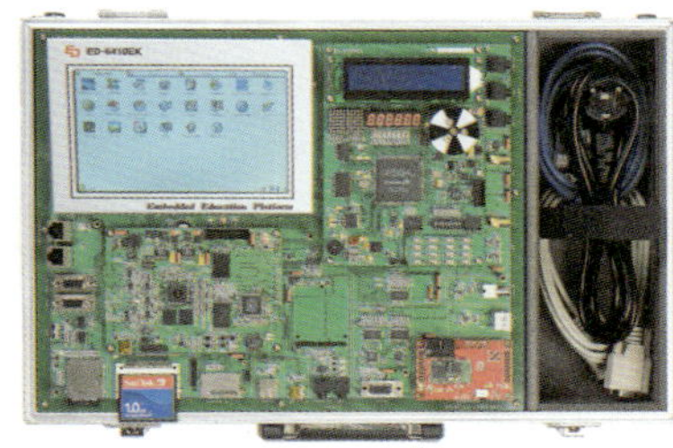

ED-27x Multi

- Processor Core 보드 장착
- Processor Core 보드 교체를 통한 다양한 Processor 실습
- Linux의 기초에서 고급과정까지 다양하게 실험실습
- Intel PXA255/270/272 고성능 마이크로프로세서 사용
- 6.4 ″ TFT LCD, Ethernet 3Port, Serial 3Port, PCMCIA/CF/MMC등 다양한 인터페이스 지원
- FPGA Chip인 Altera Cyclone 4,000LEs (12,000LEs Option)를 탑재하여 SoC과정까지 연동하여 교육
- 안정적인 하드웨어, 풍부한 실습 프로그램 및 이해가 쉽도록 구성된 실습 교재 제공

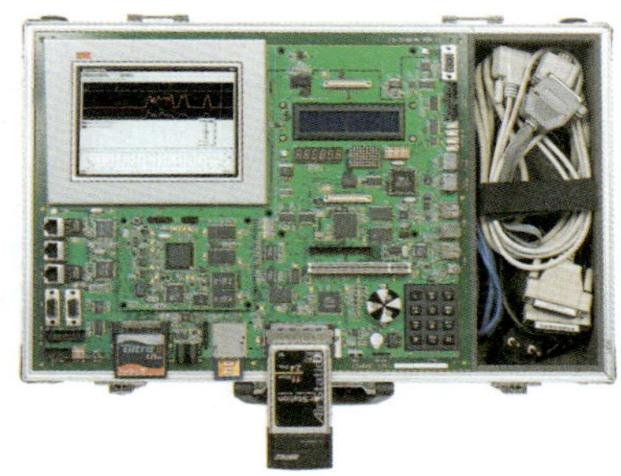

ED-SoCwinner

- 10만, 40만, 100만 Gates 모두 사용 가능한 통합 Platform으로 구성
- 마이크로 프로세서인 ARM922T를 내장, 쉽고 빠른 OS 탑재가 가능
- Ethernet, UART, IDE, VGA Port, USB, PCMAIA 등의 주변 장치들을 다양한 IP 검증 및 OS를 이용한 디바이스 제어가 가능
- PCI Master / Slave 설계 구현 및 테스트
- 640×480 6.4″ TFT LCD와 CMOS Image Sensor를 이용하여 멀티미디어 장비 구현 가능
- Xilinx Vertex II 3,000,000 ~ 8,000,000 Gate 디바이스가 장착된 확장 모듈을 지원

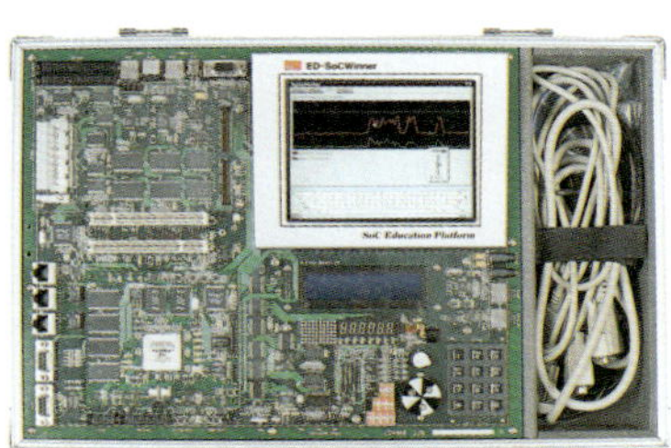

RFID 토탈솔루션

RFID Application Trainer

Model : ED-3730, 3710, 3100

ED-3730

- 신호 레벨의 RFID Principle 실습
  - Data Coding-Modulation-Demodulation-Decoding의 동작원리 실습
  - Data Coding-RZ, NRZ, Miller, Biphase, Manchester, FMO 이해
  - Modulation-ASK, FSK, PSK 이해와 실습
- 여러 대역의 RFID Reader와 Tag실습
  - 125kHz Reader : ISO 18000-2 표준 적용
  - 13.56MHz Reader : ISO 14443A/B, ISO 15693, Tag- IT 표준 적용
  - 900MHz Reader : ISO/IEC 18000-6B, 6C
  - USB 인터페이스 제공
- RFID Embedded 실습

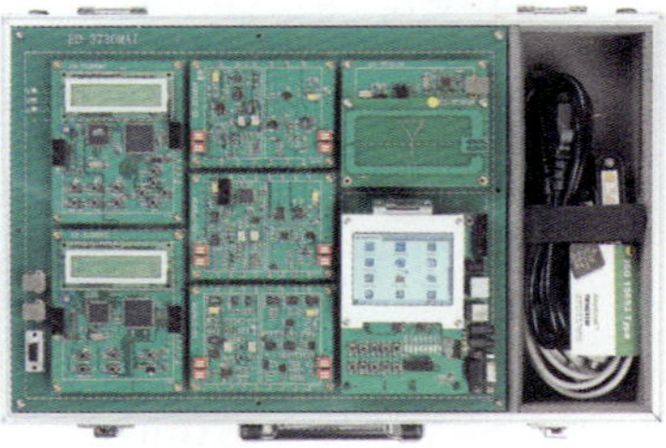

ED-3710

- 2개의 Antenna를 제공하여 안테나 크기에 따른 감도 실험 실습을 할 수 있으며 안테나의 트리머 2개를 이용하여 안테나 감도 조정 기능
- 13.56MHz, 900MHz RFID 응용 프로그램 제공 (Visual C++, Labview, QT(Linux)기반)
- 응용 프로그램 개발 매뉴얼 제공
- 임베디드(PXA270, 사용 PDA) 제품과 연동 및 S/W 제공
- Serial 및 TCP/IP(Network)를 이용하여 장비를 제어 가능

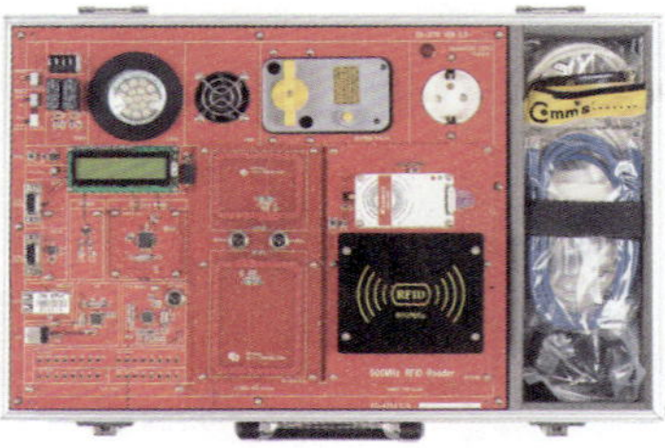

ED-3100

- RFID 리더기에 대한 F/W 프로그램 실습
- Air-interface 등의 실험이 가능하도록 다수의 Test Point 제공
- Anti-Collision 기능 지원
- Application Engineer를 위한 OCX Library 제공
- 범용으로 사용되는 13.56MHz I-CODE Type
- Tag에 Data를 Read / Write 가능
- 컨베이어와 연동되는 미니 플랜트 제공 (창고관리, 공정관리, 주차관리 등)
- 탈부착이 가능한 응용 모듈 (출입통제, 물류관리, 자판기 등)

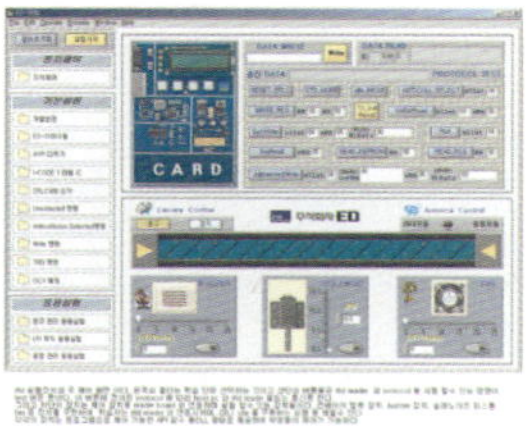

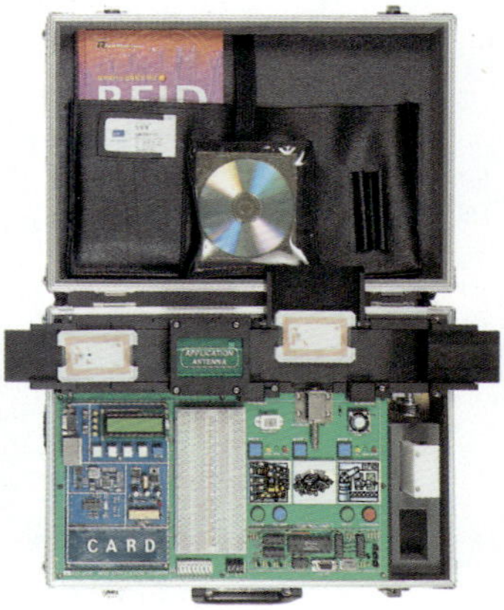

USN 토탈솔루션

Ubiquitous Sensor Network Trainer

Model : ED-3120, 3160, 3190

ED-3120 특징

- 유비쿼터스 센서네트워크 ZigBee (IEEE 802.15.4) 방식 원리 및 개념이해 가능
- 다양한 센서의 장착 및 확장성 확보 (조도센서, 온도센서, 습도센서, 가스센서, 초음파센서)
- 센서네트워크 시스템 교육 및 개발에 필요한 토탈 솔루션을 제공
- 다양한 적응 분야 (운영체제, 네트워크, Security, 로봇, H/W 개발, 센서 응용 등)
- PAN Coordinator에 접수된 화재, 가스누출 등의 경보상황을 PC를 통해 모바일 SMS로 수신 가능

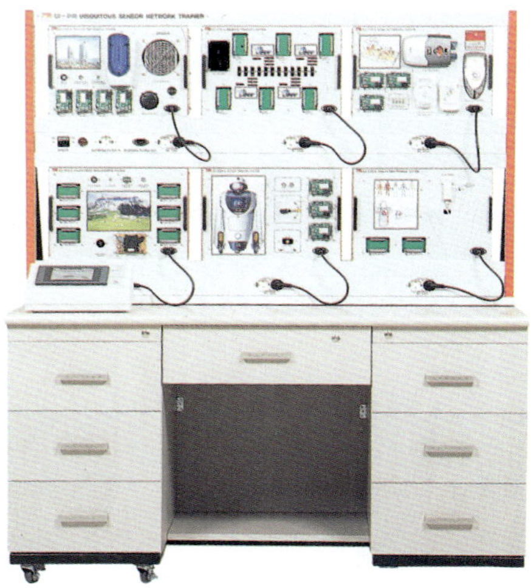

ED-3120

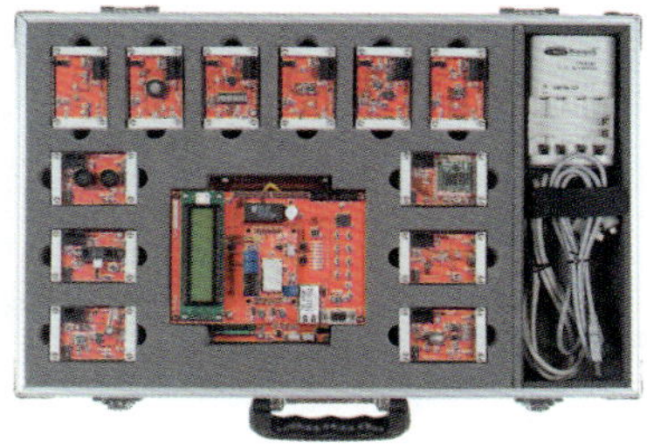

ED-3160

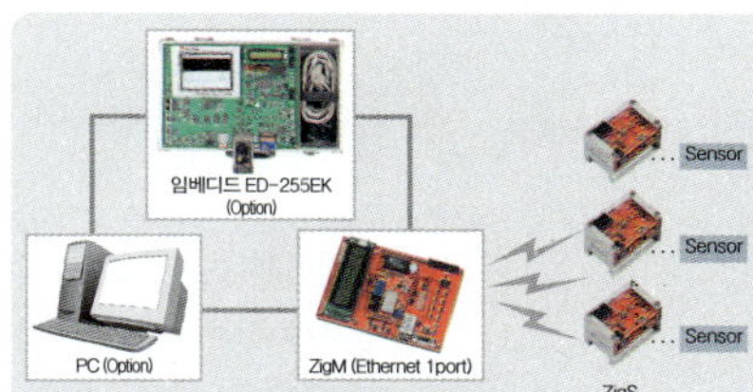

■ ED-3160 구성도

ED-3120 실험실습내용

- 센서 네트워크의 개요
- 센서 네트워크 모듈 하드웨어 이해
- 센서 네트워크 OS의 이해
- 센서 네트워크 환경 구축
- UART를 이용한 통신 프로그램
- 센서 기초 프로그램 (가스, 습도, 온도, 조도)
- 센서 기초 프로그램 (맥박, 체온, 기울기, 방위센서 등)
- RF 응용실습
- 센싱 및 제어 프로그램 및 Multi-hop Routing 프로그램
- Multi-hop을 이용한 제어 프로그램
- 센서네트워크 모니터링
- SMS 전송장치 연동 모니터링
- 센서 네트워크 구축 팀 프로젝트 제안서 작성
- 센서 네트워크 구축 팀 프로젝트 중간보고 및 프로젝트 수정
- 센서 네트워크 구축 팀 프로젝트 최종 보고 및 자료정리
- 팀 프로젝트 결과평가 및 보고회

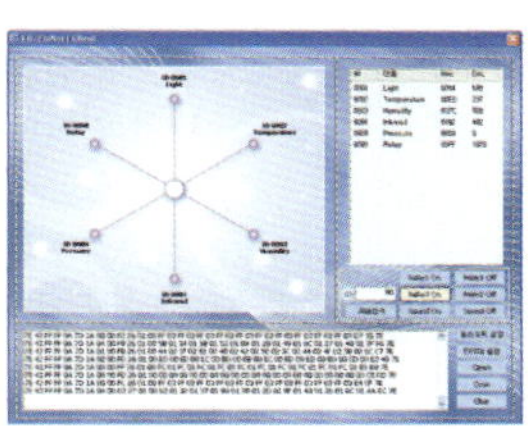

시뮬레이션 소프트웨어

Simulation Software

Model : EDRS, PHLego Plus, SimPL, ESS

EDRS

EDRS는 사용자에게 다양한 환경 로봇을 제공하여, 쉽고 빠르게 지능형 로봇을 개발하고 교육하기 위한 시뮬레이션 소프트웨어입니다. 또한, 3D 환경을 토대로 역동적인 로봇 시뮬레이션을 제공할 뿐만 아니라, Kinetic 엔진을 통해 실감나는 로봇 시뮬레이션과 섬세한 동작 제어를 제공합니다.

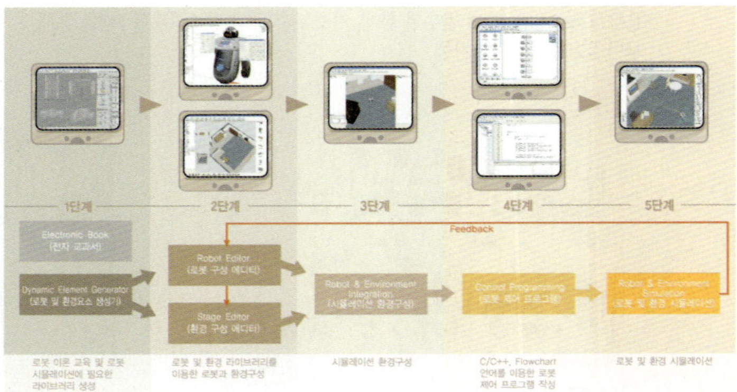

PHLego Plus

유공압 시스템 시뮬레이션 학습과 유공압 전기, PLC 및 디지털 회로에 이르는 다양한 회로의 실험 실습뿐만 아니라 유공압 시스템 회로 실습을 PC상에서 구현해 볼 수 있도록 하기 위한 시뮬레이션 소프트웨어입니다.

실사를 통한 회로 구성과 시뮬레이션은 유공압 회로를 이해하고 시뮬레이션 소프트웨어의 벽을 넘어 사용자들에게 실제 유공압 회로를 가상 체험할 수 있도록 도와 줄 수 있을 것입니다.

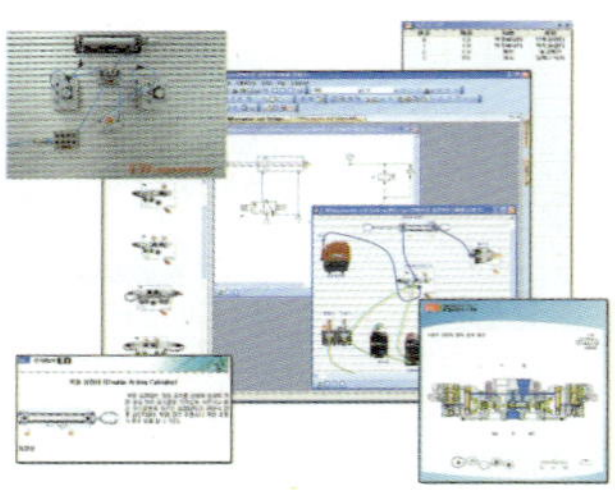

SimPL

- PLC교육을 하드웨어 없이 소프트웨어만으로 가능
- GMWIN에서 작성한 프로그램을 별도의 작업없이 바로 가상 실습 기능 (GMWIN Ver 4.04 이상)
- 가상플랜드 프로그램에서 GMWIN Simulator를 RUN/STOP 모드로 동작상태 직접 변경가능
- 최적의 가상플랜트 환경을 위한 GMWIN Simulator의 디지털 입출력 모듈 및 아날로그 입출력 모듈에 대한 인터페이스 제공

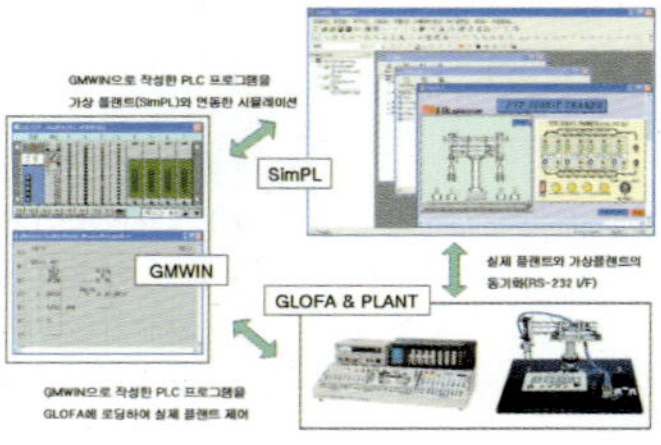

ESS

PC상에서 전기 시퀀스회로 설계 (IEC, KS 규격지원), 시퀀스 제어 시뮬레이션 그리고 설계된 회로의 파트리스트 생성을 바탕으로 가상 부품을 생성하여 배선을 실습할 수 있게 함으로써 전기 시퀀스 설계부터 응용까지의 전 과정에 대한 교육이 가능한 전기 시퀀스 제어 시뮬레이션 소프트웨어입니다.

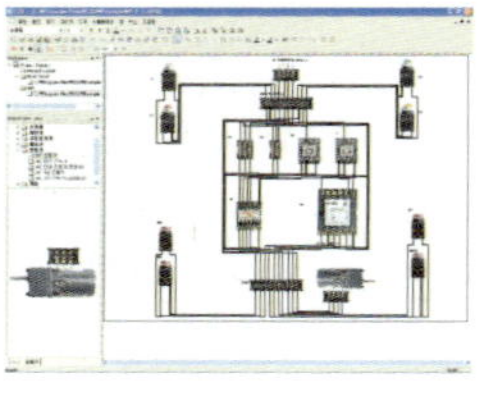